# 物理化学实验
## （第三版）

主　编　叶　旭　　田玉红　　焦元红
副主编　黄喜根　　杜光明　　刘彬瑶
　　　　彭　磊　　孙　松
参　编　徐玉林　　魏　玲　　曲德智
　　　　王晶晶

华中科技大学出版社
中国·武汉

# 内 容 提 要

本书根据工科类本科基础化学教学的要求编写,着眼于培养德才兼备、具有创新能力的高素质工程技术人才。全书共分三大部分:第一部分为基本知识和基本技术,主要介绍物理化学实验的测量误差和数据处理方法,阐述常用实验技术和常用仪器原理、结构和使用方法;第二部分共编入 26 个实验项目,涵盖热力学、电化学、动力学、胶体和表面化学等领域,每个实验项目都包含基础训练、综合训练和创新研究训练等三个层次的教学内容;附录中编入物理化学实验可能用到的参考数据。

本书内容丰富,注重基础知识与基本技能训练,注重培养学生正确的世界观、价值观和科学素养与动手能力,以及分析问题、解决问题的能力,可作为高等院校化工类、材料类、轻工类、石油类、制药类等相关专业的物理化学实验教材,也可供从事化学实验室工作或从事化学研究工作等人员参考使用。

**图书在版编目(CIP)数据**

物理化学实验 / 叶旭,田玉红,焦元红主编. -- 3 版. -- 武汉 : 华中科技大学出版社,2024. 8. -- ISBN 978-7-5772-1066-7

Ⅰ. O64-33

中国国家版本馆 CIP 数据核字第 2024CC9278 号

**物理化学实验(第三版)**　　　　　　　　　　　　　　叶　旭　田玉红　焦元红　主编
Wuli Huaxue Shiyan(Di-san Ban)

策划编辑:王新华

责任编辑:李　佩　　　　　　　　　　　　　　　　　　责任校对:朱　霞
封面设计:秦　茹　　　　　　　　　　　　　　　　　　责任监印:周治超

出版发行:华中科技大学出版社(中国·武汉)　　　电话:(027)81321913
　　　　　武汉市东湖新技术开发区华工科技园　　　邮编:430223

录　　排:华中科技大学惠友文印中心
印　　刷:武汉市洪林印务有限公司
开　　本:710mm×1000mm　1/16
印　　张:15.5
字　　数:306 千字
版　　次:2024 年 8 月第 3 版第 1 次印刷
定　　价:39.80 元

# 第三版前言

物理化学实验作为一门基础性、实践性课程,在培养学生实验研究能力、科学素养和创新意识等方面发挥着至关重要的作用。党的二十大报告指出:"教育、科技、人才是全面建设社会主义现代化国家的基础性、战略性支撑。必须坚持科技是第一生产力、人才是第一资源、创新是第一动力,深入实施科教兴国战略、人才强国战略、创新驱动发展战略,开辟发展新领域新赛道,不断塑造发展新动能新优势。"为深入贯彻落实党的二十大精神,将物理化学实验领域的新理念、新方法、新技术、新成果融入教材,推动课程教育教学改革,切实提升物理化学实验课程的育人实效,我们决定着手对2017年出版的全国普通高等院校工科化学规划精品教材《物理化学实验》(第二版)进行修订。

第三版教材编修时,延续了第二版教材的框架结构和编写特色。更新了第一部分第三章的常用仪器设备使用简介;保留了第二版第二部分实验项目的"实验拓展及应用"特色内容,每个实验项目包含基础训练、综合训练和创新研究训练等三个层次的教学内容;新增了"电导滴定""电动势法测定化学反应的热力学函数"2个实验,"液体表面张力的测定"中新增了拉环法;修订了部分实验内容,全书共26个实验项目;删减、新增了部分参考文献。强化立德树人,秉持"坚持价值性和知识性相统一,寓价值观引导于知识传授之中"。新增了科学家事迹等内容,融入了科学家精神、学术道德与诚信、家国情怀、敬业精神、环保意识等课程思政元素,引导学生树立正确的世界观、人生观和价值观,培养学生的科学素养、创新意识和社会责任感,旨在培养德才兼备、专业能力强的社会主义建设者和接班人,力求将本教材编修为集理论深度、实践广度和思政教育于一体的优秀教材。

第三版教材由叶旭、田玉红、焦元红担任主编,黄喜根、杜光明、刘彬瑶、彭磊、孙松担任副主编。本教材编修人员及其分工如下:叶旭(西南科技大学,编修第一章第五节,第二部分实验六、实验二十二,参考文献),田玉红(广西科技大学,编修第二部分实验七、实验八、实验十三、实验十四),焦元红(湖北理工学院,编修第三章第四节、第五节、第八节、第十二节),黄喜根(江西农业大学,编修第二部分实验一、实验十六),杜光明(新疆农业大学,编修第三章第十三节,第二部分实验十一、实验二十四),刘彬瑶(西南科技大学,编修第二章第四节、第五节、第六节,第三章第六节、第九节、第十节、第十一节,第二部分实验五、实验二十一、实验二十五、实验二十六,附录),彭磊(宿州学院,编修第二章第一节、第二节、第三节,第三章第一节、第二节、第三节、第七节,第二部分实验十、实验十五),孙松(柳州工学院,编修第二部分实验四、实验十二),徐玉林(湖北理工学院,编修第二部分实验二、实

三、实验九、实验十八),魏玲(江西农业大学,编修第二部分实验十七、实验二十),曲德智(广西科技大学,编修第一章第一节、第二节、第三节、第四节),王晶晶(新疆农业大学,编修第二部分实验十九、实验二十三)。

衷心感谢本教材的审阅专家。感谢本教材第一版、第二版的所有编者奠定的良好基础以及对修订工作的关心、指导和支持。在编修过程中,编者参考了大量的文献资料,在此,向文献的作者表示诚挚的谢意。感谢华中科技大学出版社编辑的辛勤付出。

由于编者水平有限,书中难免有不足、不妥乃至错误之处,恳请读者批评指正。

编　者

2024 年 6 月

# 第二版前言

根据全国普通高等院校工科化学规划精品教材要求编写的《物理化学实验》第一版已经使用8年。此期间，物理化学实验技术不断创新提高，实验仪器也有较多更新，实验方法得到进一步完善，这些研究成果应该及时应用于教学实践，以提升实验教学效果。鉴于此，我们决定启动教材的修订工作。

第二版教材编修时，在第一部分第一章增编正交实验设计简介，第三章增编普遍使用的新型仪器介绍；对第二部分的实验项目进行改编，新增和整合了部分实验内容，全书共24个实验项目；删除第一版第三部分"研究创新型实验"的内容；对附录部分做了适当修改。在第二版教材的第二部分，每个实验项目中都增加"实验拓展及应用"内容，并设两个层次训练，第一层次课题是基础训练内容的延伸和拓展，以便获得更完整的实验数据和更丰富的实验结论，第二层次课题是基础训练所涉及的知识、技能、方法的综合应用，带有较明显的设计、研究特征。因此，第二版教材中的每个实验项目都包含基础训练、综合训练和创新研究训练等三个层次的教学内容，任课教师可根据专业培养目标和课程大纲要求选择实验教学内容，学有余力的学生可在完成教学基本要求的基础上，根据教材的提示，自主查阅文献、设计实验方案、利用实验教学平台进行更多训练。

第二版教材由吴洪达、叶旭担任主编，庞素娟、陈俊明、甘贤雪、焦元红担任副主编。参加编修的人员及其分工如下：吴洪达（广西科技大学，编修第一章第一节、第二节、第三节、第四节，第二部分实验十七、实验十八），叶旭（西南科技大学，编修第一章第五节，第二部分实验六、实验二十，附录，本书参考文献），庞素娟（海南大学，编修第二章），焦元红（湖北理工学院，编修第三章第九节、第十节、第十一节、第十二节，第二部分实验二、实验九），陈俊明（安徽科技学院，编修第三章第一节、第二节、第三节、第四节），刘彬瑶（西南科技大学，编修第二部分实验五、实验十、实验十一、实验十三、实验十九、实验二十二、实验二十三、实验二十四），焦萍（湖北理工学院，编修第二部分实验三、实验十四、实验十六），田玉红（广西科技大学，编修第二部分实验七、实验八、实验十二），甘贤雪、罗华锋（宜宾学院，共同编修第三章第五节、第六节、第七节、第八节，第二部分实验一、实验四、实验十五、实验二十一）。胡立新（湖北工业大学）、邵晨（郑州轻工业学院）以及第一版的相关编者也为本书修订工作作出了贡献。全书由吴洪达、叶旭共同统稿，承蒙华中科技大学李德忠教授主审，华中科技大学出版社编辑为本书出版付出了艰辛劳动。

由于编者水平有限，书中难免存在不足之处，敬请读者批评指正。

编　者
2016年11月

# 目　录

## 第一部分　基本知识和基本技术

# 第二部分　实验项目

# 附　录

# 第一部分　基本知识和基本技术

## 第一章　绪　　论

　　物理化学实验是继大学物理实验、无机化学实验、分析化学实验、有机化学实验后，在学生进入专业课程学习之前的一门实验课程，起着承前启后的桥梁作用。物理化学实验涉及数学、物理、计算机、无机化学、分析化学、有机化学和物理化学等多学科的基础知识和基本原理的理解与运用。在实验技能的培养方面，物理化学实验涉及精密仪器的使用和多种仪器的组装，是一门需要多学科理论与实践支撑的实践性很强的综合性课程，也是培养学生创新意识和创新能力的必需环节。本课程通过严格的、定量的实验，研究物质的物理性质、化学性质和化学反应规律。通过本课程的学习，使学生既具备坚实的实验基础，又具有初步的科研能力，实现由学习知识、技能到进行科学研究的初步转变。

## 第一节　物理化学实验的教学目的与教学要求

### 一、教学目的

　　（1）巩固并加深对物理化学基本理论和基础知识的理解，能够应用所学理论分析实验现象与数据，正确表达实验结果。

　　（2）了解精密仪器的构造、工作原理和使用方法，熟悉多种仪器的组装，掌握测量物理量的基本技术（如控温技术、量热技术、热分析技术、压力测量技术、真空技术、电化学测量技术、光学技术、磁学测量技术等）。

　　（3）培养动手能力、观察能力、查阅文献的能力、创新能力和综合分析及处理实验结果的能力等。

　　（4）培养实事求是、严谨治学的科学素养和安全意识、法律意识、团队意识、社会责任感，以及勤俭节约的优良品德。

## 二、教学要求

　　物理化学实验涉及精密仪器的使用和多种仪器设备的组装,在进行物理量的测量时要求有较高的精密度和准确度,需要对实验过程获取的大量数据进行正确的处理,特别强调对实验现象和结果的分析与讨论,撰写规范的并且有较高质量的实验报告。物理化学实验同时强调学生自主学习能力、实验设计能力和进行科学研究能力的培养。因此,要求学生认真对待教学过程的各个环节。

　　1. 实验前预习

　　(1)认真阅读教材、参考文献和仪器说明书,明确实验内容和目的,掌握实验的基本原理,了解所用仪器、仪表的构造和操作规程,对整个实验过程要求做到心中有数。

　　(2)编写预习报告。简明扼要地写出实验目的及实验原理,编排实验数据的记录格式,列出实验注意事项及需要在课堂上向指导教师请教的问题。对于设计性、研究性实验,必须在实验前提交实验方案,方案经指导教师审核通过后方可进行实验。

　　2. 实验过程

　　(1)保持实验室整洁与安静,不得喧哗和随意走动,严格遵守实验室安全守则。

　　(2)正确组装实验仪器,经指导教师检查无误后,方可进行实验。

　　(3)遇到仪器损坏,应立即报告,查明原因并登记损坏情况。

　　(4)如实、准确、规范地记录实验数据(包括室温、湿度和大气压)。要注意记录所用仪器的名称、规格、型号、生产厂家等信息。需注意如下几点:①测量结果或现象不能用铅笔而要用墨水笔记录。必须订正时,就画一条线消去,以便能读出消去之前的数字,必要时应在修订处注明原因。②不能将测量结果写在纸片或其他碎片上,避免数据丢失。③不能只记数字而没有单位、任何文字说明或物理量符号说明。

　　(5)在实验过程中,要注意观察和记录现象,认真分析和思考问题,遇到异常现象要设法解决,必要时可向指导教师请教,力争高质量、高效率完成实验。

　　(6)实验结束,将实验数据交给指导教师审核签名后,方可拆除和清洗实验装置。必要时须重做实验。

　　(7)离开实验室前,要做好仪器使用记录,整理实验仪器,打扫实验室,关电、关水、关门窗。

　　3. 实验报告撰写

　　(1)实验报告应包括实验目的、实验原理、实验仪器及主要操作步骤、实验数据记录及处理、实验结果与讨论、参考文献、对思考题的解答和对实验设计提出的改进意见等。

（2）撰写实验目的、实验原理、实验仪器及主要操作步骤应简明扼要。实验原理主要阐明实验的理论依据，辅以必要的公式即可；实验内容可只列提纲，具体操作步骤在教材或文献上已有详细说明时，只需标注"参照教材"或"参照文献"，然后在报告结尾标注该文献即可。实验所用仪器与试剂在实验过程中记录，上交实验报告时应附上实验预习报告（内含实验数据原始记录）。

（3）把重点放在对数据的处理与对结果的讨论上。尽可能以图表形式处理实验数据，并根据数据处理结果提炼实验结论，分析实验误差和实验过程中的一些典型现象，讨论实验结果的可靠性，必要时可与文献数据进行比对。要求学生熟练运用 Excel、Origin、AutoCAD 等计算机软件制表和作图。

# 第二节　物理化学实验安全与防护

## 一、安全用电

人体通过 50 Hz 的交流电 1 mA 会有麻木感，10 mA 以上肌肉会强烈收缩，25 mA 以上出现呼吸困难，甚至停止呼吸，100 mA 以上则使心脏的心室产生纤维颤动，危及生命。直流电对人体的伤害情况相近。因此，使用电器时要注意如下事项。

（1）认真检查电器的绝缘性能，对老化、破损、松动的器件和电线进行维护或更换。必须确保电器干燥，电器的金属外壳必须安全接上地线。注意不能用普通电笔测试高压电。

（2）维修或安装电器时必须先切断电源。

（3）谨防电器超负荷运转。使用的保险丝必须符合电器的额定要求，所用电线必须确保满足电器的功率要求。

（4）如果遇到有人触电或电器着火，必须先切断电源（进实验室时应观察电源总闸的位置），然后进行施救。

（5）电器使用完毕后应及时关闭电源，拔掉电源插头。

## 二、防火

火灾主要来源于电器短路失火、高温或电火花引起易燃物着火，电火花甚至会引起易燃气体爆炸。实验过程中应注意如下事项。

（1）防止电器超负荷运转导致发热起火，防止电器短路、接触不良引起电火花。

（2）禁止高温源及其他易燃物（如木板、布料、易燃有机试剂等）靠近电线。

（3）保持室内通风散气，排除易燃气体，以免着火爆炸。

(4) 失火时,应先切断电源,再用水、沙、二氧化碳灭火器灭火,并配合使用防火毯;如果是局部小火,可用湿布扑灭;密度比水小的易燃液体着火时,采用泡沫灭火器。如无法切断电源,必须用沙土或液体二氧化碳灭火,决不能用水或泡沫灭火器来灭火。

(5) 可燃气体与空气的混合物在体积分数处于爆炸极限时,受到热源、电火花等诱发将会引起爆炸。一些气体在 20 ℃,101.325 kPa 时的爆炸极限见表1.1.1。

表 1.1.1　与空气相混合的某些气体的爆炸极限

| 气体 | 爆炸高限(体积分数)/(%) | 爆炸低限(体积分数)/(%) | 气体 | 爆炸高限(体积分数)/(%) | 爆炸低限(体积分数)/(%) |
|---|---|---|---|---|---|
| 氢气 | 74.2 | 4.0 | 乙酸 | — | 4.1 |
| 乙烯 | 28.6 | 2.8 | 乙酸乙酯 | 11.4 | 2.2 |
| 乙炔 | 80.0 | 2.5 | 一氧化碳 | 74.2 | 12.5 |
| 苯 | 6.8 | 1.4 | 水煤气 | 72.0 | 7.0 |
| 乙醇 | 19.0 | 3.3 | 煤气 | 32.0 | 5.3 |
| 乙醚 | 36.5 | 1.9 | 氨气 | 27.0 | 15.5 |
| 丙酮 | 12.8 | 2.6 | | | |

## 三、防毒

有毒化学试剂主要通过皮肤、呼吸道、消化道进入体内,引起灼伤、窒息、致癌或重金属中毒等。实验前应了解所用试剂的毒性和理化性质,实验过程中要加以防范。

(1) 操作有毒气体或试剂(如硫化氢、氯气、一氧化碳、二氧化氮、浓盐酸、浓硝酸、氢氟酸、苯及其衍生物、易挥发性有机溶剂等)时,应在通风橱内进行,或在配有通风设施的实验台上进行。

(2) 应避免汞暴露于空气中(在汞面上加水或用其他液体覆盖并不能降低汞的蒸气压)。汞洒落时,应及时尽量用吸管回收,再用硫黄粉覆盖,并搅拌使之形成硫化汞。

(3) 含有毒物的废料不能直接排入下水道,应按要求进行处理。

## 四、其他意外伤害及处理

(1) 浓酸溅在皮肤上,应立即擦去大量液体,然后用大量水冲洗,再用碳酸氢钠稀溶液冲洗,最后用水冲洗,涂上烫伤膏。浓碱溅在皮肤上,应立即擦去大量液体,然后用大量水冲洗,再用硼酸稀溶液冲洗,最后用水冲洗,涂上烫伤膏。

(2) 玻璃割伤,应先清除玻璃碎片及污物,再涂消炎药后包扎。

（3）烫伤，切勿用水冲洗，应在伤处涂上苦味酸溶液或烫伤膏。

（4）遇到严重伤害时，应及时送医院治疗，紧急时应呼叫 120 救护。

# 第三节　实验测量误差

由实验直接测得的物理量的值称为测量值，该值受仪器精度、测量方法、实验者主观条件等因素的影响，可能与该物理量的真实值（真实值是用已消除系统误差的实验手段和方法进行足够多次的测量所得的算术平均值或者文献手册中的公认值）不相符，把测量值与真实值之差称为误差。研究误差的目的，就是要根据实验的要求，对实验应该和能够达到的精确程度进行分析，从而经济合理地选择仪器和使用试剂，确保实验结果可靠，避免浪费。还应该运用误差知识，科学地分析处理数据，对所得数据给予合理解释，抓住影响实验准确程度的关键，改进实验方法、提高实验水平。

准确度是测量值与真实值符合的程度。准确度越高，测量值就越接近真实值。精密度则指测量值的重现性及测量值有效数字的位数。测量值重现性好，有效数字位数多时精密度高。测量准确度和精密度是有区别的。测量精密度高并不代表测量误差就小，但为了使测量误差小，就需要保证高精密度。可以用射手打靶情况作一比喻，如图 1.1.1 所示，图（a）表示准确度和精密度都很好；图（b）因能密集射中一个区域，所以精密度很高，但准确度不高；图（c）准确度、精密度都不高。

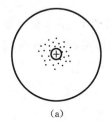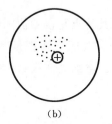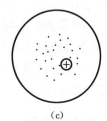

（a）　　　　　　　　　（b）　　　　　　　　　（c）

**图 1.1.1　准确度与精密度示意图**

## 一、误差分类

根据误差的性质，可把测量误差分为系统误差和偶然误差。

1. 系统误差

系统误差是在相同条件下，多次测量同一物理量时，误差的绝对值和符号保持恒定，或在条件改变时，按某一确定规律变化的误差。产生系统误差的原因如下。

（1）仪器误差：由于仪器设备本身存在缺陷，或校正与调节不适当引起的误差，如刻度不准、天平不等臂等。仪器误差可以用一定的检验方法来检出和校正。

（2）试剂误差：试剂纯度不够等原因引起的误差。

（3）方法误差：测量方法所依据的理论不完善或使用近似公式造成的误差。

（4）环境误差：由于仪器使用环境不当，或外界条件（如温度、大气压、湿度等）发生单一方向变化而引起的误差。

（5）实验者误差：实验者操作习惯引起的误差。

为了保证得到的测量结果准确，需要正确判断和尽量减小系统误差。通常可采用几种不同的实验技术，或采用不同的实验方法，或改变实验条件、更换仪器、提高试剂纯度等，以确定是否存在系统误差，设法使之消除或减至最小。因此，单凭一种方法所得的结果往往不是十分可靠的，只有由不同实验者、用不同的方法、不同的仪器测的数据均相符，才能认为系统误差已基本消除。

2. 偶然误差

偶然误差是由各种因素引起的不可预见但具有补偿性的误差。偶然误差产生的原因大致如下。

（1）实验者对仪器最小分度以下的估读，很难做到每次严格相同。

（2）测量仪器的某些活动部件所指示的测量结果，很难做到每次完全相同。

（3）影响测量结果的某些实验条件，如温度测量值不可能在每次实验中都控制得绝对一样。

偶然误差是不可能避免的，其特点是误差值围绕着某一数值上、下有规律地变动，其观测值符合正态分布规律。对同一物理量观测次数足够多时，出现数值相等、符号相反的偏差的概率相等。增加观测次数，偶然误差的平均值可以逐渐减小直至接近于零。

## 二、误差的表示

设对某一物理量进行 $n$ 次平行测量，则测量值的算术平均值为

$$\bar{x} = \frac{1}{n} \sum_{i=1}^{n} x_i$$

当测量次数 $n$ 趋于无穷大（$n \to \infty$）时，算术平均值的极限称为数学期望（$x_\infty$）：

$$x_\infty = \lim_{n \to \infty} \bar{x} = \lim_{n \to \infty} \frac{1}{n} \sum_{i=1}^{n} x_i$$

测量值的数学期望（$x_\infty$）与真实值（$a$）之差被定义为系统误差（$\varepsilon$），即

$$\varepsilon = x_\infty - a$$

各次测量值 $x_i$ 与测量值的数学期望($x_\infty$)之差被定义为偶然误差($\gamma$),即

$$\gamma = x_i - x_\infty$$

每个测量值的误差($\Delta x_i$)等于系统误差与偶然误差之代数和,即

$$\Delta x_i = \varepsilon + \gamma = x_i - a$$

显然,当消除了系统误差时,数学期望值就等于真实值,即

$$a = x_\infty = \lim_{n \to \infty} \overline{x}$$

为了评价某物理量测量的质量,需要对一组平行测量的误差作出计算。测量误差通常用算术平均误差、标准误差、或然误差及相对误差来表示。

1. 算术平均误差

$$\delta = \lim_{n \to \infty} \frac{1}{n} \sum_{i=1}^{n} \mid x_i - a \mid \tag{1-1-1}$$

式中:$x_i$ 为单次测量值;$n$ 为测量次数;$a$ 为被测物理量的真实值;$x_i - a = \Delta x_i$ 为单次测量误差。真实值是不可知的,通常以用正确的测量方法和经校正过的仪器,进行足够多次测量所得的算术平均值或文献手册上的公认值作为真实值。

2. 标准误差

$$\sigma = \sqrt{\frac{\sum_{i=1}^{n}(x_i - a)^2}{n}} \tag{1-1-2}$$

式中:$\sigma$ 为标准误差,也称为均方根误差。

算术平均误差的优点是计算简便,但用这种误差表示时,可能会把质量不高的测量误差掩盖住。标准误差能够显著反映一组测量中的较大误差,因此它是表示精度的较好方法,在近代科学中多采用标准误差。

3. 或然误差

$$\rho = 0.675\,\sigma \tag{1-1-3}$$

式中:$\rho$ 为或然误差。

4. 相对误差

相对误差表示测量误差对被测物理量的准确度的影响程度,在评定测量结果质量时,采用相对误差更合理。其计算式如下:

$$相对误差 = \frac{\Delta x_i}{a} \times 100\% \tag{1-1-4}$$

$$相对平均误差 = \frac{\delta}{a} \times 100\% \tag{1-1-5}$$

$$相对标准误差 = \frac{\sigma}{a} \times 100\% \tag{1-1-6}$$

5. 有限次平行测量误差与相对误差

在常规工作中,人们只对某物理量做有限次平行测量($5 < n < 20$),求出有限次测量平均值($\overline{x}$);用$d_i = x_i - \overline{x}$表示单个测量值偏离平均值的程度,称为偏差。偏差的计算公式如下。

$$算术平均偏差(d) = \frac{1}{n}\sum_{i=1}^{n} \mid x_i - \overline{x} \mid \tag{1-1-7}$$

$$标准偏差(s) = \sqrt{\frac{\sum_{i=1}^{n}(x_i - \overline{x})^2}{n-1}} \tag{1-1-8}$$

$$相对偏差 = \frac{d_i}{\overline{x}} \times 100\% \tag{1-1-9}$$

$$相对平均偏差 = \frac{d}{\overline{x}} \times 100\% \tag{1-1-10}$$

$$相对标准偏差 = \frac{s}{\overline{x}} \times 100\% \tag{1-1-11}$$

6. 重现性测量平均值误差

由于偶然误差的影响,当同一人或不同的人对同一物理量进行重现性测量时,所得测量平均值往往是不同的,人们把这种误差称为平均值误差(足够多次平行测量的平均值误差用$\sigma_{\overline{x}}$表示,有限次平行测量的平均值误差用$s_{\overline{x}}$表示)。平均值误差用下式计算:

$$\sigma_{\overline{x}} = \frac{\sigma}{\sqrt{n}} \tag{1-1-12}$$

$$s_{\overline{x}} = \frac{s}{\sqrt{n}} \tag{1-1-13}$$

7. 测量结果表达

表达测量结果时,不仅要列出测量平均值,还应给出测量误差,以便确定真实值出现的范围。对于无限多次平行测量,其结果可用下式表达:

$$x = \overline{x} \pm \sigma_{\overline{x}} \tag{1-1-14}$$

使用式(1-1-14)表示的意义是,对某物理量进行无限多次平行测量时,真实值出现在($\overline{x} \pm \sigma_{\overline{x}}$)范围内的概率(或置信度)为68.3%。但是,随着平行测量次数的改变以及要求的置信度不同,真实值出现的置信区间是不同的。根据统计学原理,对于有限次平行测量,可用下式作为测量结果的一般表达形式:

$$x = \overline{x} \pm t s_{\overline{x}} \tag{1-1-15}$$

式(1-1-15)中的$t$为选定的某一置信度下的概率系数,$t$值与平行测量次数($n$)及所要求的置信度有关(可查表1.1.2)。

**表 1.1.2　不同测量次数及不同置信度的 $t$ 值**

| 测量次数 | 置信度/(%) | | | | |
|---|---|---|---|---|---|
| | 50 | 90 | 95 | 99 | 99.5 |
| 2 | 1.000 | 6.314 | 12.706 | 68.657 | 127.32 |
| 3 | 0.816 | 2.920 | 4.303 | 9.925 | 14.089 |
| 4 | 0.765 | 2.353 | 3.182 | 5.841 | 7.453 |
| 5 | 0.741 | 2.132 | 2.776 | 4.604 | 5.598 |
| 6 | 0.727 | 2.015 | 2.571 | 4.032 | 4.773 |
| 7 | 0.718 | 1.943 | 2.447 | 3.707 | 4.317 |
| 8 | 0.711 | 1.895 | 2.365 | 3.500 | 4.029 |
| 9 | 0.706 | 1.860 | 2.306 | 3.355 | 3.832 |
| 10 | 0.703 | 1.833 | 2.262 | 3.250 | 3.690 |
| 11 | 1.700 | 1.812 | 2.228 | 3.169 | 3.581 |
| 21 | 0.687 | 1.725 | 2.086 | 2.845 | 3.153 |
| $\infty$ | 0.674 | 1.645 | 1.960 | 2.576 | 2.807 |

## 三、平行测量次数确定

从式(1-1-15)及表 1.1.2 可以发现：置信区间 $(\overline{x} \pm t s_{\overline{x}})$ 受测量平均值误差、置信度及平行测量次数的制约；对于指定的置信度，平行测量次数越多，$t$ 值就越小，求出的置信区间就越窄，即测量平均值与真实值越接近；给出的置信区间越大，要求的平行测量次数就越少，但平均值偏离真实值的程度也可能越大。因此，对某物理量需要进行多少次平行测量，要根据实际需要而定。例如：如果要求置信度为 90%，置信区间为 $(\overline{x} - 3 s_{\overline{x}}) < x < (\overline{x} + 3 s_{\overline{x}})$，则平行测量次数至少为 3 次；但如果要求置信度为 95%，置信区间仍为 $(\overline{x} - 3 s_{\overline{x}}) < x < (\overline{x} + 3 s_{\overline{x}})$，则平行测量次数至少为 5 次；换一个角度说，如果要求置信度为 90%，置信区间减小为 $(\overline{x} - 2 s_{\overline{x}}) < x < (\overline{x} + 2 s_{\overline{x}})$，则平行测量次数至少为 7 次。

# 第四节　实验数据处理

## 一、可疑值取舍

在平行测量中,当发现某个测量值偏离同组数据较多,或该测量值的偏差较大时,该测量值就是可疑值。可疑值是否舍弃,要根据误差理论进行分析。

从概率理论可知,误差大于 $3s$ 的测量值出现的概率只有 $0.3\%$,所以,在一组足够多($n>12$)的数据中,误差大于 $3s$ 的数据可以舍弃。

肖维勒(Chauvenet)提出一种能够在测量次数较少时判断可疑值是否可以舍弃的方法,即在一组平行测量中,当可疑值 $x_i$ 的误差满足 $|x_i-\bar{x}|>w_n s$ 时,可以舍弃。其中,$w_n$ 为肖维勒系数,它与平行测量次数 $n$ 的关系见表 1.1.3。

**表 1.1.3　肖维勒系数 $w_n$ 与平行测量次数 $n$ 的关系**

| 测量次数 $n$ | 3 | 4 | 5 | 6 | 7 | 8 | 9 | 10 | 11 | 12 | 13 | 14 | ⋯ |
|---|---|---|---|---|---|---|---|---|---|---|---|---|---|
| $w_n$ | 1.38 | 1.53 | 1.65 | 1.73 | 1.80 | 1.86 | 1.92 | 1.96 | 2.00 | 2.03 | 2.07 | 2.10 | ⋯ |

H. M. Goodwin 提出另一种简单的判断法:如果对某物理量只做有限次平行测量($n\geqslant 5$),略去可疑测量值后,计算其余各测量值的平均值及算术平均误差($d$),然后算出可疑测量值与平均值的偏差($d_i$),如果 $d_i\geqslant 4d$,则此可疑值可以舍弃。因为这种测量值存在的概率大约只有千分之一。另外,还需注意舍弃可疑测量值后剩余数据不能少于四个。

## 二、误差传递

当测量值不是实验的最终结果时,往往需要将两个或两个以上的测量值代入数学函数式中进行运算才能给出最终结果(称为间接测量结果)。这时需要进行直接测量误差对间接测量结果误差的影响分析,以确定最终结果的准确度。

1. 间接测量结果的平均误差和相对平均误差

设有函数 $u=F(x,y)$,其中 $x$、$y$ 为可以直接测量的量。则

$$du = \left(\frac{\partial F}{\partial x}\right)_y dx + \left(\frac{\partial F}{\partial y}\right)_x dy$$

设 $\Delta u$、$\Delta x$、$\Delta y$ 为 $u$、$x$、$y$ 的测量误差,且设它们足够小,可以分别代替 $du$、$dx$、$dy$,则得到具体的简单函数及其误差的计算公式,如表 1.1.4 所示。

**表 1.1.4　部分函数的误差**

| 函　数　关　系 | 最大误差 $\Delta u$ | 最大相对误差 $\dfrac{\Delta u}{u}$ |
|---|---|---|
| $u = x_1 + x_2$ | $\pm(|\Delta x_1| + |\Delta x_2|)$ | $\pm\dfrac{|\Delta x_1| + |\Delta x_2|}{x_1 + x_2}$ |
| $u = x_1 - x_2$ | $\pm(|\Delta x_1| + |\Delta x_2|)$ | $\pm\dfrac{|\Delta x_1| + |\Delta x_2|}{x_1 - x_2}$ |
| $u = x_1 x_2$ | $\pm(x_1|\Delta x_2| + x_2|\Delta x_1|)$ | $\pm\left(\dfrac{|\Delta x_1|}{x_1} + \dfrac{|\Delta x_2|}{x_2}\right)$ |
| $u = \dfrac{x_1}{x_2}$ | $\pm\dfrac{x_1|\Delta x_2| + x_2|\Delta x_1|}{x_2^{\,2}}$ | $\pm\left(\dfrac{|\Delta x_1|}{x_1} + \dfrac{|\Delta x_2|}{x_2}\right)$ |
| $u = x^n$ | $\pm nx^{n-1}|\Delta x|$ | $\pm n\dfrac{|\Delta x|}{x}$ |
| $u = \ln x$ | $\pm\dfrac{|\Delta x|}{x}$ | $\pm\dfrac{|\Delta x|}{x|\ln x|}$ |

　　例如：某间接测量的物理量为 $x$，直接测量的物理量为 $L$、$R$、$P$、$m$、$r$、$d$，它们的函数关系式为

$$x = \frac{8LRP}{\pi(m - m_0)rd^2}$$

则间接测量的物理量 $x$ 的误差与直接测量的物理量的误差之间的关系为

$$\Delta x = \pm\frac{8LRP}{\pi(m - m_0)rd^2}\left[\left|\frac{\Delta L}{L}\right| + \left|\frac{\Delta R}{R}\right| + \left|\frac{\Delta P}{P}\right| + \left|\frac{\Delta(m - m_0)}{m - m_0}\right| + \left|\frac{\Delta r}{r}\right| + \left|\frac{2\Delta d}{d}\right|\right]$$

$$\frac{\Delta x}{x} = \pm\left[\left|\frac{\Delta L}{L}\right| + \left|\frac{\Delta R}{R}\right| + \left|\frac{\Delta P}{P}\right| + \left|\frac{\Delta(m - m_0)}{m - m_0}\right| + \left|\frac{\Delta r}{r}\right| + \left|\frac{2\Delta d}{d}\right|\right]$$

2. 间接测量结果标准误差

　　若 $u = F(x, y)$，则函数 $u$ 的标准误差为

$$\sigma_u = \sqrt{\left(\frac{\partial u}{\partial x}\right)^2\sigma_x^{\,2} + \left(\frac{\partial u}{\partial y}\right)^2\sigma_y^{\,2}}$$

部分函数的标准误差列入表 1.1.5。

表 1.1.5　部分函数的标准误差

| 函　数　关　系 | 最大误差 $\Delta u$ | 最大相对误差 $\dfrac{\Delta u}{u}$ |
|---|---|---|
| $u = x \pm y$ | $\pm \sqrt{\sigma_x^2 + \sigma_y^2}$ | $\pm \dfrac{1}{\mid x \pm y \mid} \sqrt{\sigma_x^2 + \sigma_y^2}$ |
| $u = xy$ | $\pm \sqrt{y^2 \sigma_x^2 + x^2 \sigma_y^2}$ | $\pm \sqrt{\dfrac{\sigma_x^2}{x^2} + \dfrac{\sigma_y^2}{y^2}}$ |
| $u = \dfrac{x}{y}$ | $\pm \dfrac{1}{y} \sqrt{\sigma_x^2 + \dfrac{x^2}{y^2} \sigma_y^2}$ | $\pm \sqrt{\dfrac{\sigma_x^2}{x^2} + \dfrac{\sigma_y^2}{y^2}}$ |
| $u = x^n$ | $\pm n x^{n-1} \sigma_x$ | $\pm \dfrac{n}{x} \sigma_x$ |
| $u = \ln x$ | $\pm \dfrac{\sigma_x}{x}$ | $\pm \dfrac{\sigma_x}{x \ln x}$ |

## 三、有效数字

1. 有效数字的概念

测量物理量时,由于受仪器精度的影响,读出的数值的准确度是有限的。例如,用常规 50 mL 滴定管分析某组分含量,读出滴定剂的体积为 24.38 mL。这个数的十位数、个位数及小数点后第一位数在滴定管上有明确刻度标记,是确定数;最后一位数"8"是估读出来的,属于估读数或不准确数;换一个人读出滴定剂的体积可能是 24.37 mL,也可能是 24.39 mL。通常把只含有一位估读数或不准确数的数字称为有效数字。如"24.38"这个数为四位有效数字。

此外,数字中的"0"可能是有效数字,也可能不是有效数字。如 20.08,24.00 中的"0"是有效数字,即"20.08""24.00"都是四位有效数字;但"0.01"只有一位有效数字,即"1"前面的"0"不是有效数字,它们只起定位小数点的作用;如"24 000"这样的数字,其有效位数不好确定,若写成"$2.4 \times 10^4$",则是两位有效数字,但若写成"$2.400\,0 \times 10^4$",则是五位有效数字。

2. 有效数字的记录

记录测量值时,应根据仪器的精度,使记录的数字只保留一位估读数。计算误差时,所得误差数据一般只保留一位有效数字,最多保留两位有效数字。

3. 有效数字的运算

(1)在加减法运算中,应以所有数中小数点后位数最少的为准,先对参加运算的数据进行去舍处理,再运算。例如:

$$21.4 + 1.23 = 21.4 + 1.2 = 22.6$$

(2)在乘除法运算中,应以相对误差最大的数据的有效位数为准,先对参加运算的数据进行去舍处理,再运算。运算结果的有效位数也以运算前相对误差最大的数据的有效位数为准。例如：
$$2.3\times0.524=2.3\times0.52=1.2$$

（3）乘方、开方运算后所得结果的有效数字位数应与运算前底数的有效数字位数相同。

（4）三角函数运算结果的有效数字的位数与运算前角度的有效数字位数相同，对数运算结果尾数的有效数字位数与运算前真数的有效数字位数相同。

（5）运算前对数字的有效位数进行取舍处理时，除要考虑运算规则外，还应注意如下原则。①一些常数（如 $\pi$、e 等）以及自然数作系数时，其有效位数可视为足够多。②若某个数据第一位有效数字大于或等于8，则有效数字的位数可多算一位。如 8.37 可看作四位有效数字。③数据取舍时，应采用"四舍六入五留双"的原则。例如：下列数字 23.454、21.256、22.455、20.445 被要求保留四位有效数字时，结果应该是 23.45、21.26、22.46、20.44。④单位换算时，应采用科学计数法的方式而不是简单通过移动小数点的位置。例如，2.54 mL 采用"L"为单位进行计算时，应为 $2.54\times10^{-3}$ L，而不是 0.00254 L。

## 四、实验数据处理方法

实验过程记录下来的原始数据有时经过简单计算就可得出实验结果，有时则需经过适当的处理和计算才能反映出事物的内在规律或得出结果；特别是实验数据较多时，采用适当的方法对数据进行处理显得尤为重要。根据不同的需要，可以采取不同的数据处理方法。

### 1. 列表法

把数据按一定规律列成表格，可使物理量之间的一一对应关系简明、醒目，也有助于发现规律，常见的例子如图 1.1.2 所示。列表时应注意如下几点。

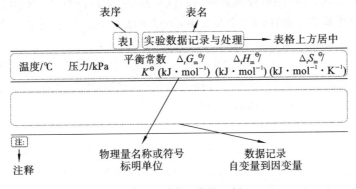

图 1.1.2 常见表格示例

(1) 表格要有名称和表序。表序和表格名称放在表格上方居中。需要注明测量条件(如温度、压力等),或要对表格进行必要说明时,可在表格下方另起一行标注。

(2) 表格设计合理、简单明了,便于观察。一般是制成三线表。

(3) 各栏目中均应注明物理量的名称和单位,并把两者表示为相除的形式(即用"/"将名称和单位隔开)。因为物理量的符号本身是带有单位的,除以它的单位,即等于表中的纯数字。

(4) 数字要排列整齐,小数点要对齐,公共的乘方因子应写成与物理量符号相乘的形式并放在开头一栏。

(5) 表格中表达的数据顺序为:从左到右,先自变量后因变量,可以将原始数据和处理结果列在同一表中,但应以一组数据为例,在表格下面列出算式,写出计算依据。

2. 作图法

作图法可更形象地表达出数据的特点,如极大值、极小值、拐点等,并可进一步用图解求积分、微分、外推值、内插值等。作图法用处极为广泛,其中重要的有以下几方面。

(1) 求内插值。根据实验所得的数据,作出函数关系曲线,然后找出与某函数相应的物理量的数值。例如:在溶解热的测定中,根据不同浓度下的积分溶解热曲线,可以直接得出该盐溶解在不同量的水中所放出的热量。

(2) 求外推值。在某些情况下,测量数据间的线性关系可外推至测量范围以外,而求得某一函数的极限值,此种方法称为外推法。例如:强电解质无限稀释溶液的摩尔电导率 $\Lambda_m^\infty$ 的值,不能由实验直接测定,但可测定浓度很稀的溶液的摩尔电导率,然后作图外推至浓度为 0,即得无限稀释溶液的摩尔电导率。

(3) 作切线,以求函数的微商。从曲线的斜率求函数的微商,在数据处理中是经常应用的。例如:利用积分溶解热的曲线作切线,从其斜率便可求出某一指定浓度下的微分稀释热。而在动力学实验中,通过浓度-时间曲线上任意一点的切线可求出对应浓度的瞬时反应速率。

(4) 求某函数的积分值(图解积分法)。曲线下的面积即为函数积分值。

(5) 求函数的极值或转折点。例如:二元恒沸混合物的最高(或最低)恒沸点及其组成的测定、固态二元相图中相变点的确定等。

作图时应注意如下几点。

(1) 要用市售的正规坐标纸,并根据需要选用坐标纸种类(直角坐标纸、三角坐标纸、半对数坐标纸、对数坐标纸等)。物理化学实验中一般用直角坐标纸,只有三组分相图使用三角坐标纸。建议使用计算机 Excel、Origin 软件作图。

(2) 在直角坐标系中,一般以横轴代表自变量,纵轴代表因变量,在轴旁须注明变量的名称和单位(两者表示为相除的形式,如压力的符号为 $p$,单位为 Pa,则写成"$p/\text{Pa}$"),10 的幂次以相乘的形式写在变量旁。

(3) 适当选择坐标比例,以表达出全部有效数字为准,使图上读出的各物理量的精确度与测量的精确度一致。即最小的毫米格内表示有效数字的最后一位。每厘米格代表 1、2、5 为宜,不宜用 3、7、9。如果作直线,应正确选择比例,使直线呈45°倾斜为好。

(4) 坐标原点不一定选在零点,应使所作直线或曲线匀称地分布于图面中。在两条坐标轴上每隔 1 cm 或 2 cm 均匀地标上所代表的数值,而图中所描各点的具体坐标值不必标出。

(5) 描点时,应用细铅笔将所描的点准确而清晰地标在其位置上(用计算机作图时自动生成),可用"〇""△""□""×"等符号表示,符号总面积表示了实验数据误差的大小,所以不应超过 1 mm 格。同一图中表示不同曲线时,要用不同的符号描点,以示区别。

(6) 作曲线要用曲线板,描出的曲线应平滑均匀;应使曲线尽量多地通过所描的点,但不要强行通过每一个点,对于不能通过的点,应使其等量地分布于曲线两边,且两边各点到曲线的距离之平方和要尽可能小。当作图点少于 4 个,且各点的线性关系不很明晰时,建议用折线连接各点。使用计算机作图时,只需选择适当的作图模式就能自动生成图形。

(7) 图要有图名和图序。图名要简明,应能准确表达图意。图序和图名一般放在图的下方居中。需要注明测量条件(如温度、压力等),或要对图进行必要说明时,可在图序和图名下方另起一行标注。常见的例子如图 1.1.3 所示。

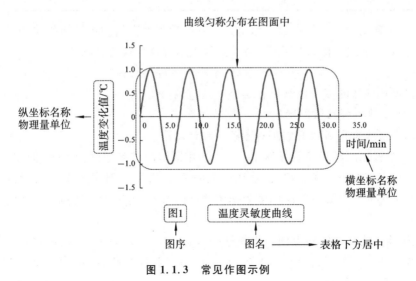

图 1.1.3　常见作图示例

### 3. 数学函数式法

数学函数式法是将所测变量间的依赖关系用数学方程式表达出来,作为客观规律的一种近似描述的方法。数学函数式是理论探讨的线索和根据,它简明清晰,便于微分、积分。在这种实验拟合方程中,一旦确定实验参数,因变量与自变量就有了明晰的关系,很方便由自变量计算因变量,非常实用。因此,数学函数式法处理实验数据的任务就是采用适当的数学方法确定数学方程式中的相关参数。

(1) 建立数学方程式的方法。

当不知道所测量变量间的解析依赖关系时,一般通过下列方法建立数学方程式。

① 将实验测定的数据加以整理,找出自变量、因变量后作图,绘出曲线。

② 将所得曲线形状与已知函数的曲线形状比较,判断曲线的类型。

③ 根据比较结果确定函数式的形式,再将曲线关系变换成直线关系。常见的例子如表 1.1.6 所示。

**表 1.1.6　曲线方程直线化示例**

| 方　程　式 | 变　　换 | 直线化方程 |
|:---:|:---:|:---:|
| $y = ae^{bx}$ | $Y = \ln y$ | $Y = \ln a + bx$ |
| $y = ax^b$ | $Y = \ln y, X = \ln x$ | $Y = \ln a + bX$ |
| $y = \dfrac{1}{a+bx}$ | $Y = \dfrac{1}{y}$ | $Y = a + bx$ |
| $y = \dfrac{x}{a+bx}$ | $Y = \dfrac{x}{y}$ | $Y = a + bx$ |

④ 计算线性方程的参数。给出只含自变量和因变量的数学函数式。

⑤ 如果曲线无法线性化,可将原函数表示成自变量的多项式:

$$y = a + bx + cx^2 + dx^3 + \cdots$$

多项式项数的多少以结果在实验误差范围内为准。

(2) 直线方程参数的确定。

确定直线方程参数的方法有图解法和计算法。

① 图解法。对于简单方程 $y = a + bx$,用图解法求参数最为方便,即在 $y$-$x$ 坐标系上描点作图得一条直线,该直线的截距为 $a$,直线的斜率为 $b$。图解法的不足之处是求得的参数 $a$、$b$ 的准确度受作图精度的影响,特别是作图点较分散时,误差较大。

② 计算法。设实验得到一组数据 $(x_1, y_1), (x_2, y_2), (x_3, y_3), \cdots, (x_n, y_n)$,因变量与自变量的关系符合简单方程 $y = a + bx$,则根据最小二乘法原理,参数 $a$、$b$ 值可由下面两式算出:

$$a = \frac{\sum_{i=1}^{n} x_i \sum_{i=1}^{n} x_i y_i - \sum_{i=1}^{n} y_i \sum_{i=1}^{n} x_i^2}{(\sum_{i=1}^{n} x_i)^2 - n \sum_{i=1}^{n} x_i^2}, \quad b = \frac{\sum_{i=1}^{n} x_i \sum_{i=1}^{n} y_i - n \sum_{i=1}^{n} x_i y_i}{(\sum_{i=1}^{n} x_i)^2 - n \sum_{i=1}^{n} x_i^2}$$

当函数式为多项式(即 $y = a + bx + cx^2 + dx^3 + \cdots$)时,也可以根据最小二乘法原理求方程中的各个参数,但计算式较复杂。

# 第五节  正交实验设计简介

科学研究和工业生产实践中通常需要考虑多种因素对实验指标值的影响,使用多因素完全方案可以综合研究各因素的简单效应、主效应及因素间的交互效应。当各因素的水平数均为 $m$ 时,因素数 $k$ 与实验次数 $n$ 的关系为 $n = m^k$,例如,对每个因素的每个水平均进行水平组合的 3 因素 4 水平全面实验次数为 $4^3 = 64$,5 因素 4 水平全面实验次数至少达到 $4^5 = 1024$。显然,随着实验因素数增多或因素的水平数增加,将会产生大量的待分析实验数据,实验方案的规模会过于庞大而难以全面实施。

实践证明,正交实验设计是在保证因素水平搭配均衡的前提下,利用正交表从完全方案中选出若干个处理组合,构成部分实施方案,科学安排设计实验,可以达到控制实验规模,大大减少实验次数,减少统计分析工作量,提高实验效率的目的。

## 一、正交表结构和性质

### 1. 正交表的格式

正交表名称一般简记为 $L_n(m_1 \times m_2 \times \cdots \times m_k)$,其中 L 为正交表代号;$n$ 代表正交表的行数或实验处理组合数;$m_1 \times m_2 \times \cdots \times m_k$ 表示正交表共有 $k$ 列(最多可安排的因素数),每列的水平数分别为 $m_1, m_2, \cdots, m_k$。任何一个名为 $L_n(m_1 \times m_2 \times \cdots \times m_k)$ 的正交表都有一个对应的格式,用于安排实验方案和分析实验结果。

通常正交表可分为等水平正交表和混合水平正交表两种。

(1)等水平正交表。对于正交表 $L_n(m_1 \times m_2 \times \cdots \times m_k)$,若 $m_1 = m_2 = \cdots = m_k$,则称其为等水平正交表,符号为 $L_n(m^k)$,其中 L 为正交表代号,$n$ 为正交表行数(实验次数),$m$ 为因素水平数,$k$ 为正交表纵列数(最多因素数)。如常用的等水平正交表如下:

2 水平正交表:$L_4(2^3)$,$L_8(2^7)$,$L_{16}(2^{15})$,$\cdots$

3 水平正交表:$L_9(3^4)$,$L_{27}(3^{13})$,$L_{81}(3^{41})$,$\cdots$

4 水平正交表:$L_{16}(4^5)$,$L_{64}(4^{21})$,$\cdots$

5 水平正交表:$L_{25}(5^6)$,$L_{125}(5^{31})$,…

表 1.1.7 为一个常用的等水平正交表 $L_9(3^4)$。

**表 1.1.7　正交表 $L_9(3^4)$**

| 实验号 | 列　号 | | | |
|:---:|:---:|:---:|:---:|:---:|
| | 1 | 2 | 3 | 4 |
| 1 | 1 | 1 | 1 | 1 |
| 2 | 1 | 2 | 2 | 2 |
| 3 | 1 | 3 | 3 | 3 |
| 4 | 2 | 1 | 2 | 3 |
| 5 | 2 | 2 | 3 | 1 |
| 6 | 2 | 3 | 1 | 2 |
| 7 | 3 | 1 | 3 | 2 |
| 8 | 3 | 2 | 1 | 3 |
| 9 | 3 | 3 | 2 | 1 |

$L_9(3^4)$ 表示 4 因素 3 水平实验,按照正交表设计实验次数为 9,而全面实验次数为 81,可见正交实验设计大大减少了实验次数。

(2) 混合水平正交表。对于正交表 $L_n(m_1 \times m_2 \times \cdots \times m_k)$,若 $m_1,m_2,\cdots,m_k$ 不完全相等,则称其为混合水平正交表。$L_n(m_1{}^{k_1}\ m_2{}^{k_2})$ 型混合水平正交表最为常用,其中 $m_1{}^{k_1}$ 和 $m_2{}^{k_2}$ 分别表示水平数为 $m_1$ 的有 $k_1$ 列,水平数为 $m_2$ 的有 $k_2$ 列。用这类正交表安排实验时,水平数为 $m_1$ 的因素最多可安排 $k_1$ 个,水平数为 $m_2$ 的因素最多可安排 $k_2$ 个。此类正交实验设计主要针对由于条件限制无法多取水平或对某因素需要重点考察而多取水平的情况。

表 1.1.8 为正交表 $L_8(4^1 \times 2^4)$,表示最多可安排 4 水平因素 1 个和 2 水平因素 4 个。

**表 1.1.8　正交表 $L_8(4^1 \times 2^4)$**

| 实验号 | 列　号 | | | | |
|:---:|:---:|:---:|:---:|:---:|:---:|
| | 1 | 2 | 3 | 4 | 5 |
| 1 | 1 | 1 | 1 | 1 | 1 |
| 2 | 1 | 2 | 2 | 2 | 2 |
| 3 | 2 | 1 | 1 | 2 | 2 |
| 4 | 2 | 2 | 2 | 1 | 1 |
| 5 | 3 | 1 | 2 | 1 | 2 |

续表

| 实验号 | 列　号 | | | | |
|---|---|---|---|---|---|
| | 1 | 2 | 3 | 4 | 5 |
| 6 | 3 | 2 | 1 | 2 | 1 |
| 7 | 4 | 1 | 2 | 2 | 1 |
| 8 | 4 | 2 | 1 | 1 | 2 |

**2. 正交表的基本性质**

（1）正交性。即任一列中各元素（水平）出现次数相等；任何两列的同行元素构成的元素对为一个"完全对"，且每种元素对出现次数相等。由正交表的正交性可以看出：正交表各列的地位平等，表中各列之间可以相互置换，即列置换；正交表的各行之间可相互置换，即行置换；正交表的同一列的水平间可以相互置换，即水平置换。这三种置换称为正交表的初等变换。经过初等变换得到的正交表称为原正交表的等价表。实际应用时，可根据不同实验的要求，把一个正交表变换成与之等价的其他形式。

（2）代表性。正交实验中包含了所有因素的所有水平，并对任意两个因素的所有水平信息及任两个因素间的组合信息无一遗漏，使用正交表实施的实验方案可代表全面实验。同时，由于正交表的正交性，正交实验的实验点（处理组合）必然均衡地分布在全面实验之中，因而具有很强的代表性。所以，由部分实验寻找的最优条件与全面实验所寻找的最优条件，应该有一致的趋势。

（3）综合可比性。正交表的正交性，使任意因素的不同水平具有相同的实验条件，保证了在每列因素的各个水平的效应中，最大限度地排除其他因素的干扰，从而可以综合比较该因素不同水平对实验指标值的影响，这种特性称为综合可比性。

## 二、正交实验设计的基本步骤

正交实验作为部分实施实验，相对全面实施实验而言，具有减少处理组合数、缩小实验规模、提高实验效率的优点。但如果设计不当，会导致某些因素效应与其他因素的交互效应相混杂的问题。通过巧妙的表头设计，可以避免重要因素的效应与重要的交互效应相互混杂。

正交实验设计包括实验设计和数据处理两部分，基本步骤如下。

**1. 明确实验目的，确定评价指标**

明确正交实验的目的，是正交实验设计的基础。如产品的产量、产率、纯度等实验指标通常是用来表示实验结果特性的值，常用于衡量或考核实验效果。在实际工作中，实验指标的个数不尽相同，可将正交实验设计分为单指标实验设计和多指标实验设计。

### 2. 确定因素和水平

影响实验指标的因素很多，实验因素的选择要尽可能全面考虑到影响实验指标的所有因素。根据实验要求和尽量少选因素的原则，选出主要因素，略去次要因素。如对问题不够了解，可适当多选一些因素。确定因素的水平时，尽可能使因素的水平数相等，以方便实验数据处理。最后列出正交表。实际工作中，应根据专业知识和有关资料，尽可能把水平设置在最佳区域或接近最佳区域。如果经验或资料不足，不能保证把水平定在最佳区域附近，则需要把水平尽量拉开，尽可能使最佳区域包含在拉开的区间内。通过 1～2 套实验，逐步缩小水平范围，以便找出最佳区域。

需要注意的是，为了避免人为因素导致的系统误差，在确定因素的水平时，不要简单地按照因素水平数值的大小进行递增或递减排序，应遵从随机的原则。

### 3. 选择适当的正交表，设计表头

根据因素数和水平数选择合适的正交表。一般要求，因素数≤正交表列数，因素数与正交表对应的水平数一致，在满足上述条件的前提下，选择较小的表。例如，4 因素 3 水平实验，满足要求的表有 $L_9(3^4)$、$L_{27}(3^{13})$ 等，一般选择 $L_9(3^4)$。但是如果要求精度高，并且实验条件允许，可以选择较大的表。通过表头设计将实验因素安排到所选正交表相应的列中。

需要注意的是，在选表和设计表头之前，首先应该判别各因素间是否存在交互作用或者交互作用是否可以忽略。在不考虑交互作用时，只需将各因素分别安排在正交表上方与列号对应的位置上，一般一个因素占一列，不放置因素或交互作用的列称为空白列（简称空列，数据分析时也称为误差列），因此，在设计正交表时，一般最好留至少一个空白列。如果存在交互作用并且交互作用不可忽略，选择正交表时应该把交互作用看成因素，即有一个交互作用就看成一个因素，在正交表中占有相应的列（称为交互作用列）。此时，可以通过查选正交表对应的交互作用表或直接查对应正交表的表头两种方式来设计表头。

### 4. 明确实验方案，按规定方案进行实验

表头设计完成后，完善正交表，得到所有实验方案（每一行对应一个实验方案），并按照方案完成实验，得到以实验指标形式表示的实验结果。

### 5. 实验结果数据分析

对正交实验结果的分析，通常采用极差分析法（或称直观分析法）和方差分析法。通过实验结果分析，可以得到因素主次顺序、优方案等有用信息。

极差分析法又称直观分析法，具有计算简便、直观形象、简单易懂等优点，是正交实验结果常用的分析方法，简称 R 法。方差分析法的基本思路是通过计算各因素和误差的离差平方和，然后求出自由度、均方、$F$ 值，最后进行 $F$ 检验。直观分

析法的不足之处在于不能估计误差的大小，不能精确地估计各因素对实验结果影响的重要程度，特别是对于水平数≥3且要考虑交互作用的实验，直观分析法不便使用。通过方差分析法，可以弥补直观分析法的不足。

6. 确定优方案

优方案是在所进行的实验范围内，各因素较优的水平组合。在选择确定时，各因素优水平的确定与实验指标有关。若指标越大越好，则选取使指标大的水平；反之，则选取使指标小的水平。在实际确定优方案时，需要综合考虑多方面因素。需要说明的是，通过数据分析方法确定的优方案不一定包含在正交表的实验方案中，这也正体现了正交实验设计的优越性。

7. 进行验证实验，做进一步分析

优方案是通过统计分析得出的，还需要对其进行实验验证，以保证优方案与实际一致，否则需要进行新的正交实验。

总之，正交实验设计既有规律可循，同时也需要坚实的知识基础和扎实的实验功底。只有不断地实践、分析、总结，才能更好地掌握和运用正交实验设计手段服务于科学研究和生产实践。

# 第二章　基本操作技术

## 第一节　温度的测量与控制

### 一、温度与温标

1. 温度

温度是表征系统中物体内部大量分子、原子平均动能的一个宏观物理量。物体内部分子、原子平均动能的增加或减少,表现为物体温度的升高或降低。物体的物理化学特性与温度密切相关,温度是确定物体状态的一个基本参量,因此,温度的准确测量和控制在科学实验中十分重要。温度测量从古至今一直伴随着人类文明的发展,温度测量工具经历了令人惊叹的演变过程。从最简单的水银温度计到高度精密的传感器,每一次技术革新都反映了人类对于精准测量的渴望和对真理的执着追求。

2. 温标

温度是一个特殊的物理量,两个物体的温度只能相等或不等。为了表示温度的高低,需要建立温标。温标是测量温度时必须遵循的规定,国际上先后制定了几种温标。

(1) 摄氏温标:以标准大气压下水的冰点(0 ℃)和沸点(100 ℃)为两个定点,定点间分为 100 等份,每一份定义为 1 ℃。用外推法或内插法求得其他摄氏温度 $T$,单位为 ℃。

(2) 热力学温标:热力学温标又称为开氏温标或绝对温标,1848 年由开尔文 (Kelvin)在卡诺循环的基础上建立,是一种不依赖于测量物质、测温参量的理想、科学的温标。设卡诺热机在温度为 $T_2$ 和 $T_1(T_2 > T_1)$ 的两个热源之间工作,从高温热源吸热 $Q_2$,放热 $Q_1$ 给低温热源,则

$$\left| \frac{Q_1}{Q_2} \right| = \frac{T_1}{T_2} \tag{1-2-1}$$

若规定固定温度为 $T_1$,则 $T_2 = \frac{Q_2}{Q_1} T_1$。

理想气体在定容下的压力(或定压下的体积)与热力学温度呈严格的线性函数关系。因此,国际上选定气体温度计来实现热力学温标。氦、氢、氮等气体在温度

较高、压力不太大的条件下，其行为接近理想气体。所以，这种气体温度计的读数可以校正成为热力学温度。热力学温度 $T$ 的单位为开尔文(K)。热力学温度 1 K 等于水三相点热力学温度的 1/273.16。热力学温标与摄氏温标分度值相同，只是差一个常数，即 $T(K)=273.15+t(℃)$。

(3) 国际温标：由于气体温度计的装置复杂，使用不方便，为了统一国际温度量值，1927 年拟定了"国际温标"，建立了若干可靠而又能高度重现的固定点。随着科学技术的发展，经多次修订，现在采用的是 1990 年修订的国际温标(ITS-90)，其定义的温度固定点、标准温度计和计算的内插公式可参阅中国计量出版社出版的《1990 年国际温标宣贯手册》和《1990 国际温标补充资料》。

## 二、温度计

### 1. 水银温度计

水银温度计是实验室常用的温度计，水银有易提纯、导热率大、比热小、膨胀系数较均匀、不易附着在玻璃壁上、不透明、便于读数等优点。水银温度计的测温范围与水银的熔点(234.45 K)和沸点(629.85 K)密切相关，如果用石英玻璃作管壁，充入氮气或氩气，最高使用温度可达到 1073.15 K；如果水银中掺入 8.5% 的铊(Tl)，则可以测量 213.2 K 的低温。

(1) 水银温度计的读数误差来源。

① 水银膨胀不均匀。影响较小，一般情况下可忽略不计。

② 玻璃球体积改变。一支精细的温度计，应每隔一段时间做定点校正，以减小温度计本身的误差。

③ 压力效应。通常温度计读数指外界压力为 $10^5$ Pa 时的温度，当压力改变时，应进行校正。对于直径为 5~7 mm 的水银球，压力系数的数量级约为 0.1 ℃/($10^5$ Pa)。

④ 露丝杆误差。水银温度计有"全浸"与"非全浸"两种。"全浸"指测温时温度计全部水银柱要浸在介质内。"非全浸"指测温时温度计水银球及指定部分毛细管浸在介质内即可。使用不同类型温度计测温时，应视情况判断是否会引起误差。

⑤ 其他误差。如延迟误差，由于温度计水银球与被测介质达到热平衡时需要一定的时间，在快速测量时，时间太短容易引起误差。此外，还有辐射误差，以及刻度不均匀、水银附着及毛细现象等引起的误差。

(2) 水银温度计的校正。

① 读数校正。

a. 以纯物质的熔点或沸点作为标准进行校正。

b. 以标准水银温度计为标准进行校正。标准水银温度计由多支测量范围不同的温度计组成，每支都经过计量部门的鉴定，读数准确。用标准水银温度计与待校正温度计平行测定某一系统的温度,作出校正曲线。利用校正曲线对温度计进行校正。

② 露茎校正:"非全浸"温度计常在背后附有浸入量的校正刻度。常用的是"全浸"温度计,但使用时往往不可能做到"全浸",因此必须按下式进行校正:

$$t_c = t + kl(t - t_0) \tag{1-2-2}$$

式中:$t_c$是校正后温度;$t$是测量温度计读数;$t_0$是辅助温度计读数(放置在水银柱露出部分一半位置处);$l$是露出水银柱长度,称为露茎高度(以度数表示);$k$是水银对于玻璃的相对膨胀系数,$k = 0.00016$。

(3) 使用水银温度计的注意事项。

① 温度计应尽可能垂直放置,减少温度计内部水银压力不同而引起误差。

② 防止骤冷骤热,避免温度计破裂和变形。

③ 不能以温度计代替搅拌棒。

④ 根据测量需要,选择不同量程、不同精度的温度计。

⑤ 根据测量精度需要对温度计进行校正。

⑥ 系统与温度计之间热传导达到平衡后再读数。

2. 贝克曼(Beckmann)温度计

贝克曼温度计是一种能够精确测量温差的温度计。普通水银温度计不能满足测温精度要求时,可使用贝克曼温度计进行测量。贝克曼温度计不能直接测量温度的绝对值,但可以精确地测量温差,其精度通常可达到 0.002 ℃。贝克曼温度计的使用方法见第三章第二节。

3. 电阻温度计

电阻温度计是利用物体电阻随温度变化的特性制成的测温仪器。任何物体的电阻都与温度有关,因此理论上都可以用于测量温度,但事实上能满足温度测量灵敏度、稳定性和重现性等要求的并不多。目前,电阻温度计按感温元件材料可分为金属电阻温度计和半导体电阻温度计两类。金属有铂、铜、镍、铁等,目前大量使用的材料为铂、铜和镍;半导体有锗、碳和复合金属氧化物等。常用的电阻温度计有铂电阻温度计和热敏电阻温度计。

(1) 铂电阻温度计:铂容易提纯,化学稳定性高,电阻温度系数稳定且重现性很好。铂与专用精密电桥或电位差计组成的铂电阻温度计精确度极高,被选定为 13.81～903.89 K 温度范围的标准温度计。

(2) 热敏电阻温度计:热敏电阻温度计的感温元件为复合金属氧化物半导体材料,对温度变化极其敏感,对温度的灵敏度比铂电阻、热电偶等感温元件高得多。热敏电阻能直接将温度变化转换成电压或电流等电参数变化,测量电参数变化即可得到温度变化结果。

热敏电阻与温度之间并非线性关系,但测量温度范围较小时,可近似看作线性关系。热敏电阻温度计测定温差的精度足以和贝克曼温度计相比,还具有热容量小、响应快、便于自动记录等优点。目前,已用此种温度计制成的温差测量仪代替贝克曼温度计。

4. 热电偶温度计

两种不同金属导体构成闭合线路,当连接点温度不同时,回路中将会产生一个与温差有关的电势,称为温差热电势($E$),这样的一对金属导体称为热电偶(图1.2.1),可以利用温差热电势测定温度。不是任意两种不同材料的导体都可制成热电偶,能制成热电偶的材料需满足以下条件:物理、化学性质稳定,在测温范围内不发生蒸发和相变,不发生化学变化,不易氧化、还原,不易腐蚀;温差热电势与温度成简单函数关系,最好呈线性关系;微分温差热电势大,电阻温度系数比导电率高;易于加工,重复性好;价格便宜。

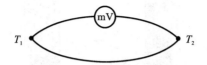

图 1.2.1  热电偶回路示意图

常见热电偶的基本参数见表1.2.1。这些热电偶可用相应的金属导线熔接而成。铜和康铜熔点较低,可蘸以松香或其他非腐蚀性的焊药在煤气焰中熔接。但其他几种热电偶则需要在氧焰或电弧中熔接。焊接时,先将两根金属线末端的一小部分拧在一起,在煤气灯上加热至200~300 ℃,蘸上硼砂粉末,然后让硼砂在两金属丝上熔成一硼砂球,以保护热电偶丝不被氧化,再利用氧焰或电弧使两金属熔接在一起。

表 1.2.1  热电偶的基本参数

| 材质及组成 | 新分度号 | 旧分度号 | 使用温度范围/K | 温差热电势系数 /(mV/K) |
|---|---|---|---|---|
| 铁-康铜(CuNi40) | | FK | 0~1073 | 0.0540 |
| 铜-康铜 | T | CK | 73~573 | 0.0428 |
| 镍铬10-考铜(CuNi43) | | EA-2 | 273~1073 | 0.0695 |
| 镍铬-考铜 | | NK | 273~1073 | |
| 镍铬-镍硅 | K | EU-2 | 273~1573 | 0.0410 |
| 镍铬-镍铝(NiAl2Si1Mg2) | | | 273~1373 | 0.0410 |
| 铂-铂铑10 | S | LB-3 | 273~1873 | 0.0064 |
| 铂铑30-铂铑6 | B | LL-2 | 273~2073 | 0.00034 |
| 钨铼5-钨铼20 | | WR | 273~473 | |

热电偶的连接方式如图 1.2.2 所示,使用时一般将热电偶的一个接点放在待测物体(热端)中,另一接点放在储有冰水的保温瓶(冷端)中以保持冷端的温度稳定。有时为了使温差热电势增大,增加测量精确度,可将几个热电偶串联成热电堆使用,热电堆的温差热电势等于各个热电偶的温差热电势之和。

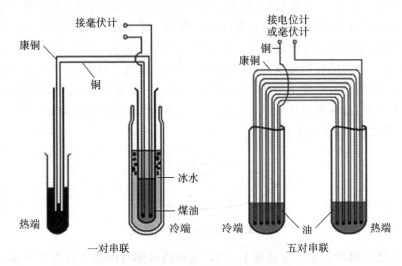

图 1.2.2　热电偶的连接方式

温差热电势可以用电位差计或毫伏计测量。精密的测量可使用灵敏检流计或电位差计。使用热电偶温度计测定温度,需要通过温度与温差热电势的校正曲线把测得的温差热电势换算成温度值。

(1) 热电偶的校正方法。

① 利用纯物质的熔点或沸点进行校正:由于纯物质发生的相变温度恒定不变,因此,挑选已知沸点或熔点的纯物质分别测定其加热或步冷曲线($E$-$T$ 曲线),即热电偶温度计的工作曲线,曲线上水平部分所对应的温差热电势 $E(\mathrm{mV})$ 即相应于该物质的熔点或沸点。在使用该热电偶温度计测量温度时,就可据此 $E$-$T$ 曲线确定待测系统的温度。

② 利用标准热电偶校正:将待校热电偶与标准热电偶(已知温差热电势与温度的对应关系)的热端置于相同的温度处,进行一系列不同温度点的测定,同时读取温差热电势 $E(\mathrm{mV})$,借助标准热电偶的温差热电势与温度的关系而获得待校热电偶温度计的一系列 $E$-$T$ 关系,制作工作曲线。高温下,一般用铂-铂铑为标准热电偶。

(2) 使用热电偶温度计应注意的问题。

① 易氧化的金属热电偶(铜-康铜)不应在氧化气氛中使用,易还原的金属热电偶(铂-铂铑)则不应在还原气氛中使用。

② 热电偶可以和被测物质直接接触的,一般都直接插入被测物中;如不能直

接接触,则需将热电偶插在适当的套管中,再将套管插入待测物中,在套管中加入适当的石蜡油,以便改进导热情况。

③ 冷端的温度需保证准确不变,一般放在冰水中。

④ 接入测量仪表前,需先小心判别其"＋""－"端。

⑤ 选择热电偶时应注意,在使用温度范围内,温差热电势与温度最好呈线性关系。通常选择温差热电势系数大的热电偶,以增加测量的灵敏度。

## 三、恒温技术及装置

物质的物理化学性质,如黏度、密度、蒸气压、表面张力、折射率等随温度而改变,必须在恒温条件下测定。平衡常数、化学反应速率常数等物理量也与温度有关,测定时也需恒温,因此,掌握恒温技术非常必要。

恒温控制可分为两类,一类是利用物质的相变点温度来获得恒温,如液氮(77.3 K)、干冰(194.7 K)、冰-水(273.15 K)、$Na_2SO_4 \cdot 10H_2O$(305.6 K)、沸水(373.15 K)、沸点萘(491.2 K)等。这些物质处于相平衡时构成一个"介质浴",将需要恒温的研究对象置于这个介质浴中,就可以获得一个高度稳定的恒温条件。如果介质是纯物质,则恒温温度就是该介质的相变温度,不必另外精确标定。其缺点是恒温温度不能随意调节。

另外一类是利用电子调节系统进行温度控制,如电冰箱、恒温槽、高温电炉等。此方法控温范围宽,可以调节设定温度。电子调节系统种类很多,从原理上讲,必须包括三个基本部件,即变换器、电子调节器和执行系统。变换器将被控对象的温度信号变换成电信号;电子调节器对来自变换器的信号进行测量、比较、放大和运算,最后发出某种形式的指令,使执行系统进行加热或制冷(图 1.2.3)。

**图 1.2.3　电子调节系统的控温原理**

电子调节系统按其自动调节规律可以分为断续式二位置控制和比例-积分-微分(PID)控制两种。

1. 断续式二位置控制

实验室常用的电烘箱、电冰箱、高温电炉和恒温槽等,大多采用这种控制方法。变换器的形式有多种,简单介绍如下。

(1) 双金属膨胀式:利用不同金属的线膨胀系数不同,选择线膨胀系数差别较大的两种金属,线膨胀系数大的金属棒在中心,另外一个套在外面,两种金属内端焊接在一起,外套管的另一端固定,如图 1.2.4 所示。在温度升高时,中心的金属

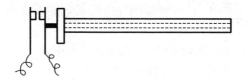

**图 1.2.4　双金属膨胀式温度控制器示意图**

棒向外伸长,伸长长度与温度成正比。通过调节触点开关的位置,可使其在不同温度区间内接通或断开,达到控制温度的目的。其缺点是控温精度差,一般只有几开尔文的范围。

(2)导电表:若控温精度要求在 1 K 以内,实验室多用导电表(水银接触温度计)作变换器。接触温度计的控制主要是通过继电器来实现。

(3)动圈式温度控制器:双金属膨胀、导电表类变换器不能用于高温系统。动圈式温度控制器采用能工作于高温环境的热电偶作为变换器,可用于高温控制(图1.2.5)。

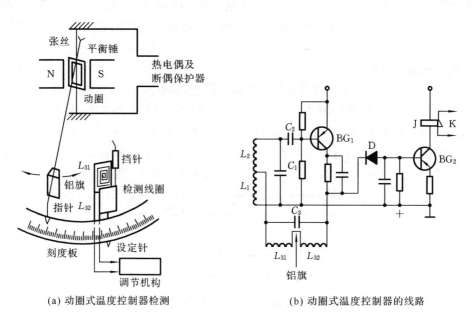

(a) 动圈式温度控制器检测　　　　　　(b) 动圈式温度控制器的线路

**图 1.2.5　动圈式温度控制器检测及线路**

热电偶将温度信号转换为电信号,加于动圈式毫伏表的线圈上。该线圈用张丝悬挂于磁场中,热电偶的信号可使线圈有电流通过而产生感应磁场,与外磁场作用使线圈转动。当张丝扭转产生的反力矩与线圈转动的力矩平衡时,转动停止。此时动圈偏转的角度与热电偶的温差热电势成正比。动圈上装有指针,指针在刻度板上指示温度。指针上装有铝旗,在刻度板后装有前后两半的检测线圈和控温指针,可机械调节左右移动,用于设定所需的温度。当加热时,铝旗随指示温度的指针移动,当上升到所需温度时,铝旗进入检测线圈,与线圈平行切割高频磁场,产生高频涡流电流使继电器断开而停止加热;当温度降低时,铝旗走出检测线圈,使继电器闭合又开始加热。从而控制加热器断、续工作。温度升至设定温度时,加热器停止加热,低于设定温度时再开始加热,温度起伏大,控温精度差。

2. 比例-积分-微分控制(PID)

随着科学技术的发展,要求控制恒温和程序升温或降温的范围日益广泛,控温精度要求也大大提高。在通常温度下,使用断续式二位置控制器比较方便,但由于只存在通、断两个状态,电流大小无法自动调节,控制精度较低,特别在高温时精度更低。20 世纪 60 年代以来,控温手段和控温精度有了新的进展,广泛采用 PID 调节器,使用可控硅控制加热电流随偏差信号大小而作相应变化,提高了控温精度。

可控硅自动控温仪采用动圈式测量机构,其加热电压按比例(P)、积分(I)和微分(D)调节,达到精确控温的目的。

PID 调节中的比例调节是调节输出量(电压)与输入量(偏差电压)的比例关系。比例调节的特点是在任何时候输出和输入之间都存在一一对应的比例关系,温度偏差信号越大,调节输出电压越大,加热器加热速度越快;温度偏差信号变小,调节输出电压变小,加热器加热速率变小;偏差信号读数为 0 时,比例调节器输出电压为零,加热器停止加热。这种调节速度快,但不能保持恒温,因为停止加热会使温度下降,下降后又有偏差信号,再进行调节,使温度总是在波动。

为改善恒温情况而再加入积分调节。积分调节是调节输出量与输入量随时间积分的比例关系,偏差信号存在,经长时间的积累,就会有足够的输出信号。若把比例调节、积分调节结合起来,在偏差信号大时,比例调节起作用,调节速度快,很快使偏差信号变小;当偏差信号接近零时,积分调节起作用,仍能有一定的输出来补偿向环境散发的热量,使温度保持不变。

微分调节是调节输出量与输入量变化速度之间的比例关系,即微分调节是由偏差信号的增长速度的大小决定调节作用的大小。不论偏差本身数值有多大,只要偏差稳定不变,微分调节就没有输出,不能减小这个偏差,所以微分调节不能单独使用。控温过程中加入微分调节可以加快调节过程,在温差大时,比例调节使温差变化,这时再加入微分调节,根据温差变化速度输出额外的调节电压,加快了调节速度。当偏差信号变小,偏差信号变化速率也变小时,积分调节发挥作用,随着时间的延续,偏差信号较小,发挥主要作用的就是积分调节,直到偏差为 0,温度恒定。

因此,PID 调节有调节速度快、稳定性好、精度高的自动调节功能。

实验室常用的可控硅自动控温仪有两种,一种是集成各部分为一台完整的仪器,只要连上热电偶就可以使用。另一种由两部分组成,即 XCT-191 动圈式温度指示调节仪和 ZK-1 型可控硅电压调节器,要根据加热器功率配上合适的可控硅后再使用。随着科学技术的发展,控温更精确的智能控温仪也被研发出来,并广泛应用于各个领域。

# 第二节　压力测量技术

压力是描述系统宏观状态的重要参数,物质的许多性质如熔点、沸点、蒸气压等都与压力有关。在化学热力学和化学动力学研究及工业生产中,压力是一个很重要的因素。如高压容器的压力超过额定值时,可能导致安全事故,必须进行测量和控制。在某些工业生产过程中,压力直接影响产品的质量和生产效率,如合成氨时,氮和氢须在特定的压力下反应,压力的大小直接影响产量高低。此外,在一定条件下,测量压力还可间接得出温度、流量和液位等参数。在物理化学实验中,涉及高压、中压、常压以及真空系统的压力测量,不同的压力范围,测量方法和使用的仪器也各不相同。对压力进行精准测量,不仅是科学实验的基本要求,也是确保工业过程安全高效进行的关键因素。

## 一、压力的表示

垂直均匀地作用于单位面积上的力称为压力,又称为压强。压力测量仪是用来测量气体或液体压力的仪表,又称为压力表或压力计。压力表可以指示、记录压力值,并可配备报警或控制装置,所测压力包括绝对压力、大气压力(习惯上称大气压)、正压力(习惯上称表压)、负压力(习惯上称真空度)和差压,图 1.2.6 可说明这些压力之间的关系。

当压力高于大气压时:绝对压力＝大气压＋表压

当压力低于大气压时:绝对压力＝大气压－真空度

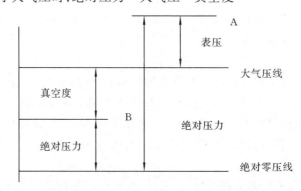

图 1.2.6　绝对压力、表压与真空度的关系

　　工程技术上所测量的多为表压。压力的国际单位为帕(Pa),还有一些不常使用的单位,如标准大气压(atm)、工程大气压(at)、巴(bar)、毫米水柱(mmH$_2$O)、毫米汞柱(mmHg)等,这些压力单位之间的换算关系见附录六。

## 二、压力测量仪表的分类

　　常用测量压力的仪表按其工作原理大致可分为液压式、弹性式、负荷式和电测式四大类。

　　(1) 液压式压力测量仪表常称为液柱式压力计,是根据流体静力学原理,把被测压力转换成液柱高度的测量仪器。液柱式压力计大多是一根直或 U 形玻璃管,其中充以工作液体。常用的工作液体为蒸馏水、水银或酒精。由于玻璃管强度不高,并受读数限制,因此,所测压力一般不超过 0.3 MPa。液柱式压力计灵敏度高,主要用作实验室中的低压基准仪表,以校验工作用压力测量仪表。由于工作液体在环境温度、重力加速度改变时会发生变化,对测量的结果常需要进行温度和重力加速度等方面的修正。

　　(2) 弹性式压力测量仪表是利用各种不同形状的弹性元件在压力下产生变形的原理制成的压力测量仪表。弹性式压力测量仪表按弹性元件不同,可分为弹簧管压力表、膜片压力表、膜盒压力表和波纹管压力表等;按功能不同,可分为指示压力表、电接点压力表和远传压力表等。这类仪表的特点是结构简单、结实耐用、测量范围宽,是压力测量仪表中应用最多的一类。

　　(3) 负荷式压力测量仪表常称为负荷式压力计,直接根据压力的定义制作而成,常见的有活塞式压力计、浮球式压力计和钟罩式压力计。由于活塞和砝码均可精确加工和测量,因此这类压力计的误差很小,主要作为压力基准仪表使用,测量范围从数十帕至 2 500 MPa。

　　(4) 电测式压力测量仪表是利用金属或半导体的物理特性,直接将压力转换为电压、电流信号或频率信号输出,或通过电阻应变片等,将弹性体的形变转换为电压、电流信号输出。代表性产品有压电式、压阻式、振频式、电容式和应变式等压力传感器构成的电测式压力测量仪表。测量范围从数十帕至 700 MPa。

## 三、常用测压仪表

　　测压仪表包括各种类型的压力计和压力传感器,常见的测压仪表有数字压力计、石英弹簧压力表、绝对压力计、真空计、差压计、压力传感器、压力变送器、差压变送器等,这些仪表在各个行业中被广泛使用,以满足科学研究和工业生产等各种需求,选择合适的测压仪表通常取决于具体的应用场景、精度要求和工作环境。实验室常用的测压仪表有福廷式压力计、U 形管压力计、弹性式压力计和数字式电子压力计,使用方法参见第三章第一节。

# 第三节　真空技术

真空是压力小于 101 325 Pa 的气态空间。在给定的空间内对气体稀薄程度的量度称为真空度。真空度越高,压力越低,故通常也用气体压力表示真空度。不同的真空状态意味着该空间具有不同的分子密度。在真空状态下,单位体积中的气体分子数大大减少,分子间平均距离增大,气体分子之间、气体分子与其他粒子之间的相互碰撞也随之减少,这些特点被广泛用于加速器、电子器件、大规模集成电路、热核反应、空间环境模拟、真空冶炼的研究和生产中。

在物理化学实验中按真空的获得和测量方法的不同,可以将真空区域划分为

粗真空:$10^3 \sim 10^5$ Pa

低真空:$10^{-1} \sim 10^3$ Pa

高真空:$10^{-6} \sim 10^{-1}$ Pa

超高真空:$10^{-10} \sim 10^{-6}$ Pa

极高真空:压力低于 $10^{-10}$ Pa

真空的获得及相关测量是物理化学实验中重要的实验技术。

## 一、真空的获得

为了获得真空,就必须设法将气体分子从容器中抽出。凡是能从容器中抽出气体,使气体压力降低的装置,均可称为真空泵。如水冲泵、机械真空泵、油泵、扩散泵、吸附泵、钛泵等。在实验室中,欲获得粗真空常用水冲泵,欲获得低真空用机械真空泵,欲获得高真空则需要机械真空泵与油扩散泵并用。

1. 水冲泵

水冲泵是一种粗真空泵,它所能获得的极限真空为 2～4 kPa,其构造如图 1.2.7 所示。水经过收缩的喷口以高速喷出,使喷口周围区域形成真空,产生抽吸作用,使系统中进入的气体分子不断被高速喷出的水流带走。水冲泵在实验室中主要用于抽滤和产生粗真空。

2. 机械泵

常用机械泵为旋片式机械真空泵,主要由定子、转子、旋片、弹簧等组成,其结构如图 1.2.8 所示。在定子缸内偏心地装有圆柱形转子,转子槽中装有中间带弹簧的两块旋片,旋转时靠离心力和弹簧的张力使旋片的顶端与定子内壁始终紧密接触。定子上的进、排气口被转子和旋片分为两部分。当转子沿箭头方向转动时,进气口方面容积逐渐扩大而吸入气体,同时逐渐缩小排气口方面容积将吸入气体压缩从排气孔排出。

机械泵的抽气速率主要取决于泵的工作体积 $\Delta V$,在抽气过程中,随着进气口

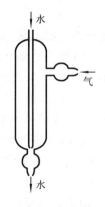

图 1.2.7　水冲泵

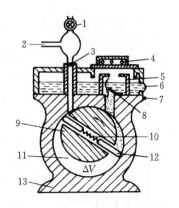

图 1.2.8　旋片式机械真空泵结构

1—充气阀;2—进气口;3—进气滤网;4—排气孔;
5—油气分离室;6—油标;7—放油阀;8—排气阀;9—转子;
10—弹簧;11—工作室;12—旋片;13—定子

压力的降低,抽气速率逐渐减小。当抽到系统极限压力时,系统的漏气与抽出气体达到动态平衡,此时抽速不变。目前生产的机械泵多是两个泵腔串联起来的,称为二级旋片式机械真空泵(双级泵),如图1.2.9所示,它与单级泵相比,具有极限真空度高($10^{-2}\sim10^{-1}$Pa)和在低气压下具有较大抽速等优点。

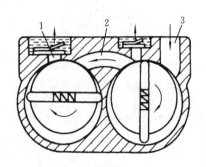

图 1.2.9　二级旋片式机械真空泵

1—排气口;2—通道;3—进气口

为保证机械泵的良好密封和润滑,排气阀浸在密封油里以防大气流入泵中。油通过泵体上的缝隙、油孔及排气阀进入泵腔,使泵腔内所有的运动表面被油膜覆盖,形成吸气腔与排气腔之间的密封。同时,油还充满了泵腔内的一切有害空间,以消除它们对极限真空度的影响。

使用机械泵时必须注意如下几点。

(1)机械泵转子转动的方向,必须按泵上规定的方向,不能反向。否则会把泵油压入真空系统。

(2)由于被抽气体在泵内被压缩,而且压缩比又大,如气体中含有蒸汽,会因压缩而凝成液体混入泵油中排不出去。因此,一般机械泵不宜用于抽蒸汽,或含蒸汽较多的气体,具有气镇装置的机械泵,才适于抽含有蒸汽的气体。

(3)机械泵停机后要防止发生"回油"现象。为此停机后须将进气口与大气接通,也可在机械泵进气口接上电磁阀,停机时,电磁阀断电靠弹簧作用转向接通大气。

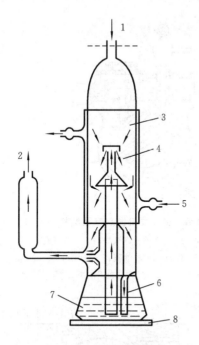

**图 1.2.10　扩散泵工作原理**
1—通待抽真空部分；2—机械泵；
3—被抽气体；4—硅油蒸气；5—冷却水；
6—冷凝油回入；7—硅油；8—电炉

### 3. 扩散泵

扩散泵是获得高真空的主要工具，是一种次级泵，须以机械泵作为前级泵。图 1.2.10 为扩散泵工作原理示意图。扩散泵底部的硅油被电炉加热，沸腾、汽化后通过中心导管从顶部的二级喷口处高速喷出，在喷口处形成低压，对周围气体产生抽吸作用而将气体带走。同时硅油蒸气即被冷凝成液体回到底部，重复循环使用。被夹带在硅油蒸气中的气体在底部富集后，随即被机械泵抽走。所以使用扩散泵时一定要以机械泵为前级泵，扩散泵本身不能抽真空。扩散泵所用的硅油容易氧化，所以升温不能过高，使用一段时间、硅油颜色变深后，就要更换新油。

在使用扩散泵时需注意：开扩散泵前必须先用机械泵将系统包括扩散泵本身抽至 5 Pa 的预备真空，然后是先通水后通电加热泵油。工作过程中必须保证冷却水畅通。停机时，先断开扩散泵加热电源，大约 30 min 泵油降至室温时，再断冷却水，最后断开机械泵电源。这样操作可防止或减小泵油氧化变质，提高真空系统的清洁程度，延长使用寿命，保证系统的极限真空度。

### 4. 其他几种真空泵

(1) 分子泵。分子泵是靠高速转动的转子携带气体分子而获得高真空、超高真空的一种机械真空泵。工作压力范围为 $10^{-8} \sim 1$ Pa。这种泵的抽速范围很宽，但不能直接对大气排气，需要配置前级泵。分子泵适用于真空作业，如真空冶炼、半导体提纯、大型电子管排气、原子能工业、空间模拟等。

(2) 吸附泵。许多化学性质活泼的金属元素，如钛、钨、钼、锆、钡等都具有很强的吸气能力。其中钛有强烈的吸气能力，在室温下性质稳定，易于加工，所以广泛用于真空技术，发展成为一种超高真空泵——钛泵。钛泵的抽气机理是气体分子碰撞在新鲜的钛膜上，形成稳定的化合物，随后又被不断蒸发而形成的新钛膜所覆盖。新钛膜又继续吸附气体分子，如此形成稳定的抽气。钛泵对被抽气体有明显的选择性，对活性气体抽速很大，对惰性气体抽速很小。因而往往需要扩散泵等作为辅助泵。钛泵的极限真空度为 $10^{-10} \sim 10^{-6}$ Pa。钛泵可应用于热核反应装置、加速器、空间模拟、半导体元件的镀膜技术等方面。

（3）低温吸附泵。用低温介质将抽气面冷却到 20 K 以下，抽气面就能大量冷凝沸点比该抽气面温度高的气体，产生很大的抽气作用。这种用低温表面将气体冷凝而达到抽气目的的泵称为低温吸附泵，或称为冷凝泵。

## 二、真空度的测量

真空度的测量实际上就是测量低压下气体的压力，测量真空度的仪器称为"真空计"。真空计分为绝对真空计和相对真空计两大类。能从本身所测得的物理量直接求出系统中真空度的为绝对真空计，如 U 形管压力计、麦克劳真空计等，这种真空计测量精度较高，主要用作基准量具。相对真空计是输出信号与其压力之间的关系要用真空测量标准系统或绝对真空计校准标定后，才能测定真空度的仪器，其测量精度较低，但它能直接读出被测压力，使用方便，在实际应用中占绝大多数。一般实验室常用的热电偶真空计和电离真空计都是标定好的相对真空计。下面简要介绍麦克劳真空计、热电偶真空计和电离真空计。

1. 麦克劳真空计

麦克劳真空计是一种测量低真空和高真空的绝对真空计，一般用硬质玻璃制成，其构造如图 1.2.11 所示。它是利用波义耳定律，将被测真空系统中的一部分气体（装在玻璃泡和毛细管中的气体）加以压缩，比较压缩前后体积、压力的变化，求出其真空度。具体测量的操作步骤如下：缓缓启开活塞，使真空计与被测真空系统接通，这时真空计中的气体压力逐渐接近于被测系统的真空度，同时将三通活塞开向辅助真空，对汞槽抽真空，不让汞槽中的汞上升。待玻璃泡和闭口毛细管中的气体压力与被测系统的压力达到稳定平衡后，可开始测量。将三通活塞小心缓慢地开向大气，使汞槽中的汞缓慢上升，进入真空计上方。当汞面上升到切口处时，玻璃泡和毛细管即形成一个封闭系统，其体积是事先标定过的。令汞面继续上升，封闭系统中的气体被不断压缩，压力不断增大，最后压缩到闭口毛细管内。毛细管 R 的开口通向被测真空系统，其压力不随汞面上升而变化。因而随着汞面上升，毛细管 R 和闭口毛细管产生压差，其差值可从两个汞面在标尺上的位置直接读

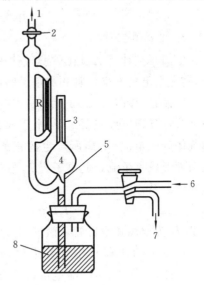

图 1.2.11　麦克劳真空计构造

1—被测真空系统；2—活塞；3—闭口毛细管；
4—玻璃泡；5—切口处；6—大气；
7—辅助真空；8—汞

出,如果毛细管和玻璃泡的容积为已知,压缩到闭口毛细管中的气体体积也能从标尺上读出,就可求出被测系统的真空度。通常,麦克劳真空计已将真空度直接刻在标尺上,不再需要计算。使用时只要闭口毛细管中的汞面刚达零线,立即关闭活塞,停止汞面上升,这时毛细管 R 中的汞面所在位置的刻度线即所求真空度。麦克劳真空计的测量范围为 $10^{-8} \sim 10^3$ Pa。

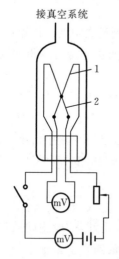

接真空系统

**图 1.2.12　热电偶真空计构造**

1—加热丝;2—热电偶

### 2. 热电偶真空计

热电偶真空计的结构如图 1.2.12 所示。当气体压力低于某一定值时,气体的热导率 $\lambda$ 与压力 $p$ 存在 $\lambda = bp$ 的正比例关系(式中 $b$ 为比例系数),热电偶真空计就是基于这个原理设计的。测量时,将热电偶真空计连入真空系统内,调节加热丝上的加热电流使其恒定不变,则热电偶温度将取决于真空计内气体的热导率。而热电偶的温差热电势又是随温度而变化的,因此,当与热电偶真空计相连的真空系统的压力降低时,气体热导率减小,加热丝的温度升高,热电偶的温差热电势便随之增高。由此可见,只要检测热电偶的温差热电势即可确定系统的真空度。

### 3. 电离真空计

电离真空计是通过在稀薄气体中引起电离然后利用离子电流测量压力的仪器,它是由电离真空计管和测量电路两部分组成。电离真空计管结构类似于一支电子三极管,如图 1.2.13 所示。将电离真空计管连入真空系统内,测量时电离真空计管灯丝通电后发射电子,电子向带正电压的栅极加速运动并与气体分子碰撞,使气体分子电离,电离所产生的正离子又被板极吸引而形成离子流。此离子流 $I_+$ 与气体的压力 $p$ 呈线性关系:

$$I_+ = K I_e p$$

式中:$K$ 为电离真空计管灵敏度;$I_e$ 为发射电流。

对一定的电离真空计管来说,$K$ 和 $I_e$ 为定值。因此,测得 $I_+$ 即可确定系统的真空度。用电离真空计测量真空度,只能在被测系统的压力低于 $10^{-1}$ Pa 时才可使用,否则将烧坏电离真空计管。

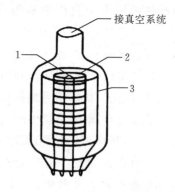

接真空系统

**图 1.2.13　电离真空计管的构造**

1—灯丝;2—栅极;3—板极

## 三、真空系统的检漏

真空系统要达到一定的真空度,除了提高泵的有效抽速外,还要降低系统的漏气量,因此对新安装的真空设备在使用前要检查系统是否漏气。真空检漏就是用一定的手段将示漏物质加到被检工件的器壁的某一侧,用仪器或某种方法在另一侧怀疑有漏的地方检测通过漏孔逸出的示漏物质,从而达到检测目的。检漏的仪器和方法很多,常用充压检漏法、真空检漏法,所用仪器有氦质谱检漏仪、卤素检漏仪、高频火花检漏器、气敏半导体检漏仪及用于质谱分析的各种质谱计等。

(1) 静态升压法检漏。先将真空系统抽到一定的真空度,用真空阀将系统和真空泵隔开,若系统内压力保持不变或变化甚微,说明此系统不漏气,若系统内压力上升很快,表示系统漏气,此法简单,可用于大部分真空系统。但此法不能确定漏孔位置及大小。

(2) 玻璃真空系统常用高频火花检漏器来检漏。高频火花检漏器实际是一台小功率高频高压设备,它的高电压输出端伸出一个金属弹簧尖头,能击穿附近空气。当它的高压放电尖端移到玻璃系统上的漏孔处时,因玻璃是绝缘体不能跳火,而漏孔处因空气不断流入,在高频高压作用下形成导电区,在火花检漏器尖端与漏孔之间形成强烈火花线,并在漏孔处有一个白亮点,从而可以找到漏孔位置。用高频火花检漏器找玻璃系统的漏洞十分方便。还可根据高频火花检漏器激起真空系统内气体放电的颜色粗略估计真空度,并根据放电颜色的变化情况来判断系统是否漏气。使用高频火花检漏器时,不要在玻璃的一点上停留过久,以免玻璃局部过热而打出小孔来。

对检出的漏孔可选用饱和蒸气压低、具有足够的热稳定性和一定的机械和物理性质的真空密封物质密封。作暂时的或半永久的密封可选用真空泥、真空封蜡、真空漆等;要做永久性密封,可用环氧树脂封胶和氯化银封接,对玻璃系统可以重新烧结。

## 四、真空技术领域新进展

(1) 磁悬浮离心泵技术:磁悬浮离心泵是一种利用磁悬浮技术的离心泵,通过磁场悬浮转子,减少机械磨损,提高真空泵的性能和寿命。该技术通常应用于对真空质量要求较高的领域,如半导体生产等。

(2) 离子泵技术:离子泵是一种通过离子化气体分子并利用电场来排除气体的真空泵。最新的离子泵技术包括更高效的电子枪和更先进的电场设计,以提高排气速度和真空度。

(3) 分子泵技术:分子泵用于排除真空系统中的低压气体。最新的分子泵技术包括改进的分子运动控制,以提高抽真空的效率和性能。

　　(4)声波泵技术:声波泵是一种利用声波传播来产生泵效应的技术。最新的声波泵技术具有更高的频率范围和更高的效率,适用于一些特殊的真空,如微流体学研究等。

　　(5)螺杆真空泵技术:螺杆真空泵是一种用于高流量和低真空度的泵。最新的螺杆真空泵技术可能涉及更先进的材料和设计,以提高泵的性能。

　　(6)冷阱技术:冷阱通常用于捕获和去除真空系统中的挥发性气体。最新的冷阱技术具有更高效的冷却系统和更精密的分子陷阱设计,以提高捕获效率。

　　(7)数字化控制和监测:近年来,真空泵技术的发展已涉及数字化控制和监测系统的集成,以实现对泵性能的实时监控和精确控制。

# 第四节　电化学测量技术

　　电化学测量技术在科研和生产上有广泛应用,例如,电导、电导率、离子迁移数、电离度、原电池电动势、热力学函数及动力学参数等物理量的测量。电化学的研究发展很快,如利用光、电、磁、声、辐射等技术研究电化学系统,已形成一个新的研究领域。

## 一、电导、电导率及其测量

### 1. 电导及电导率

　　电解质溶液是依靠正、负离子在电场作用下的定向迁移而导电的,其导电能力由电导 $G$ 来度量,电导是电阻的倒数,因此人们通过测量电解质的电阻值来得到电导值。而在实际应用中更多的是用电导率 $\kappa$ 来度量电解质溶液的导电能力。

　　设有面积为 $A$、相距 $l$ 的两电极片平行插入电解质溶液,则两板之间溶液的电导为

$$G = \kappa \frac{A}{l} \tag{1-2-3}$$

式中: $\kappa$ 为电导率,其物理意义是电极面积各为 $1\ m^2$、两电极相距 $1\ m$ 时溶液的电导,其数值与电解质的种类、浓度及温度等因素有关。

　　令
$$K_{cell} = \frac{l}{A}$$

则
$$\kappa = G \frac{l}{A} = K_{cell} G \tag{1-2-4}$$

根据 SI 规定,电导 $G$ 的单位为"西门子",符号为"S",$1\ S = 1\ \Omega^{-1}$。电导率 $\kappa$ 的单位为 $S \cdot m^{-1}$。$K_{cell}$ 称为电导池常数,通常将一个电导率已知的电解质溶液注入电导池中,测其电导 $G$,根据上式即可求出 $K_{cell}$。测电导用的电导电极如图 1.2.14 所示。

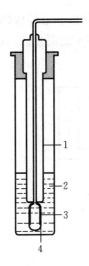

**图 1.2.14 电导电极**

1—塑料管；2—被测溶液；

3—密封玻璃；4—铂黑

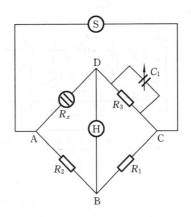

**图 1.2.15 惠斯通电桥测量原理**

$R_1, R_2, R_3$—电阻；$R_x$—待测溶液的电阻；$C_1$—可变电容器；

S—高频交流电源；H—示波器

**2. 电导的测量**

(1) 平衡电桥法。电解质溶液的电导可用惠斯通(Wheatstone)电桥测量，如图 1.2.15 所示。测量时通常选用频率为 1 000 Hz 左右的高频交流电源。构成电导池的两极采用惰性铂电极，避免电极发生化学反应。$C_1$ 与 $R_3$ 并联，以实现容抗平衡。调节 $R_1$、$R_2$、$R_3$ 和 $C_1$，使 H 中无电流通过，此时电桥达到了平衡。则

$$\frac{R_x}{R_2} = \frac{R_3}{R_1}$$

即

$$R_x = \frac{R_3 R_2}{R_1} \tag{1-2-5}$$

$R_x$ 的倒数为溶液的电导，即

$$G = \frac{1}{R_x} = \frac{R_1}{R_2 R_3}$$

由于温度对溶液的电导有影响，因此在恒温条件下测量。

电导电极的选用应根据被测溶液电导率的大小而定。对电导率大的溶液，此时因极化严重，应选择电导池系数小的铂黑电极；反之，应选择电导池系数大的光亮铂电极。

惠斯通电桥的示零装置采用示波器，其灵敏度高而且很直观，但常受到外来电磁波的干扰，若采用低阻值的耳机则可避免这种干扰，但灵敏度不高，且克服不了测量过程中的人为因素。

（2）电阻分压法。测量电解质溶液的电导最常用的是电导仪。电导仪的测量原理完全不同于平衡电桥法，它是基于电阻分压原理的一种不平衡测量法，其原理如图 1.2.16 所示。

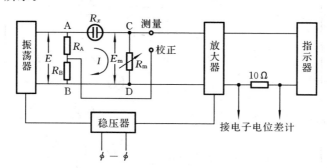

**图 1.2.16　电阻分压法测量原理**

稳压器输出稳定的直流电压，供给振荡器和放大器，使它们在稳定状态下工作。振荡器输出电压不随电导池电阻 $R_x$ 的变化而变化，从而为电阻分压回路提供稳定的标准电压 $E$，电阻分压回路由电导池电阻 $R_x$ 和测量电阻 $R_m$ 串联组成。$E$ 加在该回路 A、B 两端，则

$$I = \frac{E}{R_x + R_m} = \frac{E_m}{R_m} \tag{1-2-6}$$

故

$$E_m = \frac{ER_m}{R_m + R_x} = \frac{ER_m}{R_m + 1/G} \tag{1-2-7}$$

式中：$G$ 为电导池中溶液的电导。式（1-2-7）中 $E$、$R_x$ 不变，$R_m$ 经设定后也不变，所以电导 $G$ 只是 $E_m$ 的函数。$E_m$ 经放大器后，换算成电导（率）值后显示在指示器上。

为了消除电导池两电极间分布电容对 $R_x$ 的影响，电导仪中设有电容补偿电路，它通过电容产生一个反向电压加在 $R_m$ 上，使电极间分布电容的影响得以消除。

电导率仪的工作原理与电导仪相同，电导率仪的使用方法参见第三章第三节。

## 二、原电池电动势的测量

原电池是利用电极上的氧化还原反应实现化学能转变为电能的装置。原电池电动势（$E$）是当外电流为 0 时两电极间的电势差。而有外电流时，这两极间的电势差称为电池电压。因此，电池电动势的测量必须在可逆条件下进行。可逆条件指除了电池反应可逆（即物质可逆）外，还要求能量可逆，即测量时电流趋近于零，如果用电压表进行测量，有电流通过被测电池，则破坏了电池的可逆性。因此，在测量电动势时，需要在装置中并联一个与被测电池电动势方向相反、数

值相等的外加电动势,用以抵消被测电池的电动势。这种测定电动势的方法称为对消法。

根据对消法测量原理所设计的电位测量仪器称为电位差计。

原电池电动势一般是用直流电位差计配以饱和式标准电池和检流计来测量的。电位差计可分为高阻型和低阻型两类,使用时可根据待测系统的不同选用不同类型的电位差计。通常高电阻系统选用高阻型电位差计,低电阻系统选用低阻型电位差计。但不管电位差计的类型如何,其测量原理都是一样的。电位差计的工作原理及具体使用方法参见第三章第五节。

## 三、标准电池和盐桥

### 1. 标准电池

标准电池是作为电动势参考标准用的一种化学电池。标准电池是一种高度可逆的电池,其电动势稳定,重现性好,具有极小的温度系数,并且能长时间稳定不变,主要用于配合电位差计测定另一电池的电动势。现在国际上通用的标准电池是韦斯顿(Weston)电池,其结构如图 1.2.17 所示。该电池的负极是镉汞齐(Cd 的质量分数为 $5\%\sim14\%$),正极由汞和固体 $Hg_2SO_4$ 的糊状体组成,在糊状体和镉汞齐的上面均放有 $CdSO_4 \cdot \dfrac{8}{3}H_2O$ 晶体及其饱和溶液,其电池符号为

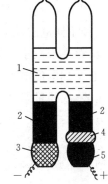

**图 1.2.17　韦斯顿电池**

1—$CdSO_4$ 饱和溶液;

2—$CdSO_4 \cdot \dfrac{8}{3}H_2O(s)$;

3—镉汞齐;4—$Hg_2SO_4(s)$;5—Hg

$$Cd(汞齐)|CdSO_4 \cdot \frac{8}{3}H_2O(s)|CdSO_4 饱和溶液$$

$$|Hg_2SO_4(s)|Hg(l)$$

电池内反应为

负极:　　　　　　　　　$Cd(汞齐) \longrightarrow Cd^{2+} + 2e^-$

正极:　　　　　　　$Hg_2SO_4(s) + 2e^- \longrightarrow 2Hg(l) + SO_4^{2-}$

总反应:

$$Cd(汞齐) + Hg_2SO_4(s) + \frac{8}{3}H_2O(l) \longrightarrow$$

$$CdSO_4 \cdot \frac{8}{3}H_2O(s) + 2Hg(l)$$

标准电池经检定后,给出的是 20 ℃下的电动势值,实际测量温度为 $t(℃)$ 时,其电动势可按下式进行校正:

$$E_t = E_{20} - [4.06 \times 10^{-5}(t-20) - 9.5 \times 10^{-7}(t-20)^2] \text{ V} \quad (1\text{-}2\text{-}8)$$

使用标准电池时,需注意以下几点。

(1) 使用温度为 0～4 ℃,且应置于温度波动不大的环境中。

(2) 正、负极不能接错。

(3) 要平稳拿取,水平放置,绝不允许倒置、摇动。

(4) 不能用万用表直接测量其电动势。

(5) 标准电池不能作为电源使用,一般放电电流应小于 0.000 1 A,测量时间必须短暂,以免电流过大,损坏电池。

2. 盐桥

在两种不同电解质溶液的界面处,或在两种溶质相同而浓度不同的电解质溶液界面处,存在着微小的电位差(一般不超过 0.03 V),称为液体接界电势,简称液接电势,它干扰电池电动势的测定。因此,为了准确测定电池电动势,必须设法消除液接电势,或尽量降低,常用方法是在两电解质溶液之间架设一个"盐桥"。盐桥的制备方法是:在 KCl 溶液中加入约 3% 的琼脂,加热使琼脂溶解,趁热吸入 U 形玻璃管中(注意 U 形管中不可夹有气泡),待冷却后凝成冻胶即制备完成。使用时将它的两端分别插入两种电解质溶液中。琼脂易变性,因此盐桥应现制现用,不宜久放。

盐桥溶液除用 KCl 溶液外,也可用其他正、负离子电迁移率相近的盐类,如 $NH_4NO_3$、$KNO_3$ 溶液等。盐桥溶液不能与两端电池溶液发生反应,如实验中用硝酸银溶液,则盐桥溶液就不能用氯化钾溶液,而选择硝酸铵溶液较为合适。

# 四、电极

1. 标准氢电极

把镀有铂黑的铂片浸入 $a_{H^+} = 1 \text{ mol} \cdot L^{-1}$ 的溶液中,并以压力为 $p^{\ominus}$ 的干燥氢气不断地冲击到铂片上,即构成了标准氢电极。如图 1.2.18 所示,其电极表示为

$$Pt \mid H_2(p^{\ominus}) \mid H^+(a_{H^+} = 1 \text{ mol} \cdot L^{-1})$$

在 25 ℃时,配制 $a_{H^+} = 1 \text{ mol} \cdot L^{-1}$ 的溶液,可取浓度为 1.184 mol $\cdot L^{-1}$ 的 HCl 溶液,此时溶液的 $a_{\pm} \approx 1 \text{ mol} \cdot L^{-1}$,可视为 $a_{H^+} = 1 \text{ mol} \cdot L^{-1}$。按电极电势的定义,标准氢电极的电极电势恒为零。

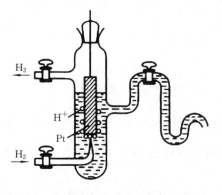

图 1.2.18　标准氢电极

### 2. 甘汞电极

甘汞电极(图 1.2.19)结构简单,性能比较稳定,制作方便,是实验室中常用的参比电极。实验室制作甘汞电极的方法:在玛瑙研钵中放入几滴汞,然后将分析纯的甘汞放入其中进行研磨,接着以 KCl 溶液调制成糊状,将甘汞糊小心地铺在电极管内的汞面上,再根据需要注入指定浓度的 KCl 溶液。甘汞电极的电极电势随温度的变化而改变,使用时须根据实验温度校正其电极电势。

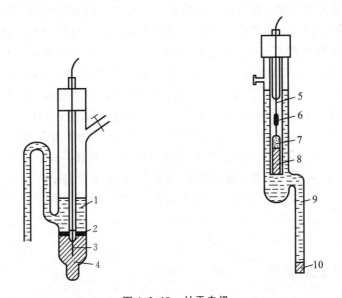

**图 1.2.19 甘汞电极**

1,9—饱和 KCl 溶液;2,7—甘汞;3,5—铂丝;4,6—汞;8,10—多孔性物质(陶瓷芯)

甘汞电极的电极反应为

$$Hg_2Cl_2(s) + 2e^- \longrightarrow 2Hg(l) + 2Cl^-$$

甘汞电极表示为

$$Pt \mid Hg(l) \mid Hg_2Cl_2(s) \mid KCl(a)$$

它的电极电势可表示为

$$\varphi = \varphi^\ominus - \frac{RT}{F}\ln a_{Cl^-} \tag{1-2-9}$$

由式(1-2-9)可知,电极电势 $\varphi$ 取决于温度和 $Cl^-$ 的活度。甘汞电极常用的 KCl 溶液有 $0.1\ mol \cdot L^{-1}$、$1.0\ mol \cdot L^{-1}$ 和饱和三种浓度,其中以饱和溶液最为常用。各种甘汞电极的电极电势与温度的关系见附录十六,表中 $T$ 为摄氏温度。

使用甘汞电极时应注意如下几点。

(1) 由于甘汞电极在高温时不稳定,故甘汞电极一般适用于 70 ℃ 以下的测量。

　　(2) 甘汞电极不宜用在强酸、强碱性溶液中,因为此时的液接电势较大,而且甘汞可能被氧化。

　　(3) 如果被测溶液中不允许含有氯离子,应避免直接插入甘汞电极。

　　(4) 应注意甘汞电极的清洁,不得使灰尘或局外离子进入该电极内部。

　　(5) 当电极内溶液太少时应及时补充。

　　3. 铂黑电极

　　铂黑电极是在铂片上镀一层颗粒较小的金属铂所组成的电极,这样做是为了增大铂电极的表面积。电镀前一般需进行铂表面处理。对新制作的铂电极,可放在热的氢氧化钠-乙醇溶液中,浸洗 15 min 左右,以除去表面油污,然后在浓硝酸中煮几分钟,取出用蒸馏水冲洗。长时间使用的老化的铂黑电极可浸在 40～50 ℃的混酸($n_{硝酸}$：$n_{盐酸}$：$n_水$＝1：3：4)中,经常摇动电极,洗去铂黑,再经过浓硝酸煮 3～5 min 以除去氯,最后用蒸馏水冲洗。以处理过的铂电极为阴极,另一铂电极为阳极,放在 0.5 mol·$L^{-1}$的硫酸中电解 10～20 min,以消除氧化膜。观察电极表面出氢是否均匀,若有大气泡产生则表明有油污,应重新处理。在处理过的铂片上镀铂黑,一般采用电解法,电解液的配制如下：3 g 氯铂酸,0.08 g 乙酸铅,100 mL蒸馏水。电镀时将处理好的铂电极作为阴极,另一铂电极作为阳极。阴极电流为 15 mA 左右,电镀约 20 min。如所镀的铂黑一洗即落,则需重新处理。铂黑不宜镀得太厚,但太薄又易老化和中毒。

# 五、溶液 pH 值的测定

　　1. 玻璃电极

　　酸度计是用来测定溶液 pH 值的一种仪器,其优点是使用方便、测量迅速。测量溶液 pH 值的典型电池系统如图 1.2.20 所示。常用 pH 玻璃电极作为 $H^+$ 的指示电极,饱和甘汞电极(SCE)作为参比电极,浸入待测溶液中组成电池。

　　玻璃电极构造如图 1.2.21 所示,下端是一个很薄的由特种玻璃制成的玻璃泡,其直径为 5～10 mm,玻璃厚度约为 0.2 mm,玻璃泡中装有 0.1 mol·$L^{-1}$ HCl 溶液和一个 Ag-AgCl 电极,后者作为内参比电极,这样组成的玻璃电极可表示为

　　Ag|AgCl|HCl(0.1 mol·$L^{-1}$)

　　将玻璃电极与饱和甘汞电极浸入待测溶液,组成如下电池：

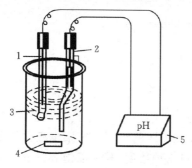

**图 1.2.20　pH 测量**

1—pH 玻璃电极;2—SCE;
3—被测试液;4—搅拌子;5—酸度计

玻璃电极|待测溶液‖饱和甘汞电极

该电池的电动势为

$$E = \varphi_g - \varphi_b = \varphi_g - \left( \varphi_b^{\ominus} - 2.303 \frac{RT}{F} \mathrm{pH} \right) \tag{1-2-10}$$

则

$$\mathrm{pH} = \frac{E - \varphi_g + \varphi_b^{\ominus}}{2.303RT/F} \tag{1-2-11}$$

式中:$\varphi_g$ 与 $\varphi_b$ 分别为饱和甘汞电极与玻璃电极的电极电势;$\varphi_b^{\ominus}$ 为玻璃电极的标准电极电势。理论上,可通过一个已知 pH 值的标准溶液为外部待测溶液来测量上述电池的电动势,利用此式求出 $\varphi_b^{\ominus}$ 值。但实际上不需要计算出此值,而是通过标准缓冲溶液对酸度计进行标定校正,然后即可直接测量。

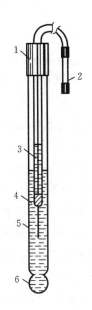

图 1.2.21　玻璃电极

1—绝缘套;2—电极插头;

3—电极;4—内参比溶液;

5—厚玻璃外壳;6—玻璃膜小球

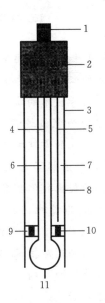

图 1.2.22　pH 复合电极

1—导线;2—密封塑料;3—加液孔;4—Ag-AgCl 内参比电极;

5—Ag-AgCl 外参比电极;6—0.1 mol · $L^{-1}$ HCl 溶液;

7—3 mol · $L^{-1}$ KCl 溶液;8—聚碳酸酯树脂;

9—密封胶;10—细孔陶瓷;11—玻璃薄膜球

2. pH 复合电极

使用玻璃电极测量 pH 值时需要一对电极组成电池,为了使测量装置简化,近年来,出现了将玻璃电极和参比电极合并制成的 pH 复合电极(图 1.2.22)。该电极分内参比电极和外参比电极两部分,其中内参比电极与上述玻璃电极相同,而外参比电极为 Ag-AgCl 电极,外参比溶液是经 AgCl 饱和的 3 mol · $L^{-1}$ KCl 溶液。

电极管内及引线装有屏蔽层,以防静电感应而引起电位漂移。复合 pH 电极结构紧凑,使用更方便,不易破碎。在第一次使用或在长期停用后再次使用前,应在 3 mol·L$^{-1}$ KCl 溶液中浸泡 24 h 以上,使其活化。不用时可浸泡在 3 mol·L$^{-1}$ KCl 溶液中存放。

目前市售的酸度计多采用 pH 复合电极,pHS-3C 型精密酸度计就是其中的一种。

## 六、阅读材料

### 科学无止境　魅力在创新
#### ——记中国科学院院士田昭武

田昭武(1927 年生),福建福州人,物理化学家,1980 年当选为中国科学院院士,1996 年当选为第三世界科学院院士,英国威尔士大学名誉理学博士。他注重学科交叉渗透及电化学技术的实际应用,努力推动全国电化学事业的发展。20 世纪 50 年代,科研方向为电极过程的基础理论和仪器创新,80 年代总结出版专著《电化学研究方法》。他的贡献主要包括:发现电化学自催化过程并系统地解析其奇异现象;用直接比较法解得电极"绝对等效电路",提出多孔电极每个子过程"特征电流"的概念,进而提出气体扩散多孔电极"不平整液膜"模型;研制的 DHZ-1 型电化学综合测试仪成为首批国产仪器;研制的 XYZ 型离子色谱抑制器取代了 DIONEX 公司老一代产品。90 年代后,他致力于从电化学出发解决其他领域的难题。他提出的约束刻蚀剂层技术,可应用于半导体和金属的微纳米复杂三维加工,实现半导体阵列微透镜的复制;他设计集成化阵列点样头以制作微阵列生物芯片,可供普通医院快速诊断疾病。21 世纪以来,他提出新型超级电容器,可回收汽车制动能量以缓解市内汽车油耗和污染。

田昭武认为发展新的研究方法和仪器是提高理论和应用水平的重要环节。创新的研究方法往往导致原理性全新的仪器。例如,在 20 世纪 70 年代,国内只有极少数科研单位拥有昂贵进口的电化学测试仪器,田昭武在已有的采用电子管的充电曲线繁用仪基础上,边学边干地研制出采用晶体管和集成电路的 DHZ-1 型电化学综合测试仪。它既有传统的稳态极化和暂态极化的测量功能,在原理上又基于田昭武自己创新的"选相调辉法"和"选相检波法",具有国外仪器所不具备的测量瞬间交流阻抗功能,可用以追踪测量快速变化的阻抗并分离出容抗成分和电阻成分,是测量电极阻抗的重要创新。DHZ-1 型电化学综合测试仪交付仪器工厂批量生产供应全国,成为全国电化学科研单位和生产单位的首批国产电化学综合测试仪器,改变了我国当时电化学仪器主要依靠进口的状况,解决了因受进口仪器高昂费用的限制而使电化学实验进展缓慢的实际困难。自 DHZ-1 型电化学综合测试仪问世后,电化学研究如雨后春笋蓬勃发展起来。

# 第五节　液体黏度测量技术

## 一、黏度

　　流体在流动时,由于各流层的流速不同,相邻流体层间存在着相对运动,流动较慢的流层阻滞较快流层的流动,因此相邻两流层的接触面上会产生运动阻力,黏度就是反映这种阻力大小的特征值。黏度是流体的一种属性,不同流体的黏度数值不同。流体分为牛顿流体和非牛顿流体两类。牛顿流体流动时所需切应力不随流速的改变而改变,纯液体和低分子物质的溶液属于此类;非牛顿流体流动时所需切应力随流速的改变而改变,高聚物的溶液、混悬液、乳剂分散液和表面活性剂的溶液属于此类。同种流体的黏度与温度、浓度有关,而与压力几乎无关。

　　黏度又称黏性系数,用 $\eta$ 表示,单位为帕[斯卡]秒(Pa·s),而过去常用的单位是泊(P)、厘泊(cP)、微泊($\mu$P),其换算公式为

$$1\ P = 100\ cP = 10^6\ \mu P = 0.1\ Pa \cdot s$$

## 二、黏度的分类

　　黏度分为绝对黏度和相对黏度两大类。相对黏度是某流体黏度与标准流体黏度之比,无量纲。绝对黏度包含动力黏度、运动黏度两种。动力黏度是流体单位面积上的黏性力与垂直于运动方向上的速度变化率的比值,用 $\eta$ 表示(俗称黏度),其单位是帕[斯卡]秒(Pa·s)。运动黏度是流体的动力黏度与同温度下该流体的密度 $\rho$ 之比,用符号 $\nu$ 表示,其单位是二次方米每秒($m^2 \cdot s^{-1}$)。

## 三、黏度的测定方法

　　黏度的测定方法很多,如转筒法、落球法、阻尼振动法、杯式黏度计法、毛细管法等。对于黏度较小的流体,如水、乙醇、四氯化碳等,常用玻璃毛细管黏度计测量;而对黏度较大的流体,如蓖麻油、变压器油、机油、甘油等透明(或半透明)液体,常用落球法测定;对于黏度为0.1~100 Pa·s的液体,也可用转筒法进行测定。

　　化学实验室常用玻璃毛细管黏度计测量液体黏度。此外,落球式黏度计、旋转式黏度计等也被广泛使用。

　　1. 液体黏度的毛细管测定法

　　毛细管测定法的原理是由泊肃叶(Poiseuille)公式导出有关黏度的表达式,求得黏度。泊肃叶得出液体流出毛细管的速度与黏度之间存在如下关系:

$$\eta = \frac{\pi p r^4 t}{8Vl} \tag{1-2-12}$$

式中:$V$ 为 $t$ 时间内流经毛细管的液体体积;$p$ 为管两端的压力差;$r$ 为毛细管半径;$l$ 为毛细管长度。

　　由于直接测定液体的绝对黏度很困难,因此通常采用测定液体对标准液体(如水)的相对黏度,由已知标准液体的黏度就可以测出待测液体的绝对黏度。

　　假设相同体积的待测液体和水,分别流经同一毛细管黏度计,则

$$\eta_1 = \frac{\pi r^4 p_1 t_1}{8Vl}, \quad \eta_2 = \frac{\pi r^4 p_2 t_2}{8Vl}$$

两式相比,得

$$\frac{\eta_1}{\eta_2} = \frac{\rho_1 t_1}{\rho_2 t_2} \tag{1-2-13}$$

式中:$\rho_1$ 为待测液体的密度;$\rho_2$ 为水的密度。

　　用同一根玻璃毛细管黏度计,在相同条件下,两种液体的黏度比即等于它们的密度与流经时间的乘积比。若将水作为已知黏度的标准液,则通过式(1-2-13)可计算待测液体的绝对黏度。

　　玻璃毛细管黏度计有乌氏黏度计和奥氏黏度计两种。这两种黏度计比较精确,使用方便,适合于测定液体黏度和高聚物相对摩尔质量。

　　(1) 乌氏黏度计:乌氏黏度计的外形各异,但基本的构造如图 1.2.23 所示,其使用方法亦相同。将乌氏黏度计垂直夹在恒温槽内,用吊锤检查是否垂直。将 10 mL 左右待测液自管 3 注入黏度计内,恒温数分钟,夹紧管 1 上连接的乳胶管,同时在连接管 2 的乳胶管上接洗耳球慢慢抽气,待液体升至缓冲球 4 的 1/2 左右即停止抽气,打开管 1 乳胶管上夹子,用秒表测定管 2 中液体液面在上下两条计时刻度线 6 间移动所需的时间。一般需重复测定 3 次,每次相差不超过 0.3 s,取平均值,代入式(1-2-13)求待测液体的黏度。

　　(2) 奥氏黏度计:奥氏黏度计的结构如图 1.2.24 所示,通常用于测定低黏性液体的相对黏度,其操作方法与乌氏黏度计类似。但由于乌氏黏度计有一支管 1 (图 1.2.23),测定时管 2 中的液体在毛细管下端出口处与管 3 中的液体断开,形成了气承悬液柱。这样液体流过时所受压力差 $\rho gh$ 与管 3 中液面高度无关,即与

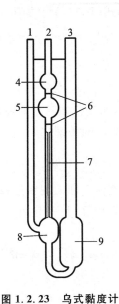

图 1.2.23　乌式黏度计

1—放空管；2—主测管；3—宽管；4—缓冲球；

5—测定球；6—计时刻度线；7—毛细管；

8—悬液柱球；9—储液球

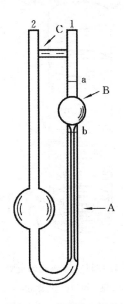

图 1.2.24　奥氏黏度计

A—毛细管；B—球；

C—加固用的玻璃棒；a,b—环形测定线

所加的待测液的体积无关，故可以在黏度计中稀释液体。而用奥氏黏度计测定时，标准液和待测液的体积必须相同。

## 2. 落球式黏度计

（1）落球式黏度计是借助固体球在液体中运动受到黏性阻力，测定在液体中下落一定距离所需的时间的仪器。依据斯托克斯定律，半径为 $r$ 的圆球，以速度 $v$ 在黏度为 $\eta$ 的液体中运动时，圆球所受液体的黏滞阻力大小为

$$F = 6\pi r\eta v \tag{1-2-14}$$

圆球在液体中下落时，受到重力、浮力和黏滞阻力的作用，由斯托克斯定律知黏滞阻力与圆球的下落速度成正比，当黏滞阻力与液体的浮力之和等于重力时，圆球所受合外力为零，圆球此后将以收尾速度匀速下落。由此可得

$$\frac{4}{3}\pi r^3(\rho_s - \rho)g = 6\pi r\eta v \tag{1-2-15}$$

故

$$\eta = \frac{2gr^2(\rho_s - \rho)}{9v} \tag{1-2-16}$$

式中：$\rho_s$ 为球体密度；$\rho$ 为液体密度；$g$ 为重力加速度；$v$ 为圆球速率。

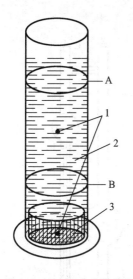

**图 1.2.25　落球式黏度计**

A—上刻度线；B—下刻度线；

1—钢球；2—蓖麻油；3—拾物筐

$v$ 可以从球体下落过程中某一区间距离 $h$ 所用的时间 $t$ 而得，则式(1-2-16)可写为

$$\eta = \frac{2gr^2 t}{9h}(\rho_s - \rho) \qquad (1\text{-}2\text{-}17)$$

当 $h$ 和 $r$ 为定值时，则

$$\eta = kt(\rho_s - \rho) \qquad (1\text{-}2\text{-}18)$$

式中：$k$ 为仪器常数，可用已知黏度的液体测得。

落球法测相对黏度的关系式为

$$\frac{\eta_1}{\eta_2} = \frac{(\rho_s - \rho_1)t_1}{(\rho_s - \rho_2)t_2} \qquad (1\text{-}2\text{-}19)$$

式中：$\rho_1$、$\rho_2$ 分别为液体 1 和 2 的密度；$t_1$、$t_2$ 分别为球在液体 1 和 2 中落下一定距离所需的时间。

(2) 落球式黏度计的测定方法：落球式黏度计如图 1.2.25 所示，其测定方法如下。①用游标卡尺量出钢球的平均直径，计算球的体积。②称量若干个钢球，由平均体积和平均质量计算钢球的密度 $\rho_s$。将标准液注入落球管内并高于上刻度线，将落球管放入恒温槽内，使其达到热平衡。③钢球从黏度计上圆柱管落下，测出钢球由刻度线 A 落到刻度线 B 所需时间。重复 4 次，计算平均时间。④将落球式黏度计处理干净，按照上述测定方法测待测液体。

落球式黏度计测量范围较宽，用途广泛，尤其适合于测定较高透明度的液体。但对钢球的要求较高，钢球要光滑而圆，另外要防止球从圆柱管下落时与圆柱管的壁相碰，造成测量误差。

**3. 旋转黏度计**

旋转黏度计广泛应用于测定油脂、油漆、涂料、塑料、食品、药物、胶黏剂等各种流体的动力黏度。其原理和使用方法参见第三章第九节。

# 第六节　热分析测量技术

顾名思义，热分析可以解释为以热效应进行分析的一种方法。确切的定义为：热分析是在程序控制温度下测量物质的物理量与温度关系的一类技术。这里所说的"程序控制温度"一般指线性升温或线性降温，当然也包括恒温、循环或非线性升温、降温。这里的"物质"指试样本身和(或)试样的反应产物，包括中间产物。根据所测物理性质不同，热分析技术分类如表 1.2.2 所示。

表 1.2.2　热分析技术分类

| 物理性质 | 技术名称 | 简称 | 物理性质 | 技术名称 | 简称 |
|---|---|---|---|---|---|
| 质量 | 热重法 | TG | 机械特性 | 机械热分析法 | TMA |
|  | 微商热重法 | DTG |  | 动态热机械分析法 | DMA |
|  | 逸出气检测法 | EGD | 声学特性 | 热发声法 |  |
|  | 逸出气分析法 | EGA |  | 热传声法 |  |
| 温度 | 差热分析法 | DTA | 光学特性 | 热光学法 |  |
| 焓 | 差示扫描量热法* | DSC | 电学特性 | 热电学法 |  |
| 尺度 | 热膨胀法 | TD | 磁学特性 | 热磁学法 |  |

\* DSC 分类:功率补偿 DSC 和热流 DSC。

　　热分析是一类多学科的通用技术,应用范围极广。这里只简单介绍差热分析法(DTA)、差示扫描量热法(DSC)和热重法(TG)等基本原理和技术。

# 一、差热分析法(DTA)

### 1. 差热分析法的基本原理

　　差热分析是在程序控制温度下,测量物质与参比物之间的温差与温度关系的一种技术。差热分析曲线是描述样品与参比物之间的温差($\Delta T$)随温度或时间的变化关系的曲线。在差热分析实验中,样品温度的变化是由相转变或化学反应的吸热或放热效应引起的。

　　差热分析的原理如图1.2.26所示。将试样和参比物分别放入坩埚,置于炉中以一定速率 $v = \dfrac{\mathrm{d}T}{\mathrm{d}t}$ 进行程序升温,以 $T_s$、$T_r$ 表示各自的温度,设试样和参比物(包括容器、温差电偶等)的热容量 $C_s$、$C_r$ 不随温度而变,则它们的升温曲线如图1.2.27所示。若以 $\Delta T = T_s - T_r$ 对 $t$ 作图,所得差热分析曲线如图1.2.28所示,在0~$a$区间,$\Delta T$ 大体上是一致的,形成差热分析曲线的基线。随着温度的升高,试样产生了热效应(例如相转变),则与参比间的温差变大,在差热分析曲线中表现为峰。显然,温差越大,峰也越大,试样发生变化的次数多,峰的数目也多,所以各种吸热和放热峰的个数、形状和位置与相应的温度可用来定性地鉴定所研究的物质,而峰面积与热量的变化有关。

　　差热分析曲线所包围的面积 $S$ 可用下式表示:

$$\Delta H = \frac{gC}{m}\int_{t_2}^{t_1} \Delta T \mathrm{d}t = \frac{gC}{m}S$$

式中 :$m$ 为反应物的质量;$\Delta H$ 为反应热;$g$ 为仪器的几何形态常数;$C$ 为样品的热传导率;$\Delta T$ 为温差;$t_1$、$t_2$ 为差热分析曲线的积分限。这是一种最简单的表达式,

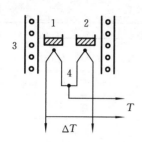

图 1.2.26　差热分析的原理

1— 参比物;2—试样;3—炉体;4—热电偶

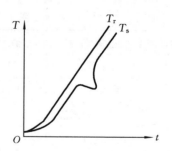

图 1.2.27　差热分析的升温曲线

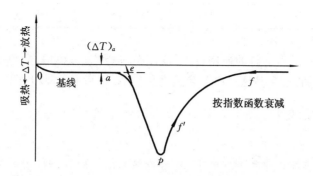

图 1.2.28　差热分析吸热转变曲线

它是通过运用比例或近似常数 $g$ 和 $C$ 来说明样品反应热与峰面积的关系。这里忽略了微分项和样品的温度梯度,并假设峰面积与样品的比热容无关,所以它是一个近似关系式。

2. 差热分析曲线起止点温度和峰面积的确定

(1) 差热分析曲线起止点温度的确定。如图 1.2.28 所示,差热分析曲线的起始温度可取下列任一点温度:曲线偏离基线之点 $T_a$;曲线的峰值温度 $T_p$;曲线陡峭部分切线和基线延长线这两条线交点 $T_e$(外推始点,extrapolated onset)。其中,$T_a$ 与仪器的灵敏度有关,灵敏度越高则出现得越早,即 $T_a$ 值越低,故一般重复性较差,$T_p$ 和 $T_e$ 的重复性较好,而 $T_e$ 最接近热力学的平衡温度。

从外观上看,曲线回复到基线的温度是 $T_f$(终止温度)。而反应的真正终点温度是 $T'_f$,由于整个系统的热惯性,即使反应终了,热量仍有一个散失过程,使曲线不能立即回到基线。$T'_f$ 可以通过作图的方法来确定,$T'_f$ 之后,$\Delta T$ 即以指数函数降低,故如以 $\Delta T - (\Delta T)_a$ 的对数对时间作图,可得一条直线。当从峰的高温侧的底沿逆查这张图时,偏离直线的那点即表示终点 $T'_f$。

(2) 差热分析曲线峰面积的确定。差热分析曲线的峰面积为反应前后基线所包围的面积,其测量方法有以下几种。①使用积分仪,可以直接读数或自动记录差热峰的面积。②如果差热峰的对称性好,可作等腰三角形处理,用峰高乘以半峰宽(峰高 1/2 处的宽度)的方法求面积。③剪纸称重法,若记录纸厚薄均匀,可将差热峰剪下来,在分析天平上称其质量,其数值可以代表峰面积。

对于反应前后基线没有偏移的情况,只要连接基线就可求得峰面积,这是不言而喻的。对于基线有偏移的情况,下面两种方法是经常采用的。

① 分别作反应开始前和反应终止后的基线延长线,它们离开基线的点分别是 $T_a$ 和 $T_f$,连接 $T_a$、$T_p$、$T_f$ 各点,便得峰面积,这就是国际热分析协会(ICTA)所规定的方法(图 1.2.29)。

② 由基线延长线和通过峰顶 $T_p$ 作垂线,与 DTA 曲线的两个半侧所构成的两个近似三角形面积 $S_1$、$S_2$(图 1.2.29(b)中以阴影表示)之和($S = S_1 + S_2$)表示峰面积,这种求面积的方法是认为在 $S_1$ 中丢掉的部分与 $S_2$ 中多余的部分可以得到一定程度的抵消。

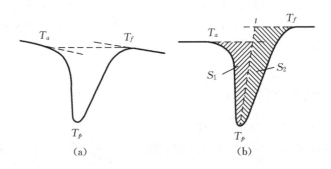

图 1.2.29　差热分析吸热转变曲线

### 3. 影响差热分析的主要因素

差热分析操作简单,但在实际工作中往往发现同一试样在不同的仪器上测量,或不同的人在同一仪器上测量,所得到的差热曲线结果有差异。峰的最高温度、形状、面积和峰值大小都会发生一定变化。其主要原因是热量与许多因素有关,传热情况也比较复杂。一般说来,仪器和样品都会影响差热分析。虽然影响因素很多,但只要严格控制条件,仍可获得较好的重现性。

(1) 气氛和压力的选择:气氛和压力可以影响样品化学反应和物理变化的平衡温度、峰形。因此,必须根据样品的性质选择适当的气氛和压力,有的样品易氧化,可以通入 $N_2$、Ne 等惰性气体。

(2) 升温速率的影响和选择:升温速率不仅影响峰温的位置,而且影响峰面积的大小,一般来说,在较快的升温速率下峰面积变大,峰变尖锐。但是,快的升温速率使试样分解(偏离平衡条件)的程度也大,因而易使基线漂移。更主要的是可能导致相邻两个峰重叠,分辨率下降。较慢的升温速率,基线漂移小,使系统接近平衡条件,得到宽而浅的峰,也能使相邻两峰更好地分离,因而分辨率高,但测定时间长,对所用仪器的灵敏度要求很高。一般情况下,升温速率选择 8～12 ℃ • min$^{-1}$ 为宜。

(3) 试样的预处理及用量:试样用量大,易使相邻两峰重叠,降低了分辨率。一般尽可能减少用量,最多大至毫克级。样品的颗粒度在 100～200 目,颗粒小可以改善导热条件,但太细可能会破坏样品的结晶度。对易分解产生气体的样品,颗粒应大一些。参比物的颗粒、装填情况及紧密程度应与试样一致,以减少基线的漂移。

(4) 参比物的选择:要获得平稳的基线,参比物的选择很重要。要求参比物在加热或冷却过程中不发生任何变化,在整个升温过程中参比物的比热、热导率、粒度尽可能与试样一致或相近。

常用 $\alpha$-三氧化二铝($Al_2O_3$)或煅烧过的氧化镁(MgO)或石英砂作参比物。如分析试样为金属,也可以用金属镍粉作参比物。如果试样与参比物的热性质相差很远,则可用稀释试样的方法解决,主要是降低反应剧烈程度;如果试样加热过程中有气体产生,可以减少气体,以免气体大量出现使试样冲出。选择的稀释剂不能与试样有任何化学反应或催化反应,常用的稀释剂有 SiC、铁粉、$Fe_2O_3$、玻璃珠、$Al_2O_3$ 等。

## 二、差示扫描量热法(DSC)

### 1. 差示扫描量热法的基本原理

差示扫描量热法(DSC)是在程序控制温度下,测量输给物质和参比物的功率差与温度关系的一种技术。

差示扫描量热法和差热分析法仪器装置相似,所不同的是在试样和参比物容器下装有两组补偿加热丝,当试样在加热过程中由于热效应与参比物之间出现温差 $\Delta T$ 时,通过差热放大电路和差动热量补偿放大器,使流入补偿电热丝的电流发生变化,当试样吸热时,补偿放大器使试样一边的电流立即增大;反之,当试样放热时则使参比物一边的电流增大,直到两边热量平衡,温差 $\Delta T$ 消失为止。换句话说,试样在热反应时发生的热量变化,由于及时输入电功率而得到补偿,所以实际记录的是试样和参比物下面两组电热补偿加热丝的热功率之差随时间 $t$ 变化的关系 $\left(\dfrac{dH}{dt}\text{-}t\right)$。如果升温速率恒定,记录的也就是热功率之差随温度 $T$ 变化的关系 $\left(\dfrac{dH}{dt}\text{-}T\right)$,如图1.2.30

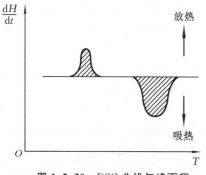

**图 1.2.30　DSC 曲线与峰面积**

所示。其峰面积 $S$(如图 1.2.30 中阴影所示)正比于热焓的变化:

$$\Delta H = KS$$

式中:$K$ 为与温度无关的仪器常数。

如果事先用已知相变热的试样标定仪器常数,再根据待测样品的峰面积,就可得到 $\Delta H$ 的绝对值。仪器常数的标定,可利用测定锡、铅、铟等纯金属的熔化,从其熔化热的文献值即可得到仪器常数。

因此,用差示扫描量热法可以直接测量热量,这是它与差热分析法的一个重要区别。此外,差示扫描量热法与差热分析法相比,另一个突出的优点是后者在试样发生热效应时,试样的实际温度已不是程序升温时所控制的温度(如在升温时试样由于放热而一度加速升温)。而前者由于试样的热量变化随时可得到补偿,试样与参比物的温度始终相等,避免了试样与参比物之间的热传递,故仪器的反应灵敏,分辨率高,重现性好。

2. 差热分析法和差示扫描量热法应用概述

差热分析法和差示扫描量热法的共同特点是峰的位置、形状和峰的数目与物质的性质有关,故可以定性地用来鉴定物质。从原则上讲,物质的所有转变和反应都应有热效应,因而可以采用差热分析法和差示扫描量热法检测这些热效应,不过有时由于灵敏度等种种原因的限制,不一定能观测得出。而峰面积的大小与反应热焓有关,即 $\Delta H = KS$。对于 DTA 曲线,$K$ 是与温度、仪器和操作条件有关的比例常数。而对于 DSC 曲线,$K$ 是与温度无关的比例常数。这说明在定量分析中差示扫描量热法优于差热分析法,但是目前 DSC 仪测定的温度只能达到 700 ℃ 左右,温度再高时,只能用 DTA 仪了。

差热分析法和差示扫描量热法在化学领域和工业中得到了广泛的应用,见表 1.2.3 和表 1.2.4。

表 1.2.3  差热分析法和差示扫描量热法在化学中的应用

| 材 料 | 研 究 类 型 | 材 料 | 研 究 类 型 |
|---|---|---|---|
| 催化剂 | 相组成、分解反应、催化剂鉴定 | 天然产物 | 转变热 |
| 聚合材料 | 相图、玻璃化转变、降解、熔化和结晶 | 有机物 | 脱溶剂化反应 |
| 脂和油 | 固相反应 | 黏土和矿物 | 脱溶剂化反应 |
| 润滑油 | 脱水反应 | 金和合金 | 固-气反应 |
| 配位化合物 | 辐射损伤 | 铁磁性材料 | 居里点测定 |
| 碳水化合物 | 催化剂 | 土壤 | 转化热 |
| 氨基酸和蛋白质 | 吸附热 | 液晶材料 | 纯度测定 |
| 金属盐水化合物 | 反应热 | 生物材料 | 热稳定性 |

续表

| 材　　料 | 研　究　类　型 | 材　　料 | 研　究　类　型 |
|---|---|---|---|
| 金属和非金属化合物 | 聚合热 | | |
| 煤和褐煤 | 升华热 | | |

**表 1.2.4　差热分析法和差示扫描量热法在某些工业中的应用**

| 测定或估计 | 陶瓷 | 陶瓷冶金 | 化学 | 弹性体 | 爆炸物 | 法医化学 | 燃料 | 玻璃 | 油墨 | 金属 | 油漆 | 药物 | 黄磷 | 塑料 | 石油 | 肥皂 | 土壤 | 织物 | 矿物 |
|---|---|---|---|---|---|---|---|---|---|---|---|---|---|---|---|---|---|---|---|
| 鉴定 | √ | | √ | √ | √ | √ | | √ | | √ | | √ | √ | | √ | √ | √ | √ | √ |
| 组分定量 | √ | √ | √ | √ | | √ | | √ | | √ | | √ | √ | √ | √ | √ | √ | √ | √ |
| 相图 | √ | √ | √ | | | | | √ | | √ | | √ | √ | | | | | | √ |
| 溶剂保留 | | | | | | | | | | | | | | | | | | | |
| 水化脱水 | √ | | √ | | | √ | | | | | | √ | √ | | | √ | √ | | √ |
| 热稳定 | | | √ | √ | | | √ | | | | | | | √ | | | | | |
| 氧化稳定 | | | √ | √ | | | √ | | √ | | √ | √ | √ | √ | √ | | | | |
| 聚合作用 | | | | √ | | | | | | | | | √ | √ | | | | | |
| 固化 | | | √ | √ | √ | | | | | | | | | √ | | | | | |
| 纯度 | | | √ | | | √ | | | | | | √ | | | √ | | | | |
| 反应性 | | | √ | √ | | | | √ | | √ | | √ | √ | | | | | | √ |
| 催化活性 | √ | √ | √ | | | | √ | | | √ | | | | | | | | | √ |
| 玻璃转化 | | | | √ | √ | | | | | | | | | √ | | | | √ | |
| 辐射效应 | √ | √ | | | | | √ | | | √ | | | | | | | | √ | √ |
| 热化学常数 | √ | √ | √ | √ | √ | √ | √ | √ | √ | √ | √ | √ | √ | √ | √ | √ | √ | √ | √ |

注:打"√"者表示差热分析法或差示扫描量热法可用于该测定。

## 三、热重法(TG)

### 1. 热重法的基本原理

热重法(TG)是在程序控制温度下,测量物质质量与温度关系的一种技术。许多物质在加热过程中常伴随质量的变化,这种变化过程有助于研究晶体性质的变化,如熔化、蒸发、升华和吸附等物质的物理现象;也有助于研究物质的脱水、电离、氧化、还原等化学现象。热重分析通常可分为两类:动态(升温)和静态(恒温)热重分析。

热重法实验得到的曲线称为热重曲线(TG 曲线),如图 1.2.31 中曲线 $a$ 所示。TG 曲线以质量为纵坐标,从上向下表示质量减少;以温度(或时间)为横坐标,自左至右表示温度(或时间)增加。

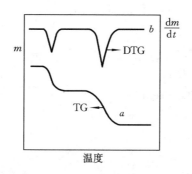

**图 1.2.31　TG 曲线和 DTG 曲线**

从热重法可派生出微商热重法(DTG),它是 TG 曲线对温度(或时间)的一阶导数。以物质的质量变化速率 $\dfrac{dm}{dt}$ 对温度(或时间)作图,即得 DTG 曲线,如图 1.2.31 中曲线 $b$ 所示。DTG 曲线上的峰代替 TG 曲线上的阶梯,峰面积正比于试样质量。DTG 曲线可以通过微分 TG 曲线得到,也可以用适当的仪器直接测得,DTG 曲线比 TG 曲线优越性大,它提高了 TG 曲线的分辨率。

进行热重分析的基本仪器为热天平,它包括天平、炉子、程序控温系统、记录系统等几个部分。除热天平外,还有弹簧秤。

### 2. 影响热重分析的因素

热重分析的实验结果受到许多因素的影响,基本可分为两类。一类是仪器因素,包括升温速率、炉内气氛、炉子的几何形状、坩埚的材料等。另一类是样品因素,包括样品的质量、粒度、装样的紧密程度、样品的导热性等。

在热重法的测定中,升温速率增大会使样品分解温度明显升高。如升温太快,试样来不及达到平衡,会使反应各阶段分不开。合适的升温速率为 $5\sim10\ ℃\cdot min^{-1}$。

样品在升温过程中,往往会有吸热或放热现象,这样使温度偏离线性程序升温,从而改变了 TG 曲线的位置。样品量越大,这种影响越大。对于受热产生气体的样品,样品量越大,气体越不易扩散。再则,样品量大时,样品内温度梯度也大,将影响 TG 曲线位置。总之,实验时应根据天平的灵敏度,尽量减小样品量。样品的粒度不能太大,否则将影响热量的传递;粒度也不能太小,否则开始分解的温度和分解完毕的温度都会降低。

3. 热重分析的应用

热重法的重要特点是定量性强,能准确地测量物质的质量变化及变化的速率,可以说,只要物质受热时发生质量的变化,就可以用热重法来研究其变化过程。目前,热重法已在以下方面得到应用。

(1) 无机物、有机物及聚合物的热分解。

(2) 金属在高温下受各种气体的腐蚀过程。

(3) 固态反应。

(4) 矿物的煅烧和冶炼。

(5) 液体的蒸馏和汽化。

(6) 煤、石油和木材的热解过程。

(7) 含湿量、挥发物及灰分含量的测定。

(8) 升华过程。

(9) 脱水和吸湿。

(10) 爆炸材料的研究。

(11) 反应动力学的研究。

(12) 发现新化合物。

(13) 吸附和解吸。

(14) 催化活度的测定。

(15) 表面积的测定。

(16) 氧化稳定性和还原稳定性的研究。

(17) 反应机制的研究。

## 四、热分析技术联用

目前,热分析仪器的研发和使用已经从单一的差热分析或热重分析发展到几种分析手段联用的情况。如差热分析(或差示扫描量热)+热重分析+热重微分,即 DTA(或 DSC)+TG+DTG。联用技术的发展有力地促进了热分析手段的应用。

图 1.2.32 为采用 DTA+TG+DTG 技术对草酸钙标准样品的热分析结果。

热分析报告

试样名称:试验　操作者姓名:
试样序号:0001　试样质量:10.0000 mg
气氛:空气　采样日期:2007-5-13　15:26　　　　　分析时间:2007-5-29　13:06

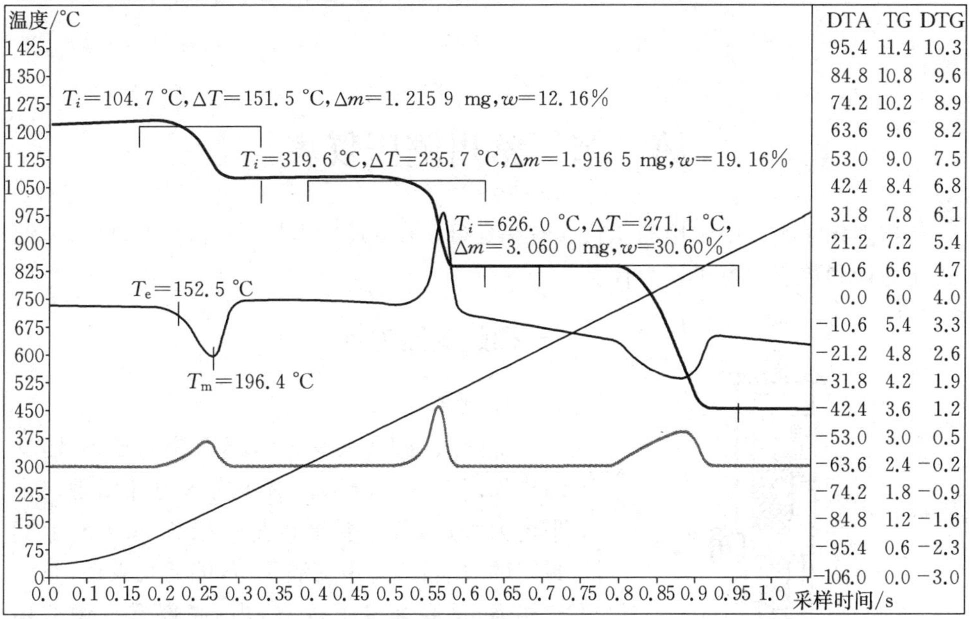

| 温度/℃ | DTA | TG | DTG |
|---|---|---|---|
| 1 425 | 95.4 | 11.4 | 10.3 |
| 1 350 | 84.8 | 10.8 | 9.6 |
| 1 275 | 74.2 | 10.2 | 8.9 |
| 1 200 | 63.6 | 9.6 | 8.2 |
| 1 125 | 53.0 | 9.0 | 7.5 |
| 1 050 | 42.4 | 8.4 | 6.8 |
| 975 | 31.8 | 7.8 | 6.1 |
| 900 | 21.2 | 7.2 | 5.4 |
| 825 | 10.6 | 6.6 | 4.7 |
| 750 | 0.0 | 6.0 | 4.0 |
| 675 | −10.6 | 5.4 | 3.3 |
| 600 | −21.2 | 4.8 | 2.6 |
| 525 | −31.8 | 4.2 | 1.9 |
| 450 | −42.4 | 3.6 | 1.2 |
| 375 | −53.0 | 3.0 | 0.5 |
| 300 | −63.6 | 2.4 | −0.2 |
| 225 | −74.2 | 1.8 | −0.9 |
| 150 | −84.8 | 1.2 | −1.6 |
| 75 | −95.4 | 0.6 | −2.3 |
| 0 | −106.0 | 0.0 | −3.0 |

$T_i=104.7\ ℃, \Delta T=151.5\ ℃, \Delta m=1.2159\ mg, w=12.16\%$

$T_i=319.6\ ℃, \Delta T=235.7\ ℃, \Delta m=1.9165\ mg, w=19.16\%$

$T_i=626.0\ ℃, \Delta T=271.1\ ℃,$
$\Delta m=3.0600\ mg, w=30.60\%$

$T_e=152.5\ ℃$

$T_m=196.4\ ℃$

0.0　0.1　0.15　0.2　0.25　0.3　0.35　0.4　0.45　0.5　0.55　0.6　0.65　0.7　0.75　0.8　0.85　0.9　0.95　1.0　采样时间/s

TG 单位:[mg]　　DTG 单位:[mg/min]　　DTA 单位:[±μV]

图 1.2.32　热分析报告示例

# 第三章　常用仪器设备使用简介

## 第一节　常用测压仪表

物理化学实验中常用测压仪表有福廷(Fortin)式压力计、U形管压力计、弹性式压力计和数字式电子压力计。

### 一、福廷式压力计

#### 1. 原理

福廷式压力计是一种单管真空汞压力计,其结构如图 1.3.1 所示。福廷式压力计以汞柱来平衡大气压,其主要结构是一根长 90 cm、上端封闭的玻璃管,管中盛满汞后,倒插入汞槽(与大气相通,槽底为羚羊皮袋)内;底部有一调节螺栓,用于调节汞槽中汞面高度。象牙针尖端位置为黄铜标尺刻度的零点。达到平衡时,可根据汞柱高度计算大气压。

#### 2. 使用方法

(1) 铅直调节,并读取温度计读数。

(2) 调整底部螺栓,使汞槽中汞面与象牙针轻触,轻敲气压计,使汞凸面恢复平稳。再仔细旋转螺栓,使汞槽中汞表面恰好与象牙针轻触(相切)。

(3) 转动固定螺丝使游标尺上移,直到游标尺底端刻度线高于玻璃管内汞表面,再缓慢下降,直到游标尺底端刻度线与玻璃管内汞柱凸面相切(眼睛、游标尺底端刻度线和汞柱凸面三者应处于同一水平面),记录汞柱高度。

(4) 转动底部螺栓,降低汞槽内汞表面,使汞表面脱离象牙针。

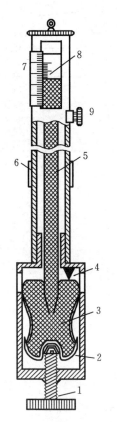

**图 1.3.1　福廷式压力计结构**

1—螺栓;2—羚羊皮袋;3—汞槽;
4—象牙针;5—玻璃管;6—温度计;
7—标尺;8—游标尺;9—游标尺固定螺丝

### 3. 读数校正

当汞柱压力与大气压平衡时，$p = \rho g h$。规定以温度 0 ℃（汞的密度为 13.59518 g・cm³）、纬度 45°及海平面（重力加速度为 9.80665 m・s⁻²）时汞柱的高度来度量大气压，凡是不符上述规定所读得的大气压值，除要进行仪器误差校正外，在精密测量时还必须进行温度、纬度和海拔校正。

（1）仪器误差校正：由汞的表面张力引起的误差，汞柱上方残余气体的影响，以及压力计制作时的误差，在出厂时都已进行校正。使用时，应按所附的仪器误差校正卡上的值校正。

（2）温度校正：温度校正时，除要考虑汞的密度随温度变化外，还要考虑标尺随温度的线性膨胀。

（3）纬度和海拔校正：纬度和海拔不同，重力加速度也不同，实验中应根据具体情况进行纬度和海拔校正。

## 二、U 形管压力计

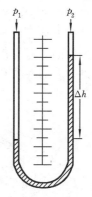

### 1. 原理

U 形管压力计（图 1.3.2）的工作原理是根据流体静力学原理，通过一定高度的液柱所产生的静压力平衡被测压力的方法来测量正压、差压和负压（真空度）。其构造简单、使用方便、坚固耐用、价格低廉、容易制作，测量精度较高，测压范围为 0～101.3 kPa，在工业生产和科学实验中被广泛应用。

U 形管压力计由两端开口的垂直 U 形玻璃管和垂直放置的刻度尺构成。管内盛有适量的工作液体（常用汞、水或乙醇等），U 形管一端连接已知压力（$p_1$）的基准系统（如大气等），另一端连接被测压力（$p_2$）系统。被测系统压力 $p_2$ 可根据 $p_2 = p_1 - \rho g \Delta h$ 计算（$\Delta h$ 为 U 形管液面高度差；$\rho$ 为工作液体的密度；$g$ 为重力加速度）。

**图 1.3.2　U 形管压力计**

### 2. 使用方法及注意事项

将 U 形管压力计垂直放置，同时读取两管液面高度。

使用 U 形管压力计时应注意以下几点。

（1）U 形管压力计的测量精度与测量范围、被测压力大小以及工作液有关。工作液确定后，测量范围越大、被测压力越大，则测量精度越高。如以水为工作液时，测量压力为 5 kPa、2.5 kPa、1 kPa 和 0.5 kPa 时，精度分别为±0.5%、±1%、±2.5%和±5%。另外，在高度一定时可以选取低密度工作液以提高测量精度和灵敏度。

（2）读数时必须同时读取两管液面高度，减少管径不均匀带来的影响。

（3）当被测压力变化时,使用不同的 U 形管压力计,测量结果的准确度不同。

（4）U 形管压力计测量压力,尤其是用作标准校验低压、微压计量器具时,应合理选取工作液体和 U 形管压力计,校验时应反复多次,仔细读取数值,尽可能减小误差,提高测量精度。

## 三、弹性式压力计

### 1. 原理

弹性式压力计是一种常用的被动式测压仪表(图 1.3.3),其测量原理是基于弹性变形原理,通过测量弹性元件(弹簧)的变形程度来间接测量压力的大小。弹性式压力计的弹性元件一般采用金属材料,如螺旋弹簧、扁平弹簧和膜片等,其力学特性是影响弹性式压力计测量精度和范围的重要因素。在压力作用下,弹性元件发生变形。根据胡克定律,其变形程度与受到的作用力成正比。不同类型的弹性元件力学特性不同,如刚度、灵敏性和非线性等。刚度指弹性元件在外力作用下的变形对应的力的变化率,刚度越大,弹性元件对应力的变形越小,测量精度越高。灵敏度指弹性元件对压力变化的敏感程度,灵敏度越高,测量范围越广。非线性指弹性元件的变形与作用力之间的关系不满足线性关系,这会引起测量误差。应根据被测介质的性质和测量要求选择弹性元件,安装时应注意弹性元件与被测介质之间的连接方式和密封性,以保证压力测量的准确性和可靠性。

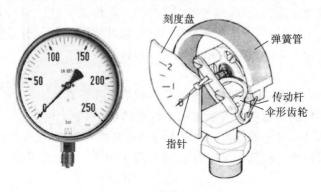

**图 1.3.3　弹性式压力计**

弹性式压力计的精度受多种因素影响,如温度、介质的腐蚀性、安装状况、环境振动和工作条件的变化等。温度对弹性元件的刚度和热胀冷缩等特性会产生影响,需要进行温度补偿。介质的腐蚀性会损坏弹性元件,降低其使用寿命。安装不良会导致弹性元件受到非压力的作用而变形,引起测量误差。环境振动和工作条件的变化会影响弹性元件的刚度和灵敏度,降低测量精度。

### 2. 使用方法及注意事项

（1）使用方法。

① 将压力计水平平稳放置,并确保其处于稳定状态。

② 检查压力计是否完好无损，管道连接是否紧密，指针是否灵活等。

③ 将压力计与被测压力系统的管道或设备连接，并确保连接处无泄漏。

④ 根据所测压力范围，使用合适的工具（如扳手）调节压力计量程。

⑤ 仔细观察压力计上的指针，记录压力读数。

（2）注意事项。

① 调节压力计时，避免过度施力，以免损坏仪器。

② 确保压力计与被测系统之间的连接牢固可靠，防止泄漏。

③ 在测量前，检查压力计的零点位置是否正确，必要时进行调节。

④ 避免在高温或腐蚀性环境中使用压力计，以免损坏仪器。

⑤ 定期检查和维护压力计，包括清洁表面、润滑移动部件等，以确保其正常工作。

⑥ 在使用压力计时，遵循相关安全操作规程，防止意外伤害。

3. 校准

校准是确保弹性式压力计测量精度的重要手段。校准时通常采用标准压力表或压力比较器来对弹性式压力计的测量结果进行比较和验证。校准的目的是确定弹性元件的刚度和灵敏度，并确定测量范围和误差，提高测量准确度。校准时应选择合适的标准装置，控制温度和湿度等环境条件，检查仪器是否正常工作，并进行修正和调整。

## 四、数字式电子压力计

数字式电子压力计是一种高精度的测量仪器，用于测量气体或液体的压力，具有体积小、精度高（可达到 0.05% 或更高）、操作简单、读数直观准确、便于远程监测和自动记录等优点，已广泛应用于实验室、制造业、医疗设备和航空航天等领域。在实验室中，可用于研究和分析气体或液体的压力特性，如研究声波在气体中传播的特性；在制造业中，可用于生产和测试高精度的机械、电子设备和汽车等产品，如测试汽车的轮胎压力；在医疗设备中，可用于监测和控制病人的呼吸机、心脏辅助器和血压监测设备等；在航空航天领域，可用于测试高空气压和空气动力学性能。

数字式电子压力计通常由感应器、信号处理电路和显示器组成。感应器是一种敏感器件，可以将被测介质的压力转化为电信号，通常使用电阻式或压电式感应器。信号处理电路将感应器的信号进行放大和处理，使数字式电子压力计可以提供精确的数字显示。显示器通常采用液晶显示屏或 LED 显示器，能够显示被测介质的压力值以及单位。

数字式电子压力计的售价一般较高，使用时对环境要求高，尤其对温度和湿度要求严格，对电源需求较高，通常需要使用直流电源或高精度电源。在选择数字式电子压力计时，需要根据实际需要确定其精度、测量范围和适用场景。

# 第二节　贝克曼温度计

　　贝克曼温度计是一种高精度测温设备,被广泛应用于实验室研究和化工生产、食品加工、能源行业等领域,常用的有普通贝克曼温度计和数字贝克曼温度计两类。

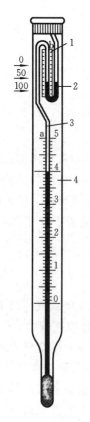

**图 1.3.4　贝克曼温度计**
1—温度标尺;2—贮汞槽;
3—毛细管;4—刻度尺

## 一、普通贝克曼温度计

　　**1. 原理**

　　贝克曼温度计是一种基于液体体积随温度变化、用于测量温度差值的水银玻璃温度计(图 1.3.4),由较长的均匀毛细管连接水银球和贮汞槽,毛细管与刻度尺封装在玻璃管内。水银球内的水银量可通过贮汞槽调节。水银球内水银量越少,可测温度越高;水银量越多,可测温度越低。温度刻度间隔一般为 5 ℃,每度刻分为 100 等份,通过放大镜可估测至 0.002 ℃。根据刻度标法,贝克曼温度计可分为下降式贝克曼温度计和上升式贝克曼温度计。在精密测量中,两种标法不可混用。

　　**2. 使用方法**

　　(1) 调节贝克曼温度计。

　　① 连通水银柱。将温度计倒置,用左手握住温度计中部,用右手轻叩左手腕,使水银球内水银自动流向贮汞槽。轻叩贮汞槽,使贮汞槽内水银与水银柱连通。

　　② 调节水银量。将贝克曼温度计与另一支普通温度计插入水浴中,升高水浴温度,即可估测从实验最高温度 $T$($a$ 点)到最高测量温度($b$ 点)所对应的温度($R$ ℃);将温度计正置,插入比待测温度高($T+R$)℃(如沸点升高的测定)或 $R$ ℃(如凝固点降低的测定)的水浴中,数分钟后取出温度计,立即用右手轻叩左手腕,使水银柱在 $b$ 点处断开,把多余的水银移到贮汞槽。取出后,由于水银球温度与室温的差异,水银体积会迅速改变,因此操作需要迅速、轻快但不慌乱。将调节好的温度计置于欲测温度的水浴中,观察读数,检查量程是否符合要求。若不符合,需重新调节。

　　③ 读数。在读数前,轻叩水银面以消除黏滞现象;读数时,确保温度计垂直,

视线与水银面齐平。

④ 刻度校正。由于不同温度下水银密度不同,在贝克曼温度计上每 100 刻度未必真正代表 1 ℃,因此在不同温度范围内使用时,必须进行刻度校正,校正值见表 1.3.1。

**表 1.3.1　贝克曼温度计读数校正值表**

| 调整温度/℃ | 读数 1 ℃相当的摄氏度数 | 调整温度/℃ | 读数 1 ℃相当的摄氏度数 |
|---|---|---|---|
| 0 | 0.9936 | 55 | 1.0093 |
| 5 | 0.9953 | 60 | 1.0104 |
| 10 | 0.9969 | 65 | 1.0115 |
| 15 | 0.9985 | 70 | 1.0125 |
| 20 | 1.0000 | 75 | 1.0135 |
| 25 | 1.0015 | 80 | 1.0144 |
| 30 | 1.0029 | 85 | 1.0153 |
| 35 | 1.0043 | 90 | 1.0161 |
| 40 | 1.0056 | 95 | 1.0169 |
| 45 | 1.0069 | 100 | 1.0176 |
| 50 | 1.0081 | | |

另外,由于浸入系统中的水银柱与露在室温中的水银柱所处温度不同,因此直接读取的温度差值需要进行校正。校正值可从每支贝克曼温度计出厂时检定表中获取。

3. 注意事项

贝克曼温度计价格较高,下端水银球的玻璃很薄,中间的毛细管很细,容易损坏。使用时要特别小心,避免同任何硬的物件相碰和撞击,避免骤冷、骤热,用完后必须立即放回温度计盒,不可任意放置。

## 二、数字贝克曼温度计

数字贝克曼温度计为普通贝克曼温度计的一种现代化替代品,具有高精度、宽测量范围、简便操作等优点,可直接连接计算机,完成温度和温度差的自动化检测与控制。

常用数字贝克曼温度计为 SWC-Ⅱ型,其技术指标和使用条件:测量范围为 $-50 \sim 150$ ℃;分辨率为 0.01 ℃;温差测量范围为 $\pm 19.999$ ℃;电源为$(220 \pm 10)$ V、50 Hz;环境温度为 $0 \sim 40$ ℃;环境湿度 $\leqslant 85\%$。

SWC-Ⅱ型数字贝克曼温度计的使用方法如下。

1. 测量准备

将电源线插入 220 V 电源插座;检查感温插头编号并与仪器后盖的编号对应连接;将传感器探头插入被测物中,插入深度≥50 mm;打开电源开关。

2. 温度测量

将面板上的"温度-温差"按钮置于"温度"位置,仪器处于温度测量状态;将面板上的"测量-保持"按钮置于"测量"位置,即可进行温度测量。

3. 温差测量

将面板上的"温度-温差"按钮置于"温差"位置,仪器处于温差测量状态;将面板上的"测量-保持"按钮置于"测量"位置,即可进行温差测量;根据被测物的实际温度调节"基温选择",使读数的绝对值尽可能小,记录读数 $T_1$;读取显示器动态显示的数字 $T_2$,即可得到相对于 $T_1$ 的温度变化量 $\Delta T = T_2 - T_1$。

4. 调节基准温度和保持功能

当温度和温差变化太快无法读数时,可将面板上的"测量-保持"按钮置于"保持"位置。读数完成后转换到"测量"位置,继续跟踪测量。

# 第三节　电导率仪

## 一、DDS-307 型电导率仪

DDS-307 型电导率仪前后面板如图 1.3.5 所示。

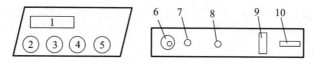

**图 1.3.5　DDS-307 型电导率仪前(左)后(右)面板示意图**

1—显示屏;2—量程选择旋钮;3—常数补偿调节旋钮;4—校准调节旋钮;5—温度补偿调节旋钮;

6—电极插座;7—输出插口;8—保险丝管座;9—电源开关;10—电源插口

1. 使用方法

(1) 开机:将电源线插入仪器电源插口,按电源开关接通电源,预热 30 min 后,进行校准。

(2) 校准:将"量程"选择旋钮 2 指向"检查",常数补偿调节旋钮 3 指向"Ⅰ"刻度线,温度补偿调节旋钮 5 指向"25"度线,调节校准调节旋钮 4,使仪器显示 100.0 $\mu S \cdot cm^{-1}$,至此校准完毕。

(3) 测量。

① 常数补偿设置:调节常数补偿调节旋钮 3,使仪器读数与电导电极所标数值一致。

② 温度补偿设置:调节仪器面板上温度补偿调节旋钮 5,使其指向待测溶液的实际温度值,则测量值为待测溶液经过温度补偿后折算为 25 ℃下的电导率;如将温度补偿调节旋钮 5 指向"25"刻度线,测量值为待测溶液在该温度下未经补偿的电导率。

③ 常数、温度补偿设置完毕后,将"量程"选择旋钮 2 按表 1.3.2 调节。如测量过程中显示值熄灭,说明测量超出量程,应切换"量程"选择旋钮 2 至上一挡量程。

表 1.3.2 量程选择参照表

| 序号 | 量 程 | 可测范围/($\mu$S・cm$^{-1}$) | 实测电导率/($\mu$S・cm$^{-1}$) |
| --- | --- | --- | --- |
| 1 | I | 0.0~20.0 | 显示读数×C |
| 2 | II | 20.0~200.0 | 显示读数×C |
| 3 | III | 200.0~2000.0 | 显示读数×C |
| 4 | IV | 2000.0~20000.0 | 显示读数×C |

注:C 为电极常数。

(4) 关机:测量完毕后,关闭电源开关,将电导电极冲洗干净,妥善放存。

2. 注意事项

(1) 为确保测量精度,电导电极使用前后应用小于 0.5 $\mu$S・cm$^{-1}$ 的去离子水(或蒸馏水)冲洗 2 次,然后用被测试样冲洗,方可测量。

(2) 绝对防止电导电极插座受潮,以免造成不必要的测量误差。

(3) 应定期进行电导池常数标定。

(4) 只能用化学方法清洗铂黑电极,用软刷子机械清洗时会破坏电极表面的镀层(铂黑),化学方法清洗可能再生被损坏或轻度污染的铂黑层。

(5) 常数补偿设置后,应注意读数与测量值之间的换算。如电导池常数为 0.01025 cm$^{-1}$,调节常数补偿调节旋钮 3 使读数为 102.5,则测量值=读数值× 0.01;电导池常数为 10.25 cm$^{-1}$,调节常数补偿调节旋钮 3 使读数为 102.5,则测量值=读数值×10。

## 二、FE38 型电导率仪

FE38 型电导率仪的面板如图 1.3.6 所示。

1. 使用方法

(1) 开机:短按"开机"键开机,开机预热 30 min 后校准。

(2) 模式切换:短按"模式设置"键切换至电导率模式。长按"读数"键切换读数终点模式,读数终点模式有自动终点模式和手动终点模式两种,手动终点模式下须按"读数"键确认终点,自动终点模式下,当输入信号稳定后测量自动结束,用于一个时间点电导率的单次测量。

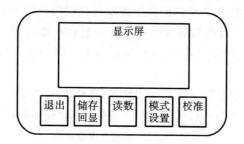

**图 1.3.6　FE38 型电导率仪面板示意图**

（3）校准设置：长按"模式设置"进入设置菜单。仪表默认第 2 个标准液校准点 1413 $\mu$S·cm$^{-1}$，按上下键选择所需校准点，按"读数"键确认；温度单位选择℃或℉，按"读数"键确认；参比温度选择 20 ℃或 25 ℃，按"读数"键确认；温度补偿系数 $\alpha$，即线性温度修正系数（单位：%/℃）默认 2%/℃，按"读数"键确认；TDS 系数默认 0.5，按"读数"键确认。至此，完成校准设置。

（4）校准：将电导电极放入校正标准缓冲液中，按"校准"键，屏幕显示已识别缓冲溶液在当前温度下的电导率，完成电导率校准点校正。

（5）测量：将电导电极放入待测样品中，按"读数"键，读数稳定后，短按"储存"键，保存数据。若测量前进行了温度补偿设置，则测量值为温度补偿后的电导率。

（6）关机：长按"退出"键 3 s，关闭仪表。

**2．注意事项**

（1）设置过程中，任何时候按"退出"键，可退出设置界面。

（2）如需要温度补偿，则要设置温度补偿系数或默认 2%/℃，设置相对应参比温度。

（3）如需要测量实际温度下的电导率，把温度补偿系数设置为 0%/℃。

# 三、阅读材料

## 电导池常数的测定

由于 $K_{cell}=\kappa/G$，电导池常数 $K_{cell}$ 可以通过测量在一定浓度的 KCl 溶液电导 $G$ 求得（KCl 溶液的电导率 $\kappa$ 已知）。由于被测溶液的浓度和温度不同，测量仪器的精度和频率也不同，电导池常数 $K_{cell}$ 有时会出现较大的误差，使用一段时间后，电导池常数也可能会有变化。因此，新购的电导电极，以及使用一段时间后的电导电极，电导池常数应重新测量标定。测定电导池常数时应注意以下两点。

（1）应采用配套的电导率仪，不宜采用其他型号的电导率仪。

（2）选用的 KCl 溶液的温度和浓度，尽可能接近实际被测溶液的温度和浓度。

# 第四节　酸　度　计

酸度计也称为 pH 计或酸碱检测仪,是一种通过测量电势差测定水溶液 pH 值的仪器。除了测量水溶液的酸度外,酸度计还可以粗略测量氧化还原电对的电极电势,以及配合电磁搅拌器进行电位滴定等。

## 一、原理

酸度计主要由参比电极(如饱和甘汞电极)、测量电极(指示电极,如玻璃电极)和精密电位计三部分组成。当采用氢离子选择电极为测量电极时,可测定溶液的 pH 值;若采用其他离子选择电极为测量电极,可以测量溶液中相应离子的活度。

酸度计的主体是精密电位计,使用前需校正。用于校正酸度计的 pH 标准溶液一般为标准缓冲溶液。校正时,先用蒸馏水冲洗电极,并用滤纸轻轻吸干,再选用与待测溶液的 pH 值相近的标准缓冲溶液进行校正。

酸度计型号较多,目前实验室广泛使用的有雷磁 25 型、pHS-2 型、pHS-3B 型、pHS-3C 型和梅特勒 320-S 型等,其原理、操作步骤大致相同,只是结构和精密度有所不同。

## 二、pHS-3C 型酸度计

pHS-3C 酸度计(图 1.3.7)操作步骤如下。

1. 仪器安装

将多功能电极架插入电极架插座中,装好 pH 复合电极,取下电极保护套,露出电极上端校孔,用蒸馏水清洗电极后用滤纸吸干。

2. 开机

将电源线插入电源插口,接通电源后,预热 30 min。

3. 校正

(1) 按"pH/mV"键使 pH 指示灯亮,即进入 pH 值测定状态;按"温度"键,设定溶液温度,再按"确认"键。

(2) 将电极插入 pH=6.86 的标准缓冲溶液中,待读数稳定后,按"定位"键,使仪器显示读数与标准缓冲溶液在该温度下的 pH 值一致,然后按"确认"键。

(3) 将电极用蒸馏水清洗并用滤纸吸干后,插入 pH=4.00(或 pH=9.18)的标准缓冲溶液中,待读数稳定后,按"斜率"键,使仪器显示读数为缓冲溶液在该温度下的 pH 值,然后按"确认"键。

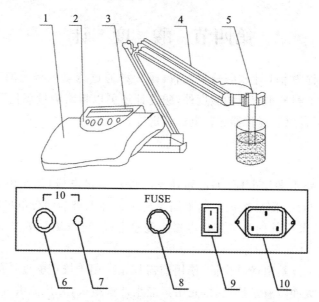

**图 1.3.7　pHS-3C 型酸度计(上:仪器外形,下:仪器后面板)**

1—机箱;2—键盘(从左到右分别为:确认、温度、斜率、定位、pH/mV 键);3—显示屏;
4—多功能电极架;5—电极;6—测量电极插座;7—参比电极插口;8—保险丝;
9—电源开关;10—电源插口

### 4. 测定溶液的 pH 值

用蒸馏水清洗电极,用滤纸吸干(或用待测溶液润洗),将电极浸入被测溶液,使溶液均匀后静置,待稳定后读数,即为溶液的 pH 值。若被测溶液与校正溶液温度不同,则先按"温度"键设定被测溶液温度,按"确认"键后,再测定 pH 值。

### 5. 还原仪器

测定完毕,关闭电源,洗净电极并套上电极保护套(内盛 3 mol·L⁻¹ KCl 溶液),盖上防尘罩,并进行仪器使用情况登记。

## 三、维护保养与注意事项

(1) 被测溶液的温度应与仪器指示温度相近。

(2) 仪器必须保持清洁、干燥,注意防尘、防潮。正常使用条件:环境温度 5~40 ℃,相对湿度小于 85%,供电电压 220 V。

(3) 电极在测量前必须用标准缓冲溶液进行定位校准,其值越接近被测溶液,所测 pH 值越准确,以消除不对称电位的影响。

(4) pH 复合电极的内参比补充液为 3 mol·L⁻¹ 的 KCl 溶液,补充液可以从电极上端小孔加入。pH 复合电极不用时,拉上橡皮套,防止补充液干涸,电极保护套内加入 3 mol·L⁻¹ KCl 补充液,切忌浸泡在蒸馏水中,用毕套上电极保护套。

（5）仪器校正好后不能再按"定位""斜率"键。若不小心触动了这些键,则不要按"确认"键,而是按"pH/mV"键使仪器重新进入 pH 值测量即可,也无须再校正。一般情况下,每天校正一次即可。

（6）校正时,一般第一次用 pH＝6.86 的标准缓冲溶液,第二次用接近溶液 pH 值的标准缓冲溶液,如果被测溶液为酸性,应选择 pH＝4.00 的标准缓冲溶液;如被测溶液为碱性,则选择 pH＝9.18 的标准缓冲溶液。

（7）玻璃电极。

① 新的或长期未使用的玻璃电极要在蒸馏水中浸泡 24 h,使其表面形成稳定的水化层。

② 用锂制成的玻璃电极可以测定 pH＝14 的强碱溶液;普通玻璃电极测定 pH＞10 的溶液时有钠差,导致结果偏差;测定 pH＜1 的酸性溶液也有误差。一般玻璃电极的使用寿命为一年。

③ 玻璃电极易碎,使用时应十分小心,避免损坏。

④ 玻璃电极表面应保持清洁,如被玷污,可用稀 HCl 溶液或乙醇洗净后浸泡在蒸馏水中。

⑤ 玻璃电极不要接触腐蚀玻璃的物质（如浓硫酸、铬酸洗液、氢氟酸等）,也不要长期浸泡在碱性溶液中。

（8）甘汞电极。

① 属参比电极,应注入相应浓度的 KCl 溶液,并浸没糊状汞-甘汞。

② 使用时,要去掉甘汞电极上下电极帽。KCl 溶液内不能有起泡,避免将盐桥阻断。

③ 甘汞电极用完后用蒸馏水洗净,盖上电极帽。

# 第五节 电位差计

原电池电动势不能直接用电压表来测量,因为电池与电压表接通后有电流通过,电池两极会发生极化,使电极偏离平衡状态。另外,电池本身有内阻,电压表所测得的值仅仅是不可逆电池的端电压。

## 一、电位差计的结构及工作原理

准确测定电池的电动势只能在无电流（或极小电流）通过电池的情况下进行,常用对消法测定原电池电动势,其工作原理如图 1.3.8 所示。

电位差计由工作电流回路、标准回路和测量回路三个回路组成。

1. 工作电流回路

工作电池经 $R_N$-$R_x$-$R$ 构成的通路,借助调节 $R$ 使在补偿电阻 $R_x$ 上产生一可

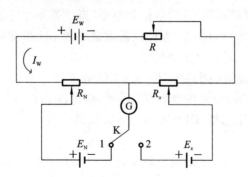

**图 1.3.8　电位差计工作原理**

$E_W$—工作电源;$E_N$—标准电池;$E_x$—待测电池;$R$—调节电阻;$R_x$—待测电池电动势补偿电阻;

$R_N$—标准电池电动势补偿电阻;K—转换开关;G—检流计

变电位降。

2. 标准回路

选择一标准电池 $E_N$,从标准电池的正极出发,经电阻 $R_N$,再经电流计 G 回到标准电池 $E_N$ 的负极。该回路作用是校准工作电流以标定补偿电阻上的电位降。通过调节 $R$ 使 G 读数为零,此时 $R_N$ 产生的电位降与标准电池的电动势 $E_N$ 抵消。校准后的工作电流为 $I_W = E_N/R_N$。

3. 测量回路

待测电池的负极通过开关 K 与工作电池的负极相连,正极经电流计经 $R_x$ 回到待测电池的负极,在固定 $R$ 不变的条件下,调节电阻 $R_x$,使得 G 读数为零。此时 $R_x$ 产生的电位降与标准电池的电动势 $E_N$ 抵消,即 $E_x = I_W \cdot R_x = (E_N/R_N) \cdot R_x$。因此只要确定标准电池电动势 $E_N$ 和标准电池电动势补偿电阻 $R_N$,即可测出待测电池的电动势 $E_x$。

## 二、SDC-Ⅱ型精密数字电位差计

SDC-Ⅱ型精密数字电位差计的面板如图 1.3.9 所示。使用方法如下。

1. 开机

将电源线插在 220 V 交流电源上,打开电源开关,预热 20 min。

2. 标定

一般情况下采取内标标定仪器;当精度要求较高时,采取高精度的饱和标准电池进行外标标定。

(1)内标法。将"测量选择"旋钮旋转至"内标","$\times 10^0$ V"旋钮置于 1,其余旋钮和"补差"旋钮逆时针旋转到底,再调节"补差"旋钮至"电位指示"显示"1.00000 V",待"检零指示"数值稳定后,按下"调零"键,此时"检零指示"应显示为"0000"。

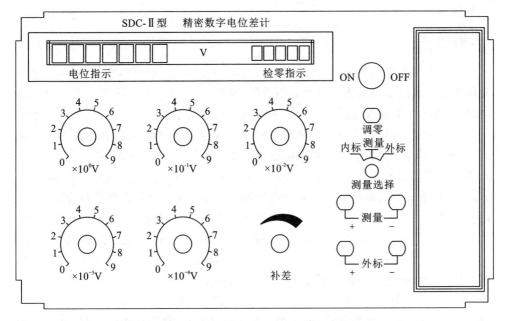

**图 1.3.9　SDC-Ⅱ型精密数字电位差计面板**

（2）外标法。将外接标准电池按"＋""－"极与"外标"插孔连接,将"测量选择"旋钮至"外标",依次调节"×10⁰ V"～"×10⁻⁴ V"旋钮和"补差"旋钮,使"电位指示"数值与外标电池电位值相同,待"检零指示"数值稳定后,按下"调零"键,此时"检零指示"应显示为"0000"。

3. 测量

（1）将"测量选择"旋钮置于"测量"。

（2）用测试线将被测电池按"＋""－"极接入"测量"插孔,将"补差"旋钮逆时针旋到底,依次调节"×10⁰ V"～"×10⁻⁴ V"五个测量旋钮,调节每个旋钮时都使"检零指示"为绝对值最小的负值,最后调节"补差"旋钮,使"检零指示"为"0000"。此时"电位指示"显示值即为被测电池的电动势。注意:测量过程中,若"电位指示"值与被测电动势值相差过大,"检零指示"将显示"OU.L"溢出符号,当差值减小到一定程度时就会正常显示数字。

4. 关机

关闭电源开关,拔下电源线。

# 第六节　旋　光　仪

旋光仪是一种测量物质旋光度的光学仪器,可用于定量测定旋光物质的浓度、含量及纯度,确定某些有机分子的立体结构等,已广泛应用于化工、石油、制药、食品等领域。

## 一、原理

　　一般光源辐射的光,其光波在垂直于光传播方向的一切可能方向上振动,这种光称为自然光或非偏振光。借助某些手段,从自然光中分离出只在一个方向上振动的光,称为平面偏振光。当一束平面偏振光通过某些物质时,其振动平面会发生一定角度的偏转,这种现象称为物质的旋光现象,具有这种性质的物质称为旋光物质。许多物质具有旋光性,如葡萄糖溶液、果糖溶液、蔗糖溶液、石英晶体、酒石酸晶体等。使偏振光左旋(逆时针方向)的物质称为左旋物质;使偏振光右旋(顺时针方向)的物质称为右旋物质。旋光物质使偏振光振动平面旋转的角度称为旋光度,用 $\alpha$ 表示。为了区别左旋和右旋,在左旋光值前加"一",右旋光值前加"十"。

　　旋光物质的旋光度除与物质本身结构有关外,还与光源波长、测定温度、光经过物质的厚度、溶液浓度等因素有关。因此,不同条件下,旋光度的测定结果通常不一样,为此,提出用比旋光度度量物质的旋光能力。规定以钠光 D 线为光源,温度 20 ℃,样品管长度 $l$ 为 10 cm,旋光物质溶液浓度为 1 g·mL$^{-1}$,此时产生的旋光度,即为该物质的比旋光度,通常用符号 $[\alpha]_D^t$ 表示。测定比旋光度时,应说明所用溶剂,如不说明一般指以水为溶剂。比旋光度与溶液浓度的关系式为 $[\alpha]_D^t = \dfrac{10\alpha}{lc}$。式中,D 表示钠光光源 D 线;$t$ 表示温度;$\alpha$ 为旋光度,单位为"°"或"度",$l$ 为光通过的液柱长度,单位为 cm;$c$ 为旋光物质溶液浓度,单位为 g·mL$^{-1}$。通过测定旋光物质溶液的旋光度,可以计算出该溶液的浓度 $c$。

　　从普通光源发出的光通过尼科尔棱镜(两块方解石直角棱镜组成)后,分解成两束振动面相互垂直平面偏振光(图 1.3.10)。折射较大的光被直角面上的黑色物质吸收,而折射小的光可以透过棱镜,即可获得一束单一平面偏振光。这里,尼科尔棱镜称为起偏镜。由起偏镜产生的偏振光照射到另一尼科尔棱镜上,如果起偏镜的透射面与第二个棱镜的透射面平行,则这束偏振光能通过,如果两者垂

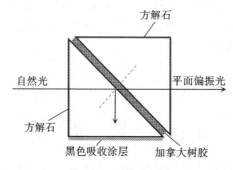

**图 1.3.10　尼科尔棱镜**

直,则光被全反射;当起偏镜与第二个棱镜的透射面夹角为 0°～90°时,则偏振光部分透过,第二个尼科尔棱镜称为检偏镜,能使透过的光线强度在最强和零之间变化。当在起偏镜和检偏镜之间放入旋光物质,则来自起偏镜的偏振光会发生一定角度的旋转,只有检偏镜也旋转相同的角度,偏振光才能完全通过。旋光仪就是根据这种原理设计的,其光学系统如图 1.3.11 所示。

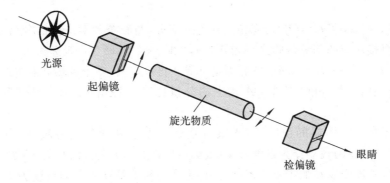

图 1.3.11　旋光仪的光学系统

由于人的眼睛很难判断偏振光通过旋光物质前后的强度是否相同,因此,旋光仪设计了一种三分视野装置,来提高人眼观察明暗程度的准确度。其原理是在起偏镜后面再加一块石英片,石英片只与起偏镜的一部分重叠。根据石英片安放位置的不同,视野可分为三部分(或者两部分)。由于石英片的旋光性,偏振光又旋转了一个角度 $\beta$(称影荫角)。

如图 1.3.12 所示,$OM$ 表示通过起偏镜后偏振光的光矢量,$OM'$ 表示通过起偏镜后又通过石英片的偏振光的光矢量,$OA$ 表示检偏镜的偏振化方向,$OM$ 和 $OM'$ 与 $OA$ 的夹角分别为 $\theta$ 和 $\theta'$,$OM$ 和 $OM'$ 在 $OA$ 轴上的分量分别为 $OM_A$ 和 $OM'_A$。转动检偏镜时,$OM_A$ 和 $OM'_A$ 的大小将发生变化,因此从目镜中所看到的视

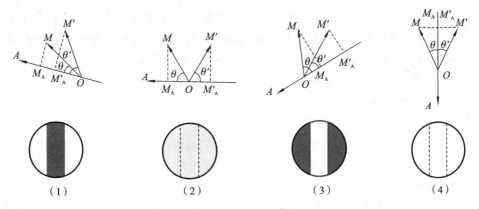

图 1.3.12　旋光仪目镜视场典型图案

场明暗将呈现交替变化，有四种显著不同的情形。

(1) $\theta' > \theta$，$OM_A > OM'_A$，从目镜观察到视场中与石英片对应的中部为暗区，与起偏镜直接对应的两侧为亮区，视场被分成清晰的三部分。当 $\theta' = \pi/2$ 时，亮区与暗区的反差最大。

(2) $\theta' = \theta$，$OM_A = OM'_A$，三分视场分界线消失，整个视场亮度相同，为较暗的黄色。

(3) $\theta' < \theta$，$OM_A < OM'_A$，视场又分为三部分，与石英片对应的部分为亮区，与起偏镜直接对应的部分为暗区。当 $\theta = \pi/2$ 时，亮区与暗区的反差最大。

(4) $\theta' = \theta$，$OM_A = OM'_A$，三分视场分界线再次消失，整个视场亮度重新达到相同，由于此时 $OM$ 和 $OM'$ 在 $OA$ 轴上的分量比第 2 种情形时大，视场为较亮的黄色。

由于在亮度较弱的情况下，人眼辨别亮度微小差别的能力较强，所以取图 1.3.12(2) 所示的视场作为参考视场（或称零度视场），并将此时检偏镜偏振化方向所在的位置取作度盘的零点。实验时，将旋光物质溶液注入已知长度为 $L$ 的样品管中，这时 $OM$ 和 $OM'$ 两束偏振光均通过样品管，它们的振动面都转过相同的角度。转动检偏镜使视场再次回到图 1.3.12(2) 状态，则检偏镜转过的角度即为被测溶液的旋光度。

## 二、WXG-4 型旋光仪操作步骤

WXG-4 型旋光仪的结构如图 1.3.13 所示，其操作步骤和注意事项如下。

### 1. 预热与调焦

接通电源，打开钠光灯，预热 5～10 min，等光源完全发出钠黄光后，从目镜中观察视野，如不清楚可调节目镜焦距使视野明亮清晰。

### 2. 零点校正

检测度盘零位是否准确。在仪器未放样品管或放进充满去离子水的样品管时，调节度盘转动手轮使三分视野消失，出现均匀的暗场，观察刻度值是否为零，若不为零，说明有零位误差。可旋松刻度盘盖螺钉，微微转动刻度盘进行校正（只能校正 0.5° 以下），或记下该角度，并将此角度作为旋光仪的零点，在试样测试读数中减去或加上该偏差值。

### 3. 旋光度测定

零点确定后，将样品管中去离子水换成待测溶液（用待测溶液洗涤样品管 2～3 次）。将样品管有凸起部分的一端朝上，以便气泡存入，不致影响观察和测定。转动度盘转动手轮使检偏镜转动一定角度，待视场中三分视场为均匀暗场时，度盘上读数与零点时读数之差即为样品的旋光度。旋光度为正时是右旋物质，旋光度为负时是左旋物质。

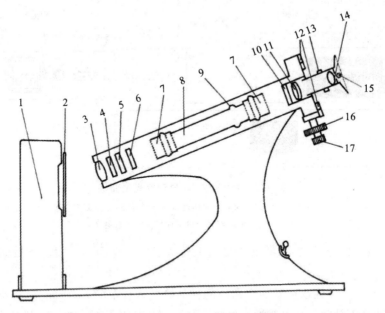

**图 1.3.13　WXG-4 型旋光仪结构**

1—钠光灯；2—毛玻璃片；3—会聚透镜；4—滤色镜；5—起偏镜；6—石英片；

7—样品管螺帽；8—样品管；9—样品管凸起部分；10—检偏镜；11—物镜；12—度盘和游标；

13—目镜调焦手轮；14—目镜；15—游标读数放大镜；16—度盘转动细调手轮；17—度盘转动粗调手轮

使用 WXG-4 型旋光仪时，应注意以下事项。

（1）仪器应放在空气流通和温度适宜处，避免受潮发霉。

（2）钠光灯管连续使用时间不宜超过 4 h，长时间使用时应用电风扇吹风降温或关灯停用 10～15 min，待冷却后再开启使用。

（3）样品管使用后，应及时清洗干净，晾干放好。配套玻璃片不能用不洁或硬质布、纸擦拭，以免被损伤。

（4）仪器不用时，应将仪器放入箱内或套上防尘罩。

## 三、WZZ-2A 自动旋光仪操作步骤

WZZ-2A 自动旋光仪面板（图 1.3.14）及操作步骤如下。

（1）将仪器电源插头插入 220 V 交流电源（要求使用交流电子稳压器（1 kVA）），并将接地脚可靠接地。

（2）按下电源开关，这时钠光灯应点亮，使钠光灯内的钠充分蒸发、发光稳定约需 15 min 预热。

（3）按下光源开关，使钠光灯在直流下点亮（若按下光源开关后，钠光灯熄灭，则再将光源开关重复按下 1～2 次）。

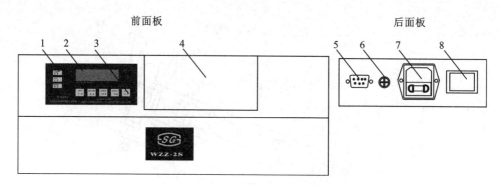

**图 1.3.14　WZZ-2A 自动旋光仪面板**

1—指示灯;2—显示窗;3—操作键盘;4—样品室;5—232 接口;
6—钠光灯保险丝;7—电源插口;8—电源开关

(4) 按下测量开关,机器处于自动平衡状态。按复测 1~2 次,再按清零按钮清零。

(5) 将装有蒸馏水或其他空白液的样品管放入样品室,盖上箱盖,待小数稳定后,按清零按钮清零。样品管通光面两端的雾状水滴,应用软布揩干。样品管螺帽不宜旋得过紧,以免产生应力,影响读数。放置样品管时应注意标记的位置和方向。

(6) 取出样品管,将待测样品注入样品管,按相同的位置和方向放入样品室,盖好箱盖。仪器读数窗将显示出该样品的旋光度。等到测数稳定,再读取读数。

(7) 逐次按下复测按键,如正数按复测＋键,负数按复测－键。取几次测量的平均值作为样品的测定结果。

(8) 样品超过测量范围,仪器会在 $\pm 45°$ 处振荡。此时取出样品管,仪器即自动回到零位。

(9) 仪器使用完毕后,应依次关闭测量、光源、电源开关。

# 第七节　阿贝折射仪

阿贝折射仪是一种重要的光学仪器,可直接测量液体的折射率,从而定量分析溶液的成分并评估其纯度,用于计算物质的摩尔折射率、相对分子质量、密度以及极性分子的偶极矩等参数。

## 一、原理

### 1. 光学系统

图 1.3.15 是国产 2WAJ 型阿贝折射仪的光学系统,由望远系统和读数系统组成。望远系统包括反射镜 1、进光棱镜 2、折射棱镜 3、阿米西棱镜 4、望远镜物 5、

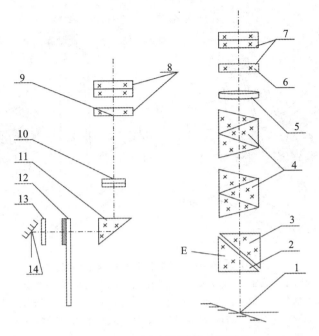

**图 1.3.15　阿贝折射仪的光学系统**

1—反射镜;2—进光棱镜;3—折射棱镜;4—阿米西棱镜;5—望远镜物镜;
6—望远镜分划板;7—望远镜目镜;8—读数镜目镜;9—读数镜分划板;10—读数镜物镜;
11—转向棱镜;12—刻度盘;13—毛玻璃;14—小反射镜;E—待测样品

望远镜分划板 6 和望远镜目镜 7。待测液体放置在进光棱镜和折射镜之间,形成液层。阿贝折射仪采用白光照明,来自光源的光经反射镜 1 反射后进入进光棱镜。进光棱镜的正面为磨砂面,起漫反射作用,以产生各种方向的入射光线进入折射棱镜。阿米西棱镜起抵消待测物体和折射棱镜产生的色散作用,使望远镜视场小,呈现消色的明暗分界线。阿米西棱镜可以绕望远镜系统的光轴旋转。读数系统由小反射镜 14、毛玻璃 13、刻度盘 12、转向棱镜 11 和读数镜物镜 10、读数镜分划板 9 和读数镜目镜 8 组成。

2. 仪器结构

2WAJ 型阿贝折射仪的结构如图 1.3.16 所示,底座 14 为仪器的支承座,壳体 17 固定在底座上。除棱镜和目镜以外的全部光学组件及主要结构封闭于壳体内部。棱镜组固定于壳体上,由进光棱镜、折射棱镜以及棱镜座等组成,两棱镜分别用特种黏合剂固定在棱镜座内。5 为进光棱镜座,11 为折射棱镜座,两棱镜座由转轴 2 连接。进光棱镜能打开和关闭,当两棱镜座密合并用手轮 10 锁紧时,两棱镜面之间保持一均匀的间隙,被测液体充满此间隙。3 为遮光板,18 为恒温器接头,4 为温度计,13 为温度计座,可用乳胶管与恒温器连接使用。1 为反射镜,8 为目镜,

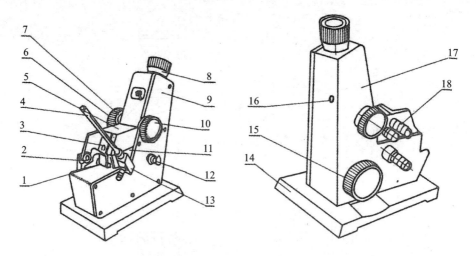

**图 1.3.16　2WAJ 型阿贝折射仪结构图**

1—反射镜;2—转轴;3—遮光板;4—温度计;5—进光棱镜座;6—色散调节手轮;

7—色散值刻度圈;8—目镜;9—盖板;10—手轮;11—折射棱镜座;12—照明刻度盘聚光镜;

13—温度计座;14—底座;15—折射率刻度调节手轮;16—调零螺丝;17—壳体;18—恒温器接头

9 为盖板,15 为折射率刻度调节手轮,6 为色散调节手轮,7 为色散值刻度圈,12 为照明刻度盘聚光镜。

3. 测量原理

当一束单色光从一种介质进入另一种介质时,光线在通过界面时改变了方向,这一现象称为光的折射,如图 1.3.17 所示,根据折射定律,入射角与折射角有如下关系:

$$n_1 \times \sin\alpha_1 = n_2 \times \sin\alpha_2 \tag{1-3-1}$$

式中,$\alpha_1$ 为入射角;$\alpha_2$ 为折射角;$n_1$、$n_2$ 为交界面两侧两种介质的折射率。

根据折射定律可知,当光线从一种折射率小的介质射入折射率大的介质时($n_1 < n_2$),入射角恒大于折射角($\alpha_1 > \alpha_2$)。当入射角增大时,折射角也增大,当入射角增大到 90°时,有最大折射角,称为临界角 $i$。大于临界角的部分无光线通过,成为暗区;小于临界角的部分有光线通过,成为亮区。若以望远镜迎着折射光线观察,将看到半明半暗视场(图 1.3.17),明暗分界处即为临界角位置。

根据式(1-3-1)可得:

$$n_1 = \frac{n_2 \times \sin\alpha_2}{\sin\alpha_1} = n_2 \times \sin i \tag{1-3-2}$$

显然,如果固定一种介质,且已知折射率 $n_2$,临界折射角 $i$ 的大小与被测物质的折射率 $n_1$ 具有简单的函数关系,阿贝折射仪就是根据这个原理设计的。

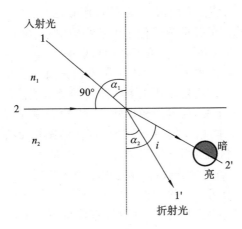

图 1.3.17　光的折射示意图

## 二、2WAJ 型阿贝折射仪使用方法

### 1. 仪器校准

校准可用标准玻璃块或者已知折射率的标准液体进行。使用标准玻璃块(上面标有折射率的标准值)校准时,在折射棱镜的抛光面加 1～2 滴溴代萘,再贴上标准试样的抛光面,当读数视场指示值与标准试样给定值相符时,观察望远镜内明暗分界线是否在十字线中心,若有偏差则用螺丝刀微量调节仪器背面调零螺丝,使分界线移至十字线中心。如使用标准液体校准,一般选用纯水。纯水在 20 ℃时的折射率为 $n_D^{20} = 1.3330$ ,在 15～30 ℃时的温度系数为 $-0.0001$ ℃$^{-1}$,如测量值与标准值有偏差,同样通过旋转调零螺丝进行调节。仪器校准后,一般可不再调节调零螺丝。

### 2. 测量

(1)仪器安装:将阿贝折射仪置于光线充足处,避免阳光直射,以免液体试样受热挥发。若需测量不同温度时的折射率,可将超级恒温槽与折射仪相连接,把恒温器温度调节到所需温度,使恒温水通入棱镜夹套内,检查折射仪棱镜上的温度读数是否相符,待温度稳定后,即可测量。

(2)测定透明、半透明液体。

① 加样:将被测液体用干净滴管加在折射棱镜表面,盖上进光棱镜,用手轮 10 锁紧,要求液层均匀,充满视场,无气泡。注意:若棱镜表面不清洁,可滴加少量丙酮,用擦镜纸顺着单一方向轻擦镜面,不可来回擦拭。

② 对光:打开遮光板,合上反射镜。

③ 粗调:调节目镜视度,使十字线成像清晰。

④ 消色散:旋转折射率刻度调节手轮 15,在目镜视场中找到明暗分界线位置,

再旋转色散调节手轮 6,使分界线清晰,不带任何彩色。

　　⑤ 精调:微调手轮 15,使分界线位于十字线的中心,再适当转动聚光镜 12,此时目镜视场下方显示的示值即为被测液体的折射率。

　　(3) 测定透明固体:被测物体上需有一平整抛光面。打开进光棱镜,在折射棱镜的抛光面上滴加 1~2 滴折射率比被测物体高的透明液体(如溴代萘),并将被测物体的抛光面擦干净放上去,使其接触良好,即可测量(测量操作同上)。

　　(4) 测定半透明固体:用溴代萘将半透明固体的抛光面粘在折射棱镜上,打开反射镜 1 并调整角度,利用反射光束测量,测量操作同上。

　　(5) 测量蔗糖溶液的质量分数:操作与测量液体折射率时相同,视场里的分度标尺上有两行刻度,一行可以直接读出折射率的数值,另一行刻有百分浓度,为测定糖溶液质量分数的专用标尺。此时读数可直接从视场中示值上半部读出,即为蔗糖溶液的质量分数。

　　3. 注意事项

　　(1) 使用仪器前应先检查进光棱镜的磨砂面、折射棱镜及标准玻璃块的光学面是否干净,如有污迹应先清洁。

　　(2) 用标准玻璃块校准仪器读数时,所用折射率液不宜太多,使折射率液均匀布满接触面即可。过多的折射率液易堆积于标准玻璃块的棱尖处,既影响明暗分界线的清晰度,又容易造成标准玻璃块从折射棱镜上掉落而损坏。

　　(3) 加入折射率标准液或待测液时,应防止有气泡,以免影响测量结果。

　　(4) 读取数据时,首先沿正方向旋转棱镜转动手轮(如向前),调节到位后,记录一个数据。然后继续沿正方向旋转一小段,再沿反方向(向后)旋转棱镜转动手轮,调节到位后,又记录一个数据。取两个数据的平均值为一次测量值。

　　(5) 注意保护光学器件,不允许用手触摸光学器件的光学面,避免剧烈振动和碰撞。

　　(6) 使用完毕后,将棱镜表面及标准玻璃块擦拭干净,目镜套上镜头保护纸,放入盒内。

# 第八节　分光光度计

## 一、分光光度计简介

　　分光光度计按入射光波长可分为红外分光光度计、紫外-可见分光光度计、可见分光光度计等,有时也称为分光光度仪或光谱仪。可见分光光度计用于可见光吸光光度法测定,实验室较普遍使用的有 721B 型、722 型和 7220 型,其原理基本相同,只是结构、测量精度、测量范围有差别,主要由图 1.3.18 中所示的五部分组成。本章主要介绍 7220 型分光光度计的使用。

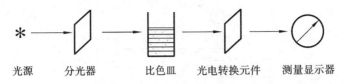

光源　　分光器　　　　比色皿　　光电转换元件　　测量显示器

**图 1.3.18　分光光度计主要部件示意图**

## 二、7220 型分光光度计

### 1. 结构

图 1.3.19 和图 1.3.20 分别为 7220 型分光光度计的外形图与光学系统示意图。

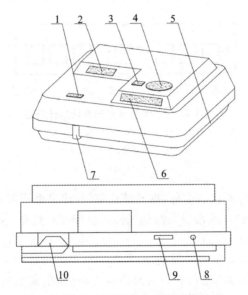

**图 1.3.19　7220 型分光光度计外形图**

1—试样室门;2—显示屏;3—波长显示窗;4—波长调节旋钮;5—仪器电源开关;
6—仪器操作键盘;7—试样池拉手;8—输出端口;9—打印输出口;10—电源插口

7220 型分光光度计采用寿命较长的钨灯作光源(W),由其发出的连续辐射光线经聚光镜 $T_1$、滤光片 F、保护片 $M_1$,汇聚在入射狭缝 $S_1$ 上,入射光被平面反射镜 $M_2$ 反射到准直镜 $M_3$ 后变成一束平行光束,再经光栅 G 色散、准直镜 $M_4$ 聚焦、出射狭缝 $S_2$ 后,成为单色光。单色光由透镜 $T_2$ 汇聚,透过试样池 R,到达接收器光电管 N。光电管将光信号转变为电信号,电信号经放大器放大后,由 A/D 转换器将模拟信号转换为数字信号,送往单片机处理,处理结果通过显示屏显示。使用者则通过键盘输入指令,操作键盘如图 1.3.21 所示。

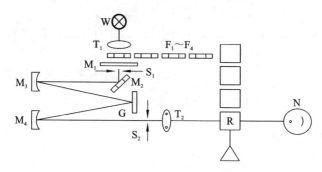

**图 1.3.20　7220 型分光光度计光学系统示意图**

W—钨灯；$T_1$—聚光镜；$T_2$—透镜；$M_3$，$M_4$—准直镜；$S_1$，$S_2$—狭缝；$F_1$，$F_4$—滤光片；

G—光栅；$M_1$—保护片；$M_2$—反射镜；R—试样池；N—光电管

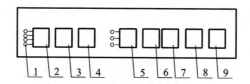

**图 1.3.21　7220 型分光光度计操作键盘**

1—功能指示灯；2—方式选择；3—100.0%$T$，ABS0；4—0%$T$；5—选标样点；

6—置数加；7—置数减；8—确认；9—打印

## 2. 使用方法

(1) 仪器预热：打开仪器电源，推开试样室门(改进型不需打开，直接将试样池拉手推到底即可)，按"方式选择"键，使"透射比(即 $T$)"灯亮，仪器显示数字即表示正常。仪器预热 10 min 左右。

(2) 测定透射比：调节波长旋钮至所需值，将装有参比溶液和待测溶液的比色皿置于试样池架中(注意：比色皿透明面朝向入射光，手拿毛玻璃面)，关上试样室门。将参比溶液拉至光路中，按"100.0%$T$"键，使其显示为"100.0"。打开试样室门，观察显示屏是否显示"0.00"，若不是则按"0%$T$"键，使其显示为"0.00"。重复此两项操作，直至仪器显示稳定。将待测溶液依次拉入光路，读取各溶液透射比。注意：每当改变波长时，都应重新用参比溶液校正透射比"0.00"和"100.0%"。

(3) 测定吸光度：用参比溶液调好 $T$"100.0%"和"0.00"后(同第(2)步)，按"方式选择"键，选择"ABS"，再将待测溶液依次拉入光路，在显示屏上读出各溶液的吸光度。通过测定标准溶液和未知溶液的吸光度，绘 $A$-$c$ 工作曲线，根据未知溶液的吸光度可从工作曲线上确定对应的浓度值。作图时应合理选取横坐标与纵坐标数据单位比例，使图形接近正方形，工作曲线位于对角线附近。

(4) 浓度直读：用参比溶液调好 $T$"100.0%"和"0.00"后(同第(2)步)，按"方式选择"键，使"$c_0$"指示灯亮，将第 1 个标准溶液拉入光路，按"选标样点"键至"1"

亮,再按"置数加"或者"置数减"使显示屏显示该标准溶液的浓度值(或其整数倍数值),按"确认"键。再将第 2 个标准溶液拉入光路中,按"选标样点"至"2"亮,再按"置数加"或者"置数减"使显示屏显示该标准溶液的浓度值(或同标准溶液 1 的整数倍数值),按"确认"键。如此操作,可再将第 3 个标准溶液的浓度输入。然后将待测的未知溶液置于光路中,按"方式选择"键,使"conc."指示灯亮,显示屏即显示此溶液的浓度值(或其整数倍数值)。用这种方法,可在输入 1 个或 2 个标准溶液浓度后测定未知溶液浓度。该仪器最多允许设 3 个标准溶液。

(5) 还原仪器:仪器使用完毕,关闭电源,拔下电源插头,取出比色皿,洗净,使仪器复原。然后盖上防尘罩,并进行仪器使用情况登记。

3. 维护保养与注意事项

(1) 仪器初次使用或使用较长时间(一般为一年),需检查波长准确度,以确保检测结果的可靠性。

(2) 长途运输或室内搬运可能造成光源位置偏移,导致亮电流漂移增大。此时应对光源位置进行调整,直至达到有关技术指标为止。若经调整校正后波长准确度、暗电源漂移及亮电流漂移三项关键指标仍未符合要求,则应停止使用,并及时由专业技术人员检修。

(3) 每次测定时,应用被测溶液荡洗比色皿 2～3 次,且检测结束后应检查比色池内是否有溶液溢出,若有溢出应随时用滤纸吸干,以免引起测量误差或影响仪器使用寿命。

(4) 每次测定时,应用手指捏住比色皿毛玻璃的两面,用过后要及时洗净,并用蒸馏水荡洗,倒置晾干后存放在比色皿盒内。

(5) 仪器每次使用完毕,应于灯室内放置数袋硅胶(或其他干燥剂),以免反射镜受潮霉变或玷污,影响仪器使用,同时盖好防尘罩。

(6) 仪器室应保持洁净干燥,室温以 5～35 ℃为宜,相对湿度不得超过 85%。有条件者应于室内配备空调机及除湿机,以确保仪器性能稳定。仪器室不得存放酸、碱、挥发性或腐蚀性等物质,以免损坏仪器。

(7) 仪器长时间不用时,应定期通电预热,以保证仪器处于良好状态。

# 第九节　黏　度　计

## 一、旋转黏度计

NDJ-5S 型数字旋转黏度计(图 1.3.22)是一种依托单片微处理机技术开发研制,用于测定液体的黏性阻力与液体的绝对黏度的新型数字化仪器,具有测量精度高、黏度值显示稳定、易读、操作简便、抗干扰性能好等优点,广泛用于测定油脂、油漆、食品、药物、胶黏剂及化妆品等各种流体的黏度。

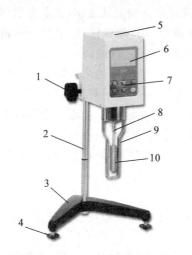

**图 1.3.22　NDJ-5S 数字旋转黏度计**
1—升降旋钮;2—升降杆;3—主机底座;
4—水平调节旋钮;5—水准泡;6—液晶显示器;
7—操作按钮;8—转子连接头;
9—转子保护架;10—转子

1. 原理

程控电机根据程序给定的转速带动转轴稳定旋转,通过扭矩传感器带动标准转子旋转。当转子在某种液体中旋转时,由于液体的黏滞性,转子受到一个与黏度成正比的扭力,通过扭矩传感器测量这个扭力的大小,即可得到液体的黏度。为了扩大测量范围,NDJ-5S 型数字旋转黏度计配备了四种标准转子,给定了四个转速挡。

要测量 $10 \sim 100000$ mPa·s 的宽黏度范围,必须采用不同组合的转子和转速。NDJ-5S 型数字旋转黏度计的转速分为四挡,转子有四种不同规格,通过组合,可以测出测定范围内的任何黏度。面板中间有上、下、左、右、回车 5 个组合键。开机时仪器显示上一次操作时的转子和转速,可通过上下键查看和选择。测量某种范围的黏度,可通过上下键和左右键来选择和设置转子规格和转速。可先估计被测液体的大致黏度,选择合适的转子和转速。安装和设置好转子和转速,按下回车键即可开始测量。

仪器内部带有数据存储器,存储仪器的量程,默认转子、转速、各种系数以及测试数据。微控制器根据用户的选择控制电机的转速。另外,仪器还配备有 RS232 通讯口,可以与计算机进行双向的数据通信。可通过转子保护架稳定测量和保护转子,以获得较稳定的测试结果。

2. 使用方法

(1)准备被测液体,置于直径不小于 70 mm 的烧杯或直角容器中,准确控制被测液体的温度。

(2)将转子保护架装在仪器上,将选配好的转子旋入连接螺杆。注意装卸转子时,必须将连接螺杆微微向上抬起。

(3)旋转升降旋钮,使仪器缓慢地下降,转子逐渐浸入被测液体中,直至转子液面标志和液面齐平。

(4)再次调整好仪器水平。试样在测试温度下应充分恒温,以保持示值稳定准确。

(5)面板操作。打开仪器背面的电源开关,进入等待用户选择状态,面板显示如下:

```
·  ROTOR        3#
   VELOCITY     30
```

　　面板显示上一次测试选择的是 3 号转子,测试选择的转速是 30 r/min。当提示符"·"在"ROTOR　3#"前面,可通过左右键来选择所需的转子号。选择好转子,按一下下键,提示符"·"在"VELOCITY　30"前面,即可通过左右键选择不同转速,共有 6 r/min、30 r/min、60 r/min 和 AUTO 四种方式供选择。选好转子和转速,按回车键,即可开始测量,面板显示如下:

```
测试数据     mPa·s
R3#   V30   75%FS
```

　　第一行显示测试数据和黏度单位,第二行依次显示转子号、转速和测试数据占该量程的百分比。多次测量时,按复位键复位,再按回车键测量,重复上述过程。

　　3. 操作说明

　　(1) 所有测试前应估计被测液体的黏度范围,然后根据表 1.3.3 选择适合的转子和转速。

表 1.3.3　量程选择对应表

| 转速<br>量程<br>转子 | 60 | 30 | 12 | 6 |
|---|---|---|---|---|
| 1 | 100 | 200 | 500 | 1000 |
| 2 | 500 | 1000 | 2500 | 5000 |
| 3 | 2000 | 4000 | 10000 | 20000 |
| 4 | 10000 | 20000 | 50000 | 100000 |

　　例如,被测液体的黏度约为 3000 mPa·s,可选择下列组合:2 号转子、6 r/min 或 3 号转子、30 r/min。

　　(2)当无法估计被测液体黏度时,应视为较高黏度,试用由小到大的转子(转子号由高到低)和由慢到快的转速。原则上高黏度液体选用小转子(转子号高)、低转速,低黏度液体选用大转子(转子号低)、高转速。

　　(3)仪器具有转速自动切换挡功能。在测量黏度范围不明的样品时,转速选择时设置自动模式"AUTO",选定转子后按回车键,仪器将自动测量,并自动切换到合适的转速,最后显示测量结果。

**4. 注意事项**

(1) 仪器适宜于常温下使用,被测样品的温度应在±0.1 ℃以内,否则会严重影响测量的准确度。

(2) 装卸转子时应小心操作,不要用力过大,不要让转子横向受力,以免转子弯曲。装上转子后不得将仪器侧放或放倒,不得在无液体的情况下"旋转",以免损坏轴尖。

(3) 连接螺杆和转子连接端面及螺纹处应保持清洁,否则将影响转子的正确连接及转动的稳定性。

(4) 仪器升降时应用手托住,防止仪器因自重坠落。

(5) 每次使用完毕,应及时清洗转子(不得在仪器上进行转子清洗)。清洁后要妥善存放于转子架中。

(6) 不得随意拆动、调整仪器零件,不要自行加注润滑油。

(7) 悬浊液、乳浊液、高聚物以及其他高黏度液体中很多都是"非牛顿液体",表观黏度值随着切变速度和时间的变化而变化,故在不同的转子、转速和时间下测定,其结果不一致属正常情况,并非仪器不准确(一般非牛顿液体的测定应规定转子、转速和时间)。

## 二、乌氏黏度计和奥氏黏度计

乌氏黏度计和奥氏黏度计适用于黏度相对较小的液体黏度的测定,其测量方法为比较法(与已知黏度液体比较),测定时还需要知道样品和参比样品的密度。

具体使用方法可参照相关实验项目。

# 第十节  磁  天  平

磁化率在判断物质分子中是否存在未成对电子及配合物结构类型等方面具有重要应用,通过物质磁化率的测定来计算分子中未成对电子数是研究分子中成键情况的有效方法。古埃(Gouy)磁天平的特点是结构简单、灵敏度高。用古埃磁天平测量物质的磁化率,进而求得永久磁矩和未成对电子数,这对研究物质结构有着重要的意义。

## 一、工作原理

古埃磁天平的工作原理如图 1.3.23 所示。将圆柱形样品管(内装粉末状或液体样品),悬挂在分析天平的底盘上,使样品管底部处于电磁铁两极的中心(即处于均匀磁场区域),此处磁场强度最大;样品的顶端离磁场中心较远,磁场强度很弱;而整个样品处于一个非均匀的磁场中。分别在无外加磁场和有外加磁场条件下,

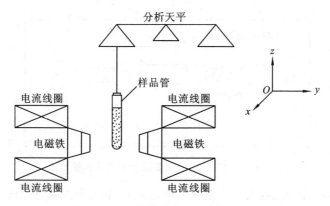

**图 1.3.23 古埃磁天平工作原理示意**

用磁天平称量空样品管、装载样品后样品管的质量,确定样品的摩尔磁化率、永久磁矩和未配对电子数。

## 二、使用方法

图 1.3.24 为磁天平结构图。CTP-Ⅰ型特斯拉计和电流显示为数字式,同装在一块面板上,面板结构如图 1.3.25 所示,其操作步骤如下。

(1)用测试杆检查两磁头间隙(20 mm),将特斯拉计探头固定件固定在两磁铁中间。

(2)将"励磁电流调节"旋钮左旋到底。

(3)接通电源。

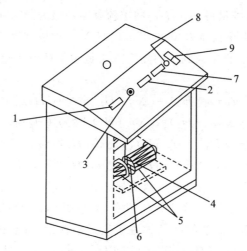

**图 1.3.24 磁天平结构**

1—电流表;2—特斯拉计;3—励磁电流调节旋钮;4—样品管;5—电磁铁;

6—霍尔探头;7—"清零"键;8—校正;9—电源开关

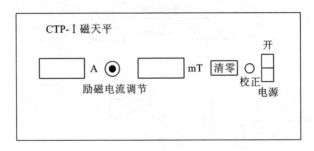

**图 1.3.25　CTP-Ⅰ型特斯拉计和电流面板结构**

(4) 将特斯拉计的探头放入磁铁的中心架上,套上保护套,按"清零"键使特斯拉计的数字显示为"000.0"。

(5) 除去保护套,把探头平面垂直置于磁场两极中心,打开电源,调节"励磁电流调节"旋钮,使电流增大至特斯拉计上显示约"300"mT,调节探头上下、左右位置,观察数字显示值,把探头位置调节至显示值为最大的位置,此乃探头最佳位置,沿此位置垂线向上调节探头,确定探头离最佳位置的高度为 $H_0$,即样品管内应装样品的高度。关闭电源前应调节"励磁电流调节"旋钮使特斯拉计数字显示为零。

(6) 用莫尔氏盐标定磁场强度。取一支清洁、干燥的空样品管,悬挂在磁天平的挂钩上,使样品管正好与磁极中心线平齐(样品管不可与磁极接触,并与探头有合适的距离)。准确称取空样品管质量($H=0$)时,得 $m_1(H_0)$;调节"励磁电流调节"旋钮,使特斯拉计数显为"300"mT($H_1$),迅速称量,得 $m_1(H_1)$;逐渐增大电流,使特斯拉计数显"350"mT($H_2$),称量得 $m_1(H_2)$;然后略微增大电流,接着退至"350"mT($H_2$),称量得 $m_2(H_2)$;将电流降至数显"300"mT($H_1$)时;再称量得 $m_2(H_1)$;再缓慢降至数显为"000.0"mT($H_0$),又称取空管质量得 $m_2(H_0)$。这样调节电流由小到大,再由大到小的测定方法是为了抵消实验时磁场剩磁现象的影响。

$$\Delta m_{空管}(H_1)=[\Delta m_1(H_1)+\Delta m_2(H_1)]$$
$$\Delta m_{空管}(H_2)=[\Delta m_1(H_2)+\Delta m_2(H_2)]$$

式中:　$\Delta m_1(H_1)=m_1(H_1)-m_1(H_0)$,　$\Delta m_2(H_1)=m_2(H_1)-m_2(H_0)$

　　　　$\Delta m_1(H_2)=m_1(H_2)-m_1(H_0)$,　$\Delta m_2(H_2)=m_2(H_2)-m_2(H_0)$

(7) 取下样品管,用小漏斗装入事先研细并干燥过的莫尔氏盐,并不断将样品管底部在软垫上轻轻碰击,使样品均匀填实,直至所要求的高度(用尺准确测量),按前述方法将装有莫尔氏盐的样品管置于磁天平称量,重复称空管时的路径,得 $m_{1空管+样品}(H_0)$,$m_{1空管+样品}(H_1)$,$m_{1空管+样品}(H_2)$,$m_{2空管+样品}(H_2)$,$m_{2空管+样品}(H_1)$,$m_{2空管+样品}(H_0)$。求出 $\Delta m_{空管+样品}(H_1)$ 和 $\Delta m_{空管+样品}(H_2)$。

(8) 同一样品管中,同法分别测定 $FeSO_4 \cdot 7H_2O$、$K_3[Fe(CN)_6]$ 和

$K_4[Fe(CN)_6] \cdot 3H_2O$ 的 $\Delta m_{空管+样品}(H_1)$ 和 $\Delta m_{空管+样品}(H_2)$。

(9) 测定后的样品均要倒回试剂瓶,可重复使用。

## 三、注意事项

(1) 磁天平总机架必须放在水平位置,分析天平应进行水平调整。

(2) 吊绳和样品管必须与他物相距至少 3 mm。

(3) 励磁电流的变化应平稳、缓慢,调节电流时不宜用力过大。

(4) 测试样品时,应关闭仪器玻璃门,避免环境造成整机的震动,否则实验数据误差较大。

(5) 通过霍尔探头两边的有机玻璃螺丝可将其调节到最佳位置。

在某一励磁电流下,打开特斯拉计,然后稍微转动探头使特斯拉计读数在最大值,此即为最佳位置。将有机玻璃螺丝拧紧。如发现特斯拉计读数为负值,只需将探头转动 180° 即可。

(6) 在测试完毕之后,务必将电流调节旋钮左旋至最小(显示为"0000"),方可关机。

(7) 每台磁天平均附有出厂编号,此号码与相配的传感器编号相同。使用时请核对。

# 第十一节　热分析仪

热分析是在程序控制温度下测量物质的物理量与温度关系的一类技术。根据所测物理量的性质,热分析技术可以分为热重法(TG)、微商热重法(DTG)、差示扫描量热法(DSC)、差热分析法(DTA)等。这里主要介绍差热分析装置和热重分析仪。

## 一、差热分析装置

1. ZCR 差热分析装置的结构

ZCR 差热分析装置如图 1.3.26 所示,主要由差热分析炉(电炉)、差热分析仪、温度传感器(图中未出现)、差热分析软件(图中未出现)和计算机组成。

2. 差热分析仪原理

差热分析仪原理框图如图 1.3.27 所示。

3. 差热分析仪面板说明

差热分析仪前面板如图 1.3.28 所示。各功能键的意义如下。

(1) 电源开关:差热分析炉和差热分析仪总电源开关。

(2) 参数设置。

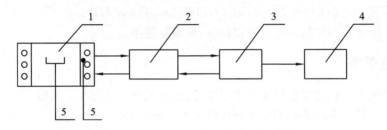

**图 1.3.26　ZCR 差热分析装置结构方框图**

1—差热分析炉；2—差热分析仪；3—计算机；4—打印机；5—温控温差热电偶

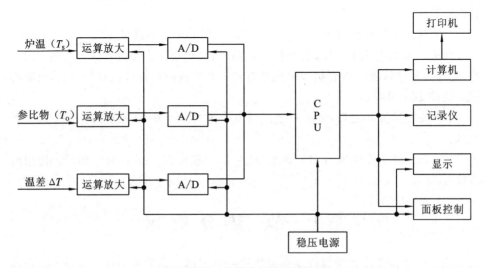

**图 1.3.27　差热分析仪原理框图**

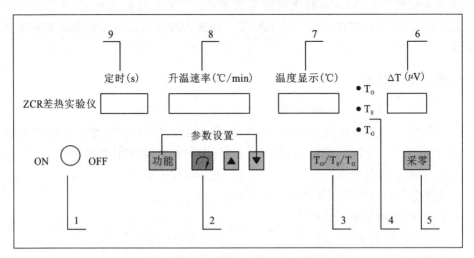

**图 1.3.28　差热分析仪前面板示意图**

$\boxed{功能}$:选择参数设置项目(定时、升温速率、差热分析炉最高炉温设置)。只有在 $T_G$ 指示灯亮时,按此键参数设置才起作用。

$\boxed{\circlearrowright}$:移位键。选择参数设置项目位。

$\boxed{\blacktriangle}$、$\boxed{\blacktriangledown}$:加、减键。增加或减少设置数值。

(3) $\boxed{T_O/T_S/T_G}$:温度显示键。"$T_O$"为参比物温度,"$T_S$"为加热炉温度,"$T_G$"为设定差热分析最高控制温度。

(4) 指示灯:$T_O$、$T_S$、$T_G$ 仅其中某一指示灯亮时,温度显示器显示值即为与之对应的温度值,三只指示灯同时亮时,显示器显示值为冷端温度。

(5) $\boxed{采零}$:清除 $\Delta T$ 的初始偏差。

(6) $\Delta T(\mu V)$:DTA 显示窗口,$0\sim999\ \mu V$。

(7) 温度显示(℃):$T_O$、$T_S$、$T_G$ 及冷端温度显示窗口,$0\sim19999$ ℃。

(8) 升温速率(℃·$min^{-1}$):升温速率窗口,$1\sim20$ ℃·$min^{-1}$。

(9) 定时(s):定时器显示窗口,$0\sim99$ s(10 s 内不报警)。

差热分析仪后面板如图 1.3.29 所示。各功能键的意义如下。

(1) $\Delta T$ 模拟输出:$\Delta T$ 模拟信号输出,可与记录仪连接使用。

(2) 热电偶信号输入:与分析炉热电偶输出相连接。

(3) 分析炉电源:分析炉的加热电源。

(4) 电源插口:差热分析仪和差热分析炉的总电源。

(5) 保险丝:0.5 A/10 A。

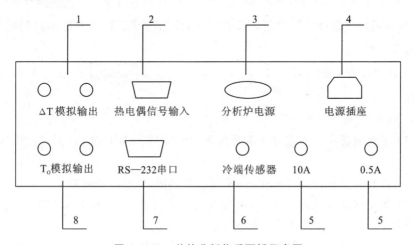

**图 1.3.29 差热分析仪后面板示意图**

**4. 差热分析仪的操作步骤**

(1) 外观检查:新仪器开箱后检查差热分析仪整机及配套备件,应与装箱单完全相符,温度传感器与仪器编号相对应,并检查外观,应完好无损。

(2) 通电检查:外观检查合格后,先将差热分析仪接通电源,此时各显示器均有显示(其中某一位字符闪烁,属正常),无缺字、缺笔画等现象。

(3) 参数设置及操作步骤:为使操作简单、明了,现举例进行参数设置的操作步骤介绍。

某差热分析实验需使电炉控制温度为 1100 ℃,升温速率为 12 ℃·min$^{-1}$,报警记录时间为 45 s,应按下述步骤进行。

① 接通电源后,$T_O$、$T_S$、$T_G$ 三只指示灯中只有当 $T_G$ 指示灯亮时,参数设置的功能才起作用,否则需按 $\boxed{T_O/T_S/T_G}$ 键,直至 $T_G$ 指示灯亮。

② 按 $\boxed{功能}$ 键,使定时显示器十位 LED 闪烁,用 $\boxed{\blacktriangle}$、$\boxed{\blacktriangledown}$ 键设定其值为 4,然后按 $\boxed{\circ}$ 移位键,定时显示器个位 LED 闪烁,用 $\boxed{\blacktriangle}$、$\boxed{\blacktriangledown}$ 键设定其值为 5,报警记录时间为 45 s,设定完毕。

③ 再按一下 $\boxed{功能}$ 键,此时升温速率显示器十位 LED 闪烁,用 $\boxed{\blacktriangle}$、$\boxed{\blacktriangledown}$ 键设定其值为 1,然后按 $\boxed{\circ}$ 移位键,显示器个位 LED 闪烁,用 $\boxed{\blacktriangle}$、$\boxed{\blacktriangledown}$ 键设定其值为 2,此时显示器显示值为 12,即升温速率为 12 ℃·min$^{-1}$。

④ 再按一下 $\boxed{功能}$ 键,此时 $T_G$ 显示器千位 LED 闪烁,用 $\boxed{\blacktriangle}$、$\boxed{\blacktriangledown}$ 键设定其值为 1,按 $\boxed{\circ}$ 移位键百位 LED 闪烁,用 $\boxed{\blacktriangle}$、$\boxed{\blacktriangledown}$ 键设定其值为 1,连续按两下 $\boxed{\circ}$ 键,此时显示器显示值为 1100,即最高炉温为 1100 ℃。若此时再按一下 $\boxed{功能}$ 键,程序返回②步骤,即可循环选择参数设定。设置完毕,按 $\boxed{T_O/T_S/T_G}$ 键,三只指示灯同时亮,仪器进入升温阶段。

⑤ 升温过程中如需观察 $T_S$ 或 $T_O$ 温度,只需按 $\boxed{T_O/T_S/T_G}$ 键,使之相对应的指示灯亮。

5. 注意事项

(1) 不宜放置在有水或过于潮湿的环境中,应置于阴凉通风、无腐蚀性气体的场所。

(2) 不宜放置在高温环境中,避免靠近发热源,如电暖器或炉子等。

(3) 为了保证仪表工作正常,没有专门检测设备时,勿打开机盖进行检修,切勿调整和更换元件,否则将无法保证仪表测量的准确度。

(4) 传感器和仪表必须配套使用(传感器探头和仪器出厂编号应一致),以保证温度测量的准确度。否则,温度准确度会有所下降。

(5) 将传感器插入插座时,应对准槽口插入,将锁紧箍推上至锁紧;卸下时,将锁紧箍后拉,方可卸下。

（6）必须先通冷却水，再接通电源，以免加热电炉损坏。

（7）用镊子取放坩埚时要轻拿轻放，特别小心。不可把样品弄翻（样品撒入托盘内会造成仪器无法使用）；托、放炉体时不得挤压、碰撞放坩埚的托架（该托架实际是测温探头，价格昂贵，损坏后无法修复）；炉管应调整在炉膛中心位置（炉管偏离炉膛中心可能影响炉子的加热线性）。

## 二、热重分析仪

### 1. 热重分析仪的结构及工作原理

热重分析仪（又称热天平，图 1.3.30）由天平、加热炉、程序控温系统与记录仪等组成。最常用的测量原理有两种，即变位法和零位法。变位法是根据天平梁倾斜度与质量变化成比例的关系，用差动变压器等检知倾斜度，并自动记录。零位法是采用差动变压器法、光学法测定天平梁的倾斜度，然后去调整安装在天平系统和磁场中线圈的电流，使线圈转动恢复天平梁的倾斜。由于线圈转动所施加的力与质量变化成比例，这个力又与线圈中的电流成比例，因此只需测量并记录电流的变化，便可得到质量变化的曲线，即得到热重曲线。

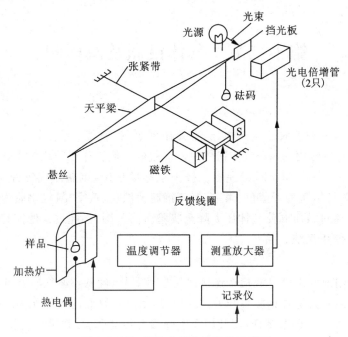

**图 1.3.30　热重分析仪的结构示意图**

### 2. 热重分析仪的操作步骤

（1）称取适当质量的样品于坩埚中。

（2）打开盖子,装入样品坩埚,盖上盖子。

（3）在软件中设定温度程序与气氛等条件。

（4）初始化工作条件,如气体流量、抽真空等。

（5）开始测量。

（6）实验结束后,使用 NETZSCH-Proteus 软件对原始数据进行分析。

**3. 注意事项**

（1）试样量要少,一般为 2～5 mg,试样皿的材质要求耐高温,对试样、中间产物、最终产物和气氛都是惰性的,不能有反应活性和催化活性。

（2）升温速率不要过快。升温越快,温度滞后越严重,使曲线的分辨率下降,会丢失某些中间产物的信息,如对含水化合物慢升温可以检出分步失水的一些中间产物。

（3）热天平周围气氛的改变对热重曲线影响显著。

（4）分解产物从样品中挥发出来,往往会在低温处再冷凝,如果冷凝在悬丝式试样皿上会造成测得的失重结果偏低,而当温度进一步升高,冷凝物再次挥发会产生假失重,使热重曲线变形。解决的办法,一般是加大气体的流速,使挥发物立即离开试样皿。

# 第十二节　气体钢瓶及减压阀

## 一、钢瓶

在科学研究和工农业生产中,经常要用到氧气、氮气、氢气等气体。这些气体一般都是贮存在专用的高压气体钢瓶中。钢瓶的一般工作压力均为 150 kgf·cm$^{-2}$（1 kgf·cm$^{-2}$＝98.0665 kPa）左右。按国家标准规定,钢瓶涂成各种颜色以示区别。例如:氧气钢瓶为天蓝色、黑字;氮气钢瓶为黑色、黄字;氢气钢瓶为深绿色、红字。使用时通过减压阀使气体压力降至实验所需范围,再经过其他控制阀门细调,使气体输入使用系统。

**1. 使用方法**

（1）使用前要用肥皂液检查连接部位是否漏气,确认不漏气后方可使用。

（2）使用时先打开钢瓶总开关,此时高压表显示钢瓶内气体压力;然后顺时针转动低压表的压力调节螺杆,使其压缩主弹簧并传动薄膜、弹簧垫块和顶杆而将活门打开,这样进口处的高压气体由高压室经节流减压后进入低压室,并经出口通往工作系统,低压表显示值是低压室气体压力。转动调节螺杆,改变阀门开启的高度,可以调节气体的通过量和所需的压力值。

（3）使用结束后,先顺时针关闭钢瓶总开关,再逆时针旋松减压阀。

2. 注意事项

（1）由于氧气只要接触油脂类物质，就会氧化发热，甚至有燃烧、爆炸的危险，因此，必须十分注意，不要把氧气装入盛过油类物质的容器里，或把它置于这类容器的附近。

（2）要将氧气排放到大气中时，先查明在其附近不会有引起火灾等的危险，然后才可排放。保存时，要与氢气等可燃性气体的钢瓶分室存放。

（3）禁止用（或误用）装其他可燃性气体的钢瓶来充灌氧气。氧气瓶禁止放于阳光曝晒的地方。

（4）不可将钢瓶内的气体全部用完，一定要保留 0.05 MPa 以上的残留压力（减压阀表压）。

（5）使用时，要把钢瓶牢牢固定，以免摇动或翻倒。

（6）开、关气总开关时要慢慢地操作，切不可过急或强行用力把它拧开。

（7）总开关或减压阀泄漏时，不得继续使用；总开关损坏时，严禁在瓶内有压力的情况下更换总开关。

## 二、减压阀

氧气减压阀（图 1.3.31）的使用方法如下。

（1）按使用要求的不同，氧气减压阀有许多规格。最高进口压力多为 15 MPa 左右，最低进口压力不小于出口压力的 2.5 倍。

（2）安装减压阀时应确定其连接规格是否与钢瓶和使用系统的接头相一致。减压阀与钢瓶采用半球面连接，靠旋紧螺母使二者完全吻合。因此，在使用时应保持两个半球面的光洁，以确保良好的气密

**图 1.3.31　氧气减压阀**

效果。安装前可用高压气体吹除灰尘。必要时也可用聚四氟乙烯等材料作垫圈。

（3）氧气减压阀严禁接触油脂，以免发生火灾事故。

（4）停止工作时，应将减压阀中余气放尽，然后拧松调节螺杆以免弹性元件长久受压变形。

（5）减压阀应避免撞击震动，不可与腐蚀性物质相接触。

（6）发现减压阀和配套压力表有损坏或异常现象时应立即报专人进行修理。

（7）减压阀的修理必须由专业人员进行。

其他气体减压阀：有些气体，如氮气、空气、氩气等永久性气体，可以采用氧气减压阀。但还有一些气体，如氨等腐蚀性气体，则需要专用减压阀。市面上常见的有氮气、空气、氢气、氨、乙炔、丙烷、水蒸气等专用减压阀。

这些减压阀的使用方法及注意事项与氧气减压阀基本相同。但是，还应该指

出:专用减压阀一般不用于其他气体。为了防止误用,有些专用减压阀与钢瓶之间采用特殊连接口。如氢气和丙烷均采用左牙螺纹,也称反向螺纹,安装时应特别注意。

# 第十三节　液体表面张力测定仪

## 一、原理

液体中各分子间相互吸引,在液体内部,每个分子所受各方向的力相同,即受力平衡,靠近表面的分子则不同,液体内部对它的吸引力大于外部(通常指空气)对它的引力,故表面分子受到向内的拉力,表面产生自动收缩的趋势。要扩大液体表面,即把一部分分子从内部移到表面,就必须对抗拉力做功。在等温等压条件下,增加单位表面积所需的功称为表面自由能,单位为 $N \cdot m^{-1}$。将沿着液体表面,垂直作用于单位长度上的紧缩力,定义为表面张力,用 $\sigma$ 表示。

FD-NST-I型表面张力测定仪如图1.3.32所示。

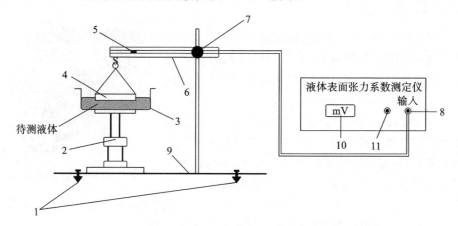

**图 1.3.32　FD-NST-I型液体表面张力测定仪结构示意图**

1—调节螺丝;2—升降螺丝;3—玻璃盛皿;4—吊环;5—力敏传感器;6—支架;

7—固定螺丝;8—航空插头;9—底座;10—数字电压表;11—调零

测量时,将一个有一定厚度的金属环(外径和内径分别为 $D_1$、$D_2$)浸没于液体中,并渐渐拉起,当金属环从液面脱离瞬间传感器受到的拉力差值 $\Delta f = \pi(D_1 + D_2)\sigma$,则 $\sigma = \Delta f / [\pi(D_1 + D_2)]$。下面通过具体实验数据测定进行说明。

1. 硅压阻力敏传感器定标

力敏传感器上分别加不同质量的砝码,测出相应的电压输出值如表1.3.4所示。

表 1.3.4　砝码/电压数值

| 砝码质量/g | 0.5000 | 1.000 | 1.500 | 2.000 | 2.500 | 3.000 | 3.500 |
|---|---|---|---|---|---|---|---|
| 电压输出值/mV | 15.0 | 29.8 | 44.9 | 59.9 | 74.9 | 87.4 | 103.0 |

进行线性拟合,得到力敏传感器灵敏度 $B=29.23$ mV·$g^{-1}$,拟合相关系数 $R^2=0.9997$,说明拉力 $f$ 与电压输出值 $U$ 为线性关系,即 $f \cdot B=U \cdot g$,$g$ 为重力加速度(测定地区的重力加速度 $g=9.794$ m·$s^{-2}$)。

2. 表面张力的测量

用游标卡尺测量金属圆环外径($D_1=3.500$ cm)和内径($D_2=3.286$ cm)。调节上升架,记录环即将脱离液面前一瞬间数字电压表读数 $U_1$ 和脱离瞬间数字电压表读数 $U_2$,结果见表 1.3.5(样品为净化水,温度为 30.1 ℃)。

表 1.3.5　电压数据记录与处理

| 序　　号 | $U_1$/mV | $U_2$/mV | $(U_1-U_2)$/mV | $\Delta f/10^{-3}$ N | $\sigma/(N \cdot m^{-1})$ |
|---|---|---|---|---|---|
| 1 | 57.1 | 12.2 | 44.9 | 15.04 | 0.0706 |
| 2 | 60.9 | 16.2 | 44.7 | 14.98 | 0.0703 |
| 3 | 77.4 | 32.5 | 44.9 | 15.04 | 0.0706 |
| 4 | 62.3 | 17.5 | 44.8 | 15.01 | 0.0704 |
| 平均值 | 64.4 | 19.6 | 44.8 | 15.02 | 0.0705 |

以序号 1 测量结果为例,拉力差:
$$\Delta f = (U_1-U_2)g/B$$
$$= (57.1-12.2) \times 9.794 \times 10^{-3}/29.23$$
$$= 15.04 \times 10^{-3} \text{ N}$$

则表面张力:
$$\sigma = \Delta f/[\pi(D_1+D_2)]$$
$$= 15.04 \times 10^{-3}/[3.14 \times (3.500+3.286) \times 10^{-2}]$$
$$= 0.0706 \text{ N} \cdot m^{-1}$$

最终测量结果与公认值 0.0718 N·$m^{-1}$ 的误差为 1.81%。

## 二、使用方法及注意事项

1. 使用方法

(1) 开机预热 15 min。

(2) 清洗玻璃盛皿和吊环。

(3) 在玻璃盛皿内放入被测液体,并安放在升降台上(玻璃盛皿底部与升降台面可用双面胶贴紧固定)。

(4) 将砝码盘挂在力敏传感器挂钩上。

(5) 将仪器调零,安放砝码(尽量轻拿轻放),对力敏传感定标。

(6) 测量吊环的内外直径,挂上吊环。顺时针转动升降螺丝使液面上升,当环下沿部分均浸入液体时,逆时针转动升降螺丝使液面下降(相当于吊环向上提拉),观察环浸入液体及从液体中提起时现象。记录吊环即将脱离液面前一瞬间数字电压表读数 $U_1$ 和脱离瞬间数字电压表读数 $U_2$。平行测定三次。

2. 注意事项

(1) 吊环须严格清洗干净。可先用 NaOH 溶液洗净油污或杂质,再用纯净水冲洗,并用热吹风烘干。

(2) 吊环水平须调节好。偏差为 1° 时,测量结果引入误差为 0.5%;偏差为 2°,误差为 1.6%。

(3) 旋转升降台时,尽量避免液体波动。

(4) 测量室应避风,以免吊环摆动,致使零点波动,导致测量结果不准确。

(5) 防止灰尘和油污及其他杂质污染被测液体。应特别注意,手指不要接触被测液体。

(6) 使用结束后,将传感器的帽盖旋好,以免损坏;将吊环洗净烘干,包好,放入干燥缸内。

# 第一部分主要参考文献

[1] 孟尔熹,曹尔第. 实验误差与数据处理[M]. 上海:上海科学技术出版社,1988.

[2] 复旦大学等. 物理化学实验[M]. 3 版. 北京:高等教育出版社,2004.

[3] 金丽萍. 物理化学实验[M]. 2 版. 上海:华东理工大学出版社,2005.

[4] 孟长功. 基础化学实验[M]. 3 版. 北京:高等教育出版社, 2019.

[5] 广西师范大学等. 基础物理化学实验[M]. 桂林:广西师范大学出版社,1991.

[6] 罗澄源,向明礼. 物理化学实验[M]. 4 版. 北京:高等教育出版社,2004.

[7] 霍冀川. 化学综合设计实验[M]. 2 版. 北京:化学工业出版社,2020.

[8] 李云雁,胡传荣. 试验设计与数据处理[M]. 北京:化学工业出版社,2005.

[9] 朱世坤. 大学物理实验:提高篇[M]. 北京:机械工业出版社,2014.

[10] 郑家龙,王小海,章安元. 集成电子技术基础教程[M]. 北京:高教出版社,2002.

[11] 毕满清.电子技术实验与课程设计[M].3 版.北京:机械工业出版社,
　　　 2005.

[12] 陈晓文.电子线路课程设计[M].北京:电子工业出版社,2004.

[13] 李立功.现代电子检测技术[M].北京:国防工业出版社,2008.

[14] 施文康,余晓芬.检测技术[M].4 版.北京:机械工业出版社,2019.

[15] 周杏鹏.现代检测技术[M].2 版.北京:高等教育出版社,2010.

[16] 杜水友.压力测量技术及仪表[M].北京:机械工业出版社,2005.

[17] 贺晓辉,张克.压力计量检测技术与应用[M].北京:机械工业出版社,
　　　 2022.

[18] 王晓冬,巴德纯,张世伟,等.真空技术[M].北京:冶金工业出版社,
　　　 2006.

[19] 许秀,王莉.现代检测技术及仪表[M].北京:清华大学出版社,2020.

[20] 厉玉鸣.化工仪表及自动化[M].6 版.北京:化学工业出版社,2019.

[21] 孙尔康,高卫,徐维清,等.物理化学实验[M].3 版.南京:南京大学出版
　　　 社,2022.

[22] 罗三来,吴文娟.物理化学实验[M].北京:科学出版社,2016.

[23] 吴清玉,吴奕纯.科学无止境 魅力在创新——记中国科学院院士田昭武
　　　 [J].电化学,2022,17(1):1-6.

[24] 刘春丽.物理化学实验[M].北京:化学工业出版社,2017.

[25] 丁益民.张小平.物理化学实验[M].北京:化学工业出版社,2018.

# 第二部分 实验项目

## 实验一 恒温槽的性能测定

### 一、实验目的

(1) 了解恒温槽的基本构造及其工作原理,初步掌握其装配和调试的基本技术。

(2) 绘制恒温槽的灵敏度曲线(温度-时间曲线),掌握恒温槽性能的分析方法。

### 二、实验原理

物理化学实验的许多数据测定,必须在恒定温度下进行。欲控制被测系统在某一温度,常常用两种方法。一种是利用物质相变温度的恒定性来实现,如液氮($-195.9\,℃$)、干冰-丙酮($-78.5\,℃$)、冰-水($0\,℃$)、$Na_2SO_4 \cdot 10H_2O$($32.38\,℃$)、沸点水($100\,℃$)、沸点萘($218.0\,℃$)、沸点硫($444.6\,℃$)等,这些物质处于相平衡时,温度恒定而构成一个恒温介质,将被测系统置于该介质中,就可以获得一个高度稳定的恒温条件。另一种是利用电子调节系统,对加热器或制冷器的工作状态进行调节,使被控介质处于设定温度。

恒温槽一般由浴槽、搅拌器、加热器、温度传感器、温度控制器和精密温度计等部分组成(图 2.1.1)。

1. 浴槽

浴槽用于盛放工作介质。如果设定的温度与室温相差不大,通常用玻璃缸作槽体;如果设定的温度较高或较低,则应使用保温性能更好的容器作槽体,以减小热量传递速度,提高恒温精度。

恒温槽中的介质一般都是液体,这是因为液体介质的热容量大、导热性好,从而使恒温槽具有较高的稳定性和灵敏度。根据温度的控制范围不同可选用下列不

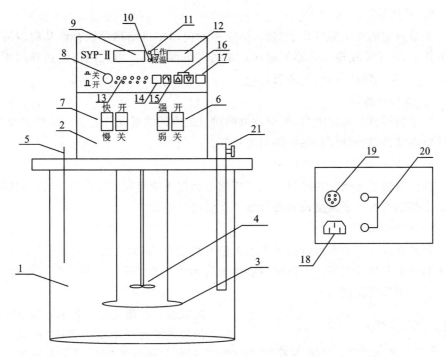

**图 2.1.1　SYP-Ⅱ型恒温槽结构示意图**

1—浴槽；2—控温机箱；3—加热器；4—搅拌器；5—温度传感器；6—加热器电源开关；

7—搅拌器电源开关；8—控温电源开关；9—温度显示窗口；10—恒温指示灯；11—工作指示灯；

12—设定温度显示窗口；13—回差指示灯；14—回差键；15—移位键；16—增、减键；17—复位键；

18—电源插口；19—温度传感器接口；20—保险丝座；21—可升降支架

同的液体介质：−60～30 ℃，用乙醇或乙醇水溶液；0～90 ℃，用水(50 ℃以上时常在水面上铺上一层石蜡油)；80～160 ℃，用甘油或甘油水溶液；70～300 ℃，用液体石蜡、硅油或豆油等。

具有循环泵的超级恒温槽，有时仅作供给循环恒温液体之用，而实验在另一工作槽内进行。这种利用恒温液体作循环的工作槽可做得小一些，以减少温度控制的滞后性。

2. 搅拌器

搅拌器的作用为加强液体介质的搅拌，保证恒温槽内温度均匀。搅拌器的功率、安装位置等对搅拌效果有很大影响。恒温槽增大，搅拌器功率也要相应增大。搅拌器应装在加热器前面或靠近加热器的位置，它可使加热后的液体及时混合均匀，再流至恒温区。在超级恒温槽中用循环液体的流动代替搅拌，效果仍然很好。

### 3. 加热器

如果设定的恒定温度高于室温,则需不断向槽中供给热量以补偿其向四周散失的热量,通常采用电加热器间歇加热来实现恒温控制。电加热器的选择原则是热容量小、导热性能好、功率适当。

### 4. 温度传感器

它是恒温槽的感觉中枢,是影响恒温槽灵敏度的关键元件之一。其种类很多,如接触温度计、热敏电阻、热电偶温度计等。

### 5. 温度控制器(温控仪)

温度控制器必须与加热器和温度传感器相连才能起到控温作用。实验室常用的温度控制器有电子温度控制器和晶体管温度控制器。

### 6. 精密温度计

精密温度计用于指示恒温槽所达到的准确温度,如数字贝克曼温度计或精密数字温度温差测量仪等。当精密温度计的指示值与希望恒定的温度值一致时,恒温槽温度调节便完成。

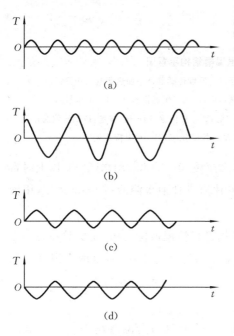

图 2.1.2　灵敏度曲线

恒温槽的性能优劣主要用灵敏度来衡量。测量恒温槽灵敏度的方法:在设定温度下,用较灵敏的温度计记录温度随时间的变化,以温度($T$)为纵坐标,时间($t$)为横坐标绘图,可得到灵敏度曲线。较典型的灵敏度曲线如图 2.1.2 所示。图 2.1.2(a)表示灵敏度较高;图 2.1.2(b)表示灵敏度较低;图 2.1.2(c)表示加热器功率太大;图 2.1.2(d)表示加热器功率太小或散热太快。

设 $T_s$ 为设定温度,波动最低温度为 $T_1$,最高温度为 $T_2$,则该恒温槽的灵敏度为

$$T_E = \pm \frac{T_2 - T_1}{2}$$

$|T_E|$ 值越小,恒温槽的性能就越佳。恒温槽的恒温精度随槽中区域不同而不同;同一区域的精度又随所用恒温介质、加热器、温度传感器和温度控制器的性能、质量不同而异,还与搅拌情况以及所使用的各种器件间的相对配置有关。总之,性能优良的恒温槽,必须选择合适的组件,进行合理的安装,才能达到要求。

### 三、仪器和试剂

1. 主要仪器

SYP-Ⅱ型恒温槽 1 套;数字贝克曼温度计 1 支;精密水银温度计(0~50 ℃,分度值为 0.1 ℃)1 支;秒表 1 块。

2. 主要试剂

蒸馏水。

### 四、实验步骤

(1) 向浴槽内注入其容积 2/3~3/4 的蒸馏水,将温度传感器插入浴槽塑料盖预留孔内,并与控温机箱后面板传感器插座相连接。

(2) 接通控制机箱电源,将加热器电源开关、搅拌器电源开关置于"OFF"位置,按下控温电源开关,接通电源,此时恒温指示灯亮,回差处于 0.5。

(3) 控制温度的设置。通过移位键设置所需设定温度的位数,设定温度的位数确定后,用▲(增)、▼(减)键设定温度数值的大小,设定温度为 30 ℃。

(4) 测定恒温槽的灵敏度。打开搅拌器电源开关,调节搅拌速率为适宜值,持续搅拌;打开加热器电源开关,加热开始。待恒温槽温度上升到 30 ℃后,将数字贝克曼温度计置于恒温槽中部,每隔一定时间(用秒表计)记录一次温度计读数(读数时间的间隔不宜过大,要求数据中包含温度最大值和最小值),一般测定 30 min(要求数据中至少包含温度最大值和最小值各五个)。再将数字贝克曼温度计置于恒温槽边,同法测定此点温度变化数据。

(5) 相同方法测定另一温度(如 35 ℃)下恒温槽的灵敏度。

(6) 实验结束后,关闭电源,拔下电源插头。

### 五、实验数据处理

(1) 将实验测定的数据记录于表 2.1.1 中。

表 2.1.1 实验数据记录

室温:_____℃;压力:_____kPa;读数时间间隔:_____s。

| 设置温度/℃ | 槽中部温度/℃ | 槽边温度/℃ |
| --- | --- | --- |
| | | |

(2) 以时间为横坐标,温度为纵坐标,绘制温度-时间曲线(灵敏度曲线);计算恒温槽的灵敏度 $T_E$,并对所使用恒温槽的性能进行评价。

## 六、实验注意事项

（1）恒温槽的热容量要大些，介质的热容量越大越好。

（2）搅拌效率要高，尽可能加快电加热器与感温元件间传热的速率；注意电加热器功率和搅拌速度间的匹配。

## 七、实验拓展及应用

1. 不同介质恒温槽性能的测定

要求及提示：

（1）选用本实验装置进行测定。

（2）以硅油、酒精为介质测定恒温槽性能。

2. 电加热器与感温元件的距离对恒温槽性能的影响

要求及提示：

（1）选用本实验装置进行测定。

（2）感温元件分别放置在四角和中间，测定恒温槽的灵敏度，绘制灵敏度曲线，评价恒温槽的性能。

## 八、思考题

（1）影响恒温槽灵敏度的因素主要有哪些？试做简要分析。

（2）欲提高恒温槽的控制精度（或灵敏度），应采用哪些措施？

# 实验二　凝固点降低法测定摩尔质量

## 一、实验目的

（1）掌握凝固点降低法测定葡萄糖的摩尔质量的原理和方法。

（2）学会正确使用贝克曼温度计。

（3）掌握溶液凝固点的测定技术，并加深对稀溶液依数性的理解。

## 二、实验原理

冬天雨雪天路面容易结冰打滑，造成事故频发，可以通过在路面上撒少量食盐来降低路面结冰现象，减少事故发生，这是由于稀溶液凝固析出固体溶剂时，溶液的凝固点低于纯溶剂的凝固点，其降低值 $\Delta T_f$ 与溶质的质量摩尔浓度成正比，即

$$\Delta T_f = T_f^* - T_f = K_f \frac{m_B}{M_B m_A} \tag{2-2-1}$$

$$M_B = K_f \frac{m_B}{\Delta T_f m_A} \tag{2-2-2}$$

式中:$K_f$ 为凝固点降低常数,它取决于溶剂的性质;$M_B$ 为溶质的摩尔质量,$kg \cdot mol^{-1}$;$m_B$ 为溶质的质量,$kg$;$m_A$ 为溶剂的质量,$kg$。

根据式(2-2-2)可知,只要测定稀溶液的凝固点 $T_f$ 和纯溶剂的凝固点 $T_f^*$,算出凝固点降低值 $\Delta T_f$,便可计算出溶质的摩尔质量。

纯物质在凝固前,液体的温度随时间均匀下降,当达到凝固点时,液体结晶,放出热量,补偿了对环境的热损失,因而温度保持恒定,直至全部凝固为止,以后温度又均匀下降。若以温度对时间作图,得到的冷却曲线如图 2.2.1(Ⅰ)所示。实际上,液体结晶过程往往有过冷现象,液体的温度要降到凝固点以下才析出晶体,随后温度再上升至凝固点,其冷却曲线如图 2.2.1(Ⅱ)所示。

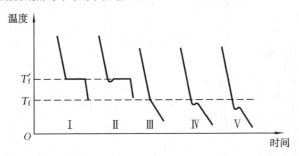

图 2.2.1 冷却曲线

溶液的冷却情况与纯物质不同,当冷却至凝固点时,开始析出固体纯溶剂。由于溶剂自液相析出后,溶液的浓度相应提高,因而溶液的凝固点并不是一个恒定温度,而是随着溶剂的不断析出凝固点也不断降低,如图 2.2.1(Ⅲ)所示。同纯物质凝固一样,实际过程中溶液凝固也会发生过冷现象,若过冷程度不大,如图 2.2.1(Ⅳ)所示,则以过冷回升的最高点温度为溶液凝固点;若过冷程度太大,如图 2.2.1(Ⅴ)所示,则所测得的凝固点将偏低。为此在结晶时可加入少量溶剂的微小晶粒作为晶种,促使晶体形成,或用加速搅拌的方法加快晶体形成。

本实验以水为溶剂,以葡萄糖为溶质,测定凝固点降低值 $\Delta T_f$,按式(2-2-2)计算葡萄糖的摩尔质量。

## 三、仪器和试剂

1. 主要仪器

凝固点测定仪 1 套;烧杯(500 mL、100 mL)各 1 只;贝克曼温度计 1 支;移液管 10 mL 1 支;水银温度计(分度值为 0.1 ℃)1 支;精密数显温度温差仪 1 台;分析天平 1 台;空气套管 1 支;滴定管 1 支。

2. 主要试剂

食盐;葡萄糖,分析纯。

## 四、实验步骤

1. 调节贝克曼温度计

将贝克曼温度计置于 0 ℃的冰水浴中,水银柱上沿距离顶端刻度 1～2 ℃。

2. 仪器安装

按图 2.2.2 将凝固点测定仪安装好。凝固点管、贝克曼温度计及搅拌棒均须清洁和干燥。在冰水浴槽(500 mL 烧杯)中加入冰、水及适量的食盐使冷冻剂温度为－3 ℃左右。用温度计测量蒸馏水的温度,移取 10 mL 左右的蒸馏水,从凝固点管口注入,尽量不要溅到管壁上。调节贝克曼温度计的位置,使水银球浸没在水中,而水银球下端距管底 1 cm 左右。

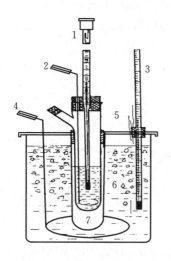

**图 2.2.2　凝固点测定仪**

1—贝克曼温度计;2,4—搅拌棒;3—温度计;
5—凝固点管;6—冷冻剂;7—空气套管

3. 水的凝固点的测定

将盛有水的凝固点管直接插入冰水盐浴中,上下移动搅拌棒,使溶剂逐步冷却。当有固体析出时,将凝固点管取出,将管外冰水擦干,在空气套管中,缓慢而均匀地搅拌(约每秒一次)。观察贝克曼温度计读数,直至温度稳定,这是水的近似凝固点。

取出凝固点管,温热,使管中的固体完全熔化。再将凝固点管直接插入冰水盐浴中缓慢搅拌,使溶剂较快地冷却,当溶剂温度降至高于近似凝固点 0.5 ℃时迅速取出凝固点管,擦干后放入空气套管中,缓慢搅拌(每秒一次),使水的温度均匀地逐渐降低并开始记录温度,每隔 5 s 记一次。当温度低于近似凝固点 0.2～0.3 ℃时应急速搅拌(防止过冷超过 0.5 ℃),促使固体析出。当固体析出时,温度开始上升,立即改为缓慢搅拌,继续记录温度,直至温度不变(5 个以上数据不变),停止记录,此即蒸馏水在常压下的凝固点。重复测定 3 次(要求溶剂凝固点的绝对平均误差小于±0.003 ℃),得水的凝固点 $T_f^*$。

4. 溶液凝固点的测定

用分析天平精确称取 3.0～3.2 g 葡萄糖,置于 100 mL 清洁干燥的烧杯中,用滴定管加入蒸馏水 50 mL,使其溶解。将原先凝固点管中的蒸馏水倒掉,并用配制的葡萄糖溶液冲洗 3 次(每次 5 mL 左右)。然后取剩余的葡萄糖溶液 10 mL 左右,倒入凝固点管中,用与上述相同的方法测量溶液的凝固点,重复测量 3 次(要求溶剂凝固点的绝对平均误差小于±0.003 ℃),取每次过冷后回升到最高点温度的平均值,即为葡萄糖溶液的凝固点 $T_f$。

## 五、实验数据处理

(1) 从理化手册上查出实验时水的密度,计算所取水的质量。

(2) 用校正后的葡萄糖的质量和测得的 $\Delta T_f$,计算葡萄糖的摩尔质量(要求保留 2 位小数),并计算与理论值的相对误差。

## 六、实验注意事项

(1) 搅拌速度的控制是做好本实验的关键,每次测定应按要求的速度搅拌,并且测溶剂与溶液凝固点时搅拌条件要完全一致。

(2) 准确读取温度也是实验的关键所在,应读准至小数点后 3 位。本实验也可采用数字贝克曼温度计测定温度。

(3) 冰盐浴温度对实验结果也有很大影响,过高会导致冷却太慢,过低则测不出正确的凝固点。

## 七、实验拓展及应用

1. 测定不同溶质的摩尔质量

要求及提示:

(1) 分别选用强电解质、弱电解质和非电解质作为溶质,通过凝固点降低法测定其摩尔质量。

(2) 与溶质的理论摩尔质量进行比较,并分析原因。

2. 选用不同溶剂测定相同溶质的摩尔质量

要求及提示:

(1) 使用本实验所用装置进行测定。

(2) 选用不同溶剂,通过凝固点降低法测定同种非电解质溶质的摩尔质量。

## 八、思考题

(1) 在冷却过程中,凝固点管内液体有哪些热交换存在? 它们对凝固点的测定有何影响?

(2) 当溶质在溶液中有电离、缔合、溶剂化和形成配合物时,测定的结果有何意义?

（3）加入溶剂中的溶质的量应如何确定？加入量过多或太少将会有何影响？

（4）估算实验测量结果的误差，说明影响测量结果的主要因素。

（5）若测定的纯水的冰点稍偏离 0 ℃，可能由何种因素引起？这对测定某物质的相对分子质量有无影响？

（6）为什么要先测近似凝固点？

# 实验三　溶解热的测定

## 一、实验目的

（1）了解电热补偿法测定热效应的基本原理及量热计的使用。

（2）用电热补偿法测定 $KNO_3$ 在水中的摩尔积分溶解热。

## 二、实验原理

物质溶解在溶剂中存在着两个过程：一是晶格破坏的吸热过程；二是离子溶剂化的放热过程。溶解热是这两个过程热效应的总和。物质溶解是吸热还是放热，取决于这两个热效应的相对大小。

溶解热可分为积分溶解热和微分溶解热。积分溶解热是 1 mol 溶质溶解于一定量溶剂时的热效应。微分溶解热是在恒温、定压条件下，在指定浓度的溶液中增加溶质时所产生的微量热效应与所增加溶质的物质的量的比值。本实验测定 $KNO_3$ 溶解在水中的积分溶解热。

测量热效应是在"量热计"中进行的。量热计一般可分为两类：一类是等温量热计，其本身温度在量热过程中始终不变，所测得的量为体积的变化，如冰量热计等；另一类是经常采用的测温量热计，它本身的温度在量热过程中会改变，通过测量温度的变化进行量热，这种量热计又可分为稳态型量热计和绝热式测温量热计等。本实验采用绝热式测温量热计，它是一个包括搅拌器、电加热器和温度计等的量热系统。如图 2.3.1 所示，量热计为一杜瓦瓶，并加盖以减少辐射、传导、对流、蒸发等热交换。电加热器为镍铬丝加热丝，装在盛有油介质的硬质薄玻璃管中，玻璃管弯成环形，加热电流控制在

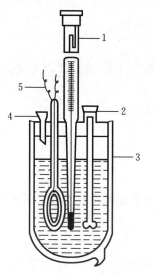

**图 2.3.1　绝热式测温量热计装置**
1—贝克曼温度计；2—搅拌器；3—杜瓦瓶；
4—加样漏斗；5—加热器

300～500 mA。为均匀有效地搅拌，可用电动搅拌器，也可按捏长短不等的两支滴管使溶液混合均匀。用数字温度计测量温度变化。

在绝热容器中测定热效应的方法有两种。

（1）先测定量热系统的热容量 $C$，再根据过程中的温度变化 $\Delta T$ 与 $C$ 之乘积求出热效应（此法一般用于放热系统）。

（2）先测定系统的起始温度 $T$，溶解过程中系统温度随吸热反应进行而降低，再用电加热法使系统升温至起始温度，根据所消耗电能求出热效应 $Q$。这种方法称为电热补偿法。

$$Q = I^2 Rt = IUt \qquad (2\text{-}3\text{-}1)$$

式中：$I$ 为通过电阻为 $R$ 的电热器的电流，A；$U$ 为电阻丝两端所加的电压，V；$t$ 为通电时间，s。

热效应 $Q$ 即相当于溶解所有的 $KNO_3$ 的溶解热，利用 $Q$ 除以 $KNO_3$ 的物质的量 $n$ 即可得到 $KNO_3$ 的摩尔积分溶解热 $\Delta_{sol} H_m$，即

$$\Delta_{sol} H_m = \frac{Q}{n} \qquad (2\text{-}3\text{-}2)$$

本实验利用电热补偿法测定恒压下用杜瓦瓶作量热计时 $KNO_3$ 的摩尔积分溶解热 $\Delta_{sol} H_m$。

## 三、仪器和试剂

1. 主要仪器

量热计（包括杜瓦瓶、搅拌器、加热器、加样漏斗）1 套；直流稳压电源 1 台；直流毫安表 1 只；直流电压表 1 只；热敏电阻温度计 1 支；秒表 1 块；25 mm×25 mm 称量瓶 8 个；干燥器 1 个；研钵 1 个；分析天平一台，台秤一台。

2. 主要试剂

$KNO_3$，化学纯；蒸馏水。

## 四、实验步骤

（1）稳压电源使用前在空载条件下先通电预热 15 min。

（2）将 8 个称量瓶编号，依次加入在研钵中研细的 $KNO_3$，其质量分别为 2.5 g、1.5 g、2.5 g、2.5 g、3.5 g、4 g、4 g 和 4.5 g，放入烘箱，在 110 ℃下烘 1.5～2 h，取出放入干燥器中（在实验课前进行）。

（3）用分析天平准确称量上面 8 个盛有 $KNO_3$ 的称量瓶，称量后将称量瓶放回干燥器中待用。

（4）在台秤上用杜瓦瓶直接称取 200.0 g 蒸馏水，调好贝克曼温度计，按图 2.3.1 装好量热计。连好线路（杜瓦瓶用前需干燥）。

（5）接通电源，调节稳压电源，使加热器功率约为 2.5 W，保持电流稳定，开动同步电机进行搅拌，当水温慢慢上升到比室温高出 1.5 ℃时读取准确温度，按下秒表开始计时，同时从加样漏斗中加入第一份样品，并将残留在漏斗上的少量 KNO₃全部转入杜瓦瓶中，然后用塞子堵住加样口。记录电压和电流值，在实验过程中要一直搅拌液体。加入 KNO₃后，温度会很快下降，再慢慢上升，待上升至起始温度点时，记下时间（读准至秒，注意此时切勿把秒表按停），并立即加入第二份样品，按上述步骤继续测定，直至八份样品全部加完为止，记下总时间 $t$。

（6）测定完毕后，切断电源，打开量热计，检查 KNO₃ 是否溶解完。如未完全溶解，则必须重做；溶解完全，可将溶液倒入回收瓶中，把量热计等器皿洗净放回原处。

（7）用分析天平称量已倒出 KNO₃ 样品的空称量瓶，求出各次加入 KNO₃ 的准确质量。

## 五、实验数据处理

1. 数据记录

将实验测定的数据记录于表 2.3.1 中。

**表 2.3.1　KNO₃ 溶解过程原始数据记录表**

室温：_____℃；大气压力：_____kPa；$m_水 = $_____ g；$n_水 = $_____ mol。

| 实验序号 | KNO₃加入质量/g | 加热时间/min | 加热电流/mA | 加热电压/V |
|---|---|---|---|---|
| 1 | | | | |
| 2 | | | | |
| 3 | | | | |
| 4 | | | | |
| 5 | | | | |
| 6 | | | | |
| 7 | | | | |
| 8 | | | | |

2. 数据处理

（1）以通电加热时的电流 $I$、电压 $U$ 的平均值乘以总时间 $t$，计算总的热效应 $Q$。

（2）根据 KNO₃ 的用量，计算实验温度下 KNO₃ 的摩尔积分溶解热 $\Delta_{sol}H_m$，并与理论值比较。

## 六、实验注意事项

（1）实验过程中要求 $I$、$U$ 值恒定，故应随时注意调节。

（2）实验过程中切勿把秒表按停读数，直到最后方可按停。

（3）量热计绝热性能与盖上各孔隙密封程度有关，实验过程中要注意盖好，减少热损失。

（4）固体$KNO_3$易吸水，故称量和加样动作应迅速。固体$KNO_3$在实验前务必研磨成粉状，并在110 ℃烘干。

## 七、实验拓展及应用

1. 液体比热的测定

要求及提示：

（1）任选择一定质量$m$的液体进行测定。

（2）利用本装置让液体通过热传导（可用冷却管）降低温度（$\Delta T$），再用电热补偿法测定放出热量$Q=I^2RT$，校正后可得液体放热$Q$，方法同本实验，重复测量多次，再根据$Q=C \cdot m \cdot \Delta T$，求出测定液体的比热$C$。

2. 测定溶液的稀释热

（1）采用本实验所用装置进行测定。

（2）测定$KNO_3$溶液摩尔积分稀释热。

（3）纯物质的生成热可以从手册中查到，而溶液的生成热则很难查到。利用反应物和产物的溶解热，即能计算出溶液中的反应热。

（4）用保温瓶做成的简单量热计也可以测定溶解热、混合热、稀释热、液体比热及溶液中的反应热（如水解、中和、沉淀、聚合等）等，但当反应进行不完全时应确定反应进度，并排除副反应的发生。

## 八、思考题

（1）本实验的装置是否可测定放热反应的热效应？可否用来测定液体的比热、水化热、生成热及有机物的混合等热效应？

（2）样品粒度的大小和浓度，对溶解热测定有何影响？

（3）本实验产生温差的主要原因有哪几方面？如何改正？

# 实验四　　燃烧热的测定

## 一、实验目的

（1）了解氧弹式量热计的原理、构造和使用方法，掌握有关使用氧弹式量热计进行量热实验的一般知识和测量技术。

（2）理解恒压燃烧热与恒容燃烧热的差别及相互关系。

(3) 学会应用经验公式与图解法校正温度的改变值。

## 二、实验原理

燃烧热是 1 mol 物质完全燃烧时所放出的热量,在恒容条件下测定的燃烧热为恒容燃烧热($Q_V$),恒容燃烧热等于这个过程的内能变化($\Delta U$)。在恒压条件下测定的燃烧热称为恒压燃烧热($Q_p$),恒压燃烧热等于这个过程的焓变($\Delta H$)。若把参加反应的气体和反应生成的气体作为理想气体处理,则存在以下近似关系式:

$$Q_p = Q_V + \Delta nRT \tag{2-4-1}$$

式中:$\Delta n$ 为气态产物和气态反应物的物质的量之差;$R$ 为摩尔气体常数;$T$ 为反应前、后的绝对温度(可取反应前、后温度的平均值计算 $Q_p$)。

若测得某物质恒容燃烧热或恒压燃烧热的任何一个,就可以根据式(2-4-1)计算另一个数据。须指出,化学反应的热效应(包括燃烧热)通常是用恒压热效应($\Delta H$)来表示的。

为了使被测物质能迅速而完全地燃烧,就需要有强有力的氧化剂。在实验中经常使用压力为 2 MPa 的纯氧气作为氧化剂。用氧弹式量热计进行实验时,氧弹放置在装有一定量水的铜水桶中,水桶外是空气隔热层,再外面是温度恒定的水夹套。样品在体积固定的氧弹中燃烧放出的热,引火丝燃烧放出的热和由氧弹里空气中的氮、来自钢瓶的氧气所含微量的氮,与氧和水在高温下反应生成稀硝酸放出的热,大部分被水桶中的水吸收;另一部分则被氧弹、水桶、搅拌器及温度计等吸收。在量热计与环境没有热交换的情况下,热量平衡式可表示如下:

$$\frac{m_{样品}}{M_{样品}}\Delta_c U_{m,样品} + (m_{引丝}Q_{V,引丝} + m_{棉线}Q_{V,棉线} + n_{硝酸}\Delta_r U_{m,硝酸})$$

$$+ n_水 C_{m,水}\Delta T + C_{量热计}\Delta T = 0 \tag{2-4-2}$$

式中:$m_{样品}$、$m_{引丝}$、$m_{棉线}$分别为样品、燃烧掉了的引火丝和棉线的质量,g;$M_{样品}$ 为被测样品的摩尔质量,$g \cdot mol^{-1}$(苯甲酸的摩尔质量为 122.13 $g \cdot mol^{-1}$);$Q_{V,引丝}$ 为引火丝的恒容燃烧热,$kJ \cdot g^{-1}$(镍铬丝的恒容燃烧热为 $-1.4$ $kJ \cdot g^{-1}$);$Q_{V,棉线}$ 为棉线的恒容燃烧热,$kJ \cdot g^{-1}$(棉线的恒容燃烧热为 $-17.5$ $kJ \cdot g^{-1}$);$\Delta_c U_{m,样品}$ 为被测样品的恒容摩尔燃烧热,$kJ \cdot mol^{-1}$(标准物苯甲酸的恒容摩尔燃烧热为 $-3\ 228$ $kJ \cdot mol^{-1}$);$\Delta_r U_{m,硝酸}$ 为生成稀硝酸的恒容摩尔反应热,$kJ \cdot mol^{-1}$(由氮、氧和水生成稀硝酸的恒容摩尔反应热为 $-59.8$ $kJ \cdot mol^{-1}$);$n_{硝酸}$、$n_水$ 分别为生成的硝酸、水桶中水的物质的量,$n_{硝酸}$ 用滴定时消耗 0.100 $mol \cdot L^{-1}$ NaOH 溶液的体积求得;$C_{m,水}$ 为水的摩尔热容,$kJ \cdot mol^{-1} \cdot K^{-1}$;$C_{量热计}$ 为氧弹、水桶等的热容,$kJ \cdot K^{-1}$;$\Delta T$ 为与环境无热交换时的实际温差,K。

如在实验时保持水桶中水量一定,则式(2-4-2)可改为

$$-\frac{m_{样品}}{M_{样品}}\Delta_c U_{m,样品} - (m_{引丝}Q_{V,引丝} + m_{棉线}Q_{V,棉线} + n_{硝酸}\Delta_r U_{m,硝酸}) = K\Delta T$$

$$(2\text{-}4\text{-}3)$$

式中:$K = n_水 C_{m,水} + C_{量热计}$,单位为 kJ・K$^{-1}$,称为量热计常数。

实际上,氧弹式量热计不是严格的绝热系统,加之传热速度的限制,燃烧后由最低温度达到最高温度需要一定的时间,在这段时间里系统与环境难免发生热交换,因而从温度计上读得的温差就不是真实的温差 $\Delta T$。为此,必须对读得的温差进行校正,下面是常用的经验公式:

$$\Delta T_{校正} = \frac{V_1 + V}{2}m + V_1 r \qquad (2\text{-}4\text{-}4)$$

式中:$V$ 为点火前,每半分钟量热计的平均温度变化;$V_1$ 为样品燃烧使量热计温度达最高值而开始下降后,每半分钟的平均温度变化;$m$ 为点火后,温度上升很快(大于每半分钟 0.3 ℃)的半分钟间隔数;$r$ 为点火后,温度上升较慢的半分钟间隔数。

在考虑温差校正后,真实温差 $\Delta T$ 应该是:

$$\Delta T = T_高 - T_低 + \Delta T_{校正} \qquad (2\text{-}4\text{-}5)$$

式中:$T_低$ 为临点火前读得的量热计的温度;$T_高$ 为点火后,量热计达到最高温度后,开始下降的第一个读数。

从式(2-4-3)可知,要测得样品的 $\Delta_c U_{m,样品}$,必须知道量热计常数 $K$。测定的方法是以一定量的已知燃烧热的标准物质(常用苯甲酸,其燃烧热以标准试剂瓶上所标明的数值为准)在相同的条件下进行实验,测得 $T_低$、$T_高$,并用式(2-4-4)算出 $\Delta T_{校正}$ 后,就可按式(2-4-3)算出 $K$。

## 三、仪器与试剂

1. 主要仪器

量热计 1 套;氧气钢瓶 1 套;充氧仪 1 台;压片机 1 台;万用表 1 块;精密天平 1 台(套);台秤 1 台。

2. 主要试剂

苯甲酸,分析纯;萘,分析纯;蔗糖,分析纯;燃烧丝;棉线。

## 四、实验步骤

1. 量热计常数 $K$ 的测定

(1) 将量热计及其全部附件加以整理并洗净。

(2) 压片。取约 9 cm 长的燃烧丝 A 绕成一个小线圈,放在干的燃烧杯中称量。另用台秤称取 0.8~0.9 g 的苯甲酸,把燃烧丝放在苯甲酸中,在压片机中压

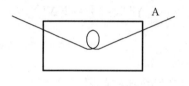

**图 2.4.1　压好的样品**

成片状(不能压得太紧,太紧会压断燃烧丝或点火后不能燃烧),压好后样品的形状如图 2.4.1 所示。也可以将有小线圈的燃烧丝直接放在压好的苯甲酸样品上。将此样品放在燃烧杯中称量,得到样品的质量 $m_{样品}$。

(3) 安装氧弹。拧开氧弹盖,将氧弹内壁擦净,特别是擦净电极下端的不锈钢接线柱,用万用表欧姆挡检查两电极是否通路,若通路,将称好的棉线绕加热丝两圈后放入坩埚底部,然后将制好的样品片压在棉线上,旋紧弹盖,再用万用表检查两电极间是否通路,若通路,则可充氧,并在氧弹里放 2~3 mL 蒸馏水,防止燃烧丝在氧气中剧烈燃烧,损伤氧弹。

(4) 充氧。氧气瓶为高压钢瓶,压力通常为 15 MPa,瓶体天蓝色、黑字,瓶嘴、减压阀禁止有润滑油,并且放置在通风无明火的地方。将氧弹用适宜的垫圈与充氧导管相连。逆时针打开总压阀(阀门 1),再渐渐顺时针方向打开减压阀(阀门 2),减压表 2 读数达 1.5 MPa 30 s 后关闭阀门 2。如果漏气,检查各连接处。拧开氧弹、放气,再重复上述步骤充氧气 2~2.5 MPa,确保氧弹内为纯氧。充气示意图见图 2.4.2(a),氧弹结构见图 2.4.2(b)。用万用表检查两极是否为通路,若为通路,将氧弹放入量热计内筒。氧弹式量热计结构见图 2.4.3。氧弹置于装有一定量蒸馏水(如 3 L)的铜水桶中(水量以刚好覆盖氧弹上盖为宜)。

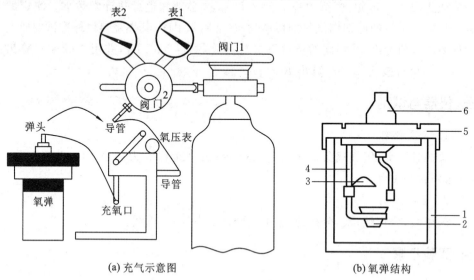

(a) 充气示意图　　　　　　　　　(b) 氧弹结构

**图 2.4.2　氧弹构造**

1—厚壁圆筒;2—燃烧杯;3—火焰遮板;4—电极;

5—弹盖;6—电极(同时也是进、出气管)

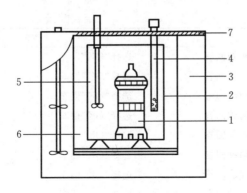

**图 2.4.3　氧弹式量热计**

1—氧弹;2—铜水桶;3—水夹套;4—温度传感器;
5—搅拌器;6—空气隔热层;7—胶木盖

（5）量热计常数测定。接好电极,盖上盖子,打开搅拌开关。开始读点火前最初阶段的温度,每隔0.5 min读1次,共读11次,读数完毕,立即按下点火按钮,点火指示灯熄灭,表示点火成功(如不着火,可重新点火),然后继续每0.5 min读1次温度读数,至温度达到最高值后,每隔0.5 min再读取最后阶段的10次读数,便可停止实验。

停止实验后关闭搅拌器,先取下温度计,再打开量热计盖,取出氧弹,将其拭干,打开放氧阀门缓缓放气。放完气后,拧开弹盖,检查燃烧是否完全。若弹内有炭黑或未燃烧的试样时,则应认为实验失败;实验失败应重做。若燃烧完全,称量燃烧后剩下的引火丝,并用少量蒸馏水洗涤氧弹内壁,干燥全部设备。

微机操作程序见表2.4.1。

**表 2.4.1　热容量测定微机操作说明**

| 序号 | 显　示 | 操　作 |
|---|---|---|
| 1 | 主菜单 | 选择"继续"回车 |
| 2 | 主菜单 | 选择"开始实验"回车 |
| 3 | 主菜单 | 选择"开始实验"回车 |
| 4 | 测量内容问题回答 | 选择"OK"回车 |
| 5 | 测量内容问题回答 | 选择"OK"回车 |
| 6 | 测量内容 | 输入燃烧丝热值后选择"OK"回车 |
| 7 | 测量内容 | 输入燃烧丝的质量后选择"OK"回车 |
| 8 | 测量内容 | 输入棉线的热值后选择"OK"回车 |
| 9 | 测量内容 | 输入棉线的克数后选择"OK"回车 |
| 10 | 测量内容问题回答 | 选择"OK"回车 |
| 11 | 测量内容问题回答 | 选择"OK"回车 |

| 序号 | 显　　示 | 操　　作 |
|------|----------|----------|
| 12 | 测量内容问题回答 | 选择"OK"回车 |
| 13 | 测量内容问题回答 | 选择"OK"回车 |
| 14 | 测量内容问题回答 | 选择"OK"回车 |
| 15 | 测量内容问题回答 | 选择"OK"回车 |
| 16 | 测量内容问题回答 | 选择"OK"回车 |
| 17 | 测量内容问题回答 | 选择"OK"回车 |
| 18 | 测量内容问题回答 | 选择"OK"回车 |
| 19 | 测量内容问题回答 | 选择"OK"回车 |
| 20 | 测量内容问题回答 | 选择"OK"回车 |
| 21 | 测量内容 | 输入样品名称如"苯甲酸"后选择"OK"回车 |
| 22 | 测量内容 | 输入此种样品的质量后选择"OK"回车 |
| 23 | 测量内容问题回答 | 选择"Yes"回车 |
| 24 | 测量内容 | 输入文件名称如"苯甲酸"后选择"保存"回车 |
| 25 | 实验开始 | 选择"OK"回车 |
| 26 | 主菜单 | 选择"停止实验"回车,实验结束 |

2. 燃烧热的测定

(1) 蔗糖的燃烧热 $Q_V$ 的测定。

在台秤上称大约 1.2 g 蔗糖,代替苯甲酸进行压片,重复上述实验,要保证与苯甲酸实验时的水量相等。

(2) 萘的燃烧热 $Q_V$ 的测定。

在台秤上称大约 0.7 g 萘,代替苯甲酸进行压片,重复上述实验。

## 五、实验数据处理

测定量热计常数 $K$ 的温度读数记录样本见表 2.4.2。

(1) 用经验式(2-4-4)计算 $\Delta t_{校正}$,然后就可按式(2-4-3)求出量热计常数 $K$。

(2) 求出蔗糖和萘的恒压燃烧热。

(3) 温度差 $\Delta T$ 还可以用雷诺图解法(图 2.4.4)得出,其具体操作如下:

① 画出温度-时间($T$-$t$)曲线,为避免与时间 $t$ 混淆,用 $T$ 表示摄氏温度,此处 $T$ 为实际温度减去初始温度所得的相对温度,也可直接记录实际温度画图。

② 画出点火前和最高温度后的温度-时间变化趋势线。选定点火时温度开始升高的 $T_1$ 点,将该点之前的所有数据点连成一条直线并延长,得到 $aa'$;将 $T$-$t$ 曲线中最后十几个数据点,以最佳拟合程度画出一条直线并延长,得到 $bb'$,找到 $bb'$ 与 $T$-$t$ 曲线不再重合的第一个分离点 $T_2$。

表 2.4.2　测定量热计常数的温度读数记录样本

| 读数序号（每半分钟） | 温度读数/℃ | 读数序号（每半分钟） | 温度读数/℃ | 读数序号（每半分钟） | 温度读数/℃ |
|---|---|---|---|---|---|
| 0 | 0.003 | 13 | 0.533($m=4$) | 27 | 1.778 |
| 1 | 0.010 | 14 | 0.914($m=4$) | 28 | 1.782 |
| 2 | 0.012 | 15 | 1.203($r=15$) | 29 | 1.781($t_\text{高}$) |
| 3 | 0.017 | 16 | 1.379($r=15$) | 30 | 1.780 |
| 4 | 0.019 | 17 | 1.540($r=15$) | 31 | 1.780 |
| 5 | 0.022 | 18 | 1.615($r=15$) | 32 | 1.778 |
| 6 | 0.023 | 19 | 1.645($r=15$) | 33 | 1.777 |
| 7 | 0.024 | 20 | 1.676($r=15$) | 34 | 1.776 |
| 8 | 0.025 | 21 | 1.704($r=15$) | 35 | 1.774 |
| 9 | 0.025 | 22 | 1.726($r=15$) | 36 | 1.774 |
| 10 | 0.026($t_\text{低}$) | 23 | 1.743($r=15$) | 37 | 1.773 |
| （点火） | | 24 | 1.746($r=15$) | 38 | 1.772 |
| 11 | 0.034($m=4$) | 25 | 1.758($r=15$) | 39 | 1.771 |
| 12 | 0.198($m=4$) | 26 | 1.763 | | |

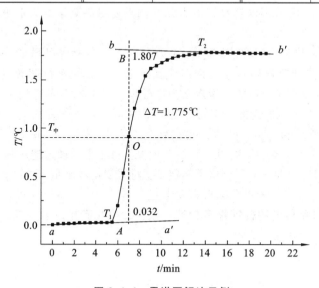

图 2.4.4　雷诺图解法示例

③ 计算中间点温度 $T_\text{中}=(T_1+T_2)/2$，通过 $T_\text{中}$ 作平行于横轴的直线，与 $T\text{-}t$ 曲线相交于 $O$ 点，再通过 $O$ 点作平行于纵轴的直线，分别与 $aa'$ 和 $bb'$ 相交于 $A$ 点和 $B$ 点，$A$ 点与 $B$ 点的温度差即为 $\Delta T$。

## 六、实验拓展及应用

1. 煤燃烧热的测定

要求及提示：

(1) 选用本实验装置进行测定。

(2) 对煤进行研磨,测定煤的燃烧热。

2. 液体燃烧热的测定

要求及提示：

(1) 选用本实验装置进行测定。

(2) 任选冰乙酸（分析纯）、乙二醇（分析醇）、丙三醇（分析醇）、38 度白酒（市售)装入胶囊,测定液体的燃烧热。

注意:使用聚乙烯燃烧杯,胶囊的燃烧热需测定。

## 七、思考题

(1) 说明恒容热效应($Q_V$)和恒压热效应($Q_p$)的相互关系。

(2) 在这个实验中,哪些是系统,哪些是环境? 实验过程中有无热损耗? 这些热损耗对实验结果有何影响?

(3) 加入内筒中水的温度为什么选择比外筒水温低? 低多少合适? 为什么?

(4) 实验中,哪些因素容易造成误差? 如果要提高测量结果的准确度,应从哪几方面考虑?

(5) 煤的发热量(低位发热量)是火力发电厂衡量燃煤品质的一项重要指标,可用氧弹式量热计测量再通过一系列计算得出。为方便进行能源的计算,我国将发热量为 7 000 kcal·kg$^{-1}$的煤炭定义为标准煤。供电标准煤耗是火力发电厂每向外提供 1 kW·h 电能所需标准煤的消耗量(由实际燃料根据发热量计算),是火力发电厂进行能源管理和节能减排的关键参数。2022 年,我国 6 000 kW 及以上火电厂供电标准煤耗 300.7 g·(kW·h$^{-1}$),属于世界先进水平。通过超超临界高效发电技术的运用,我国曹妃甸发电厂创造了额定工况标准供电煤耗低于 263 g·kW·h$^{-1}$的世界最高水平。以 2022 年全国火力发电量 $5.85 \times 10^{12}$ kW·h 进行估算,如全面普及该技术,每年可节约标准煤多少吨? 减少二氧化碳排放多少吨?

## 八、阅读材料

### 测定量热计常数

已知:苯甲酸质量为 0.976 0 g;镍铬丝的质量为 0.009 0 g;剩余镍铬丝的质量为 0.005 0 g;燃烧掉的镍铬丝的质量为 0.004 0 g。滴定洗涤液耗用 0.100

mol・$L^{-1}$ NaOH 溶液 2.50 mL。其他相关数据参见表 2.4.2,本次实验未用棉线引火,求量热计常数 $K$。

**解**　$V = \dfrac{0.003 - 0.026}{10} = -0.002\,3$（℃）,　$V_1 = \dfrac{1.781 - 1.771}{10} = 0.001$（℃）

而 $m = 4, r = 15$,则

$$\Delta T_{校正} = \frac{-0.002\,3 + 0.001}{2} \times 4 + 0.001 \times 15 = 0.012\,4\ （℃）$$

故　　$K = \dfrac{\dfrac{0.976\,0}{122.13} \times 3\,228 + 0.004\,0 \times 1.4 + 0.100 \times 2.50 \times 10^{-3} \times 5.98}{1.781 - 0.026 + 0.012\,4}$

$= 14.60\ kJ・K^{-1}$

# 实验五　液体饱和蒸气压的测定

## 一、实验目的

（1）测定乙醇在不同温度下的饱和蒸气压。

（2）学会用图解法求在实验温度范围内液体的平均摩尔汽化热。

## 二、实验原理

在一定温度下,与液体处于平衡态时蒸气的压力称为该温度下液体的饱和蒸气压。液体的蒸气压随温度改变而改变,温度越高,蒸气压越大。当蒸气压与外界压力相等时,液体便沸腾;外压不同时,液体的沸点也就不同。通常把外压为 101.325 kPa时的沸腾温度定义为液体的正常沸点。

液体的饱和蒸气压与温度的关系可用克拉贝龙（Clapeyron）方程式表示:

$$\frac{\mathrm{d}p}{\mathrm{d}T} = \frac{\Delta_{vap}H_m}{T\Delta V_m}$$

设蒸气为理想气体,在实验温度范围内摩尔汽化焓 $\Delta_{vap}H_m$ 为常数,并忽略液体的体积,将上式积分得克劳修斯-克拉贝龙（Clausius-Clapeyron）方程式:

$$\ln(p/\mathrm{Pa}) = \frac{-\Delta_{vap}H_m}{R}\frac{1}{T/\mathrm{K}} + C$$

式中:$p$ 为液体在温度为 $T$ 时的蒸气压;$C$ 为积分常数;Pa 是压力的单位;K 是温度的单位。

实验测得各温度下的饱和蒸气压后,以 $\ln(p/\mathrm{Pa})$ 对 $\dfrac{1}{T/\mathrm{K}}$ 作图,得一条直线,直线的斜率（$m$）为

$$m = -\frac{\Delta_{vap}H_m}{R}$$

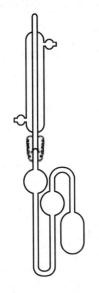

图 2.5.1　U 形等压计

由此即可求得摩尔汽化焓 $\Delta_{vap}H_m$。

测定液体饱和蒸气压的方法有以下三类。

(1) 静态法:在某一温度下直接测量饱和蒸气压。

(2) 动态法:在不同外界压力下测定沸点。

(3) 饱和气流法:使干燥的惰性气流通过被测液体,并使其为被测液体所饱和,测定通过的气流中被测液体蒸气的含量,根据分压定律计算被测液体的饱和蒸气压。

本实验采用静态法,以 U 形等压计在不同温度下测定乙醇的饱和蒸气压,等压计的外形见图 2.5.1。右侧小球中盛被测样品,U 形等压计中用样品本身作封闭液。

在一定温度下,若小球液面上方仅有被测液体的蒸气,那么在 U 形等压计右支液面上所受到的压力就是其蒸气压。当这个压力与 U 形等压计左支液面上的空气的压力平衡(U 形等压计两臂液面齐平)时,就可通过与 U 形等压计相接的测压仪测出在此温度下的饱和蒸气压。

## 三、仪器和试剂

1. 主要仪器

恒温槽 1 套;U 形等压计(带冷凝管)1 支;DP-AF 精密数字压力计 1 台;不锈钢缓冲储气罐 1 台;旋片式真空泵 1 台。

2. 主要试剂

无水乙醇,分析纯。

## 四、实验步骤

1. 测量装置的安装

如图 2.5.2 所示,安装好液体饱和蒸气压测定装置。

U 形等压计中样品可按下法装入:先将干净 U 形等压计的盛样球加热,排出 U 形等压计内空气,再从上口加入乙醇,通过冷却将乙醇吸入。重复 2～3 次,液体装入至右侧小球容积的 2/3 为宜。在 U 形管中保留部分乙醇作为封闭液。

2. 系统气密性检查

开启精密数字压力计,打开进气阀,关闭平衡阀,使测量系统与大气相通,待压力计数值稳定后,按下采零键,使数字显示变为"00.00",此时以大气压为测量零点。

接通冷凝水,打开平衡阀,关闭进气阀和抽气阀;开启真空泵电源,缓慢打开抽气阀,使系统减压,当压力为 $-50$ kPa 左右时,依次关闭抽气阀、真空泵;观察整套

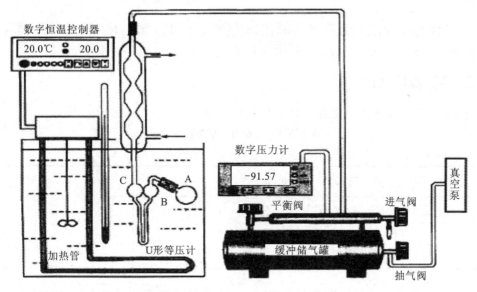

**图 2.5.2　液体饱和蒸气压测定装置**

装置气密性,10 s 压力变化不得大于 0.1 kPa;如果符合要求,再关紧平衡阀,观察部分装置的气密性,10 s 压力变化也不得大于 0.1 kPa;否则应逐段检查,并排除漏气原因,直至满足实验要求。

3. 不同温度下乙醇饱和蒸气压的测定

(1) 调节恒温槽温度为 30 ℃,保持进气阀关闭状态,打开平衡阀,开启真空泵、抽气阀,使系统减压,此时试液球与 U 形管之间的空气呈气泡状通过,U 形管中的液体不断逸出;如果发现 U 形管中液体明显沸腾,缓缓调节进气阀,通入少量空气,使沸腾缓和;沸腾 3~4 min 后,可认为试液球中的空气已排尽,依次关闭平衡阀、抽气阀和真空泵。

(2) 缓慢打开进气阀,通入空气,当 U 形管两臂的液面齐平,迅速关闭进气阀,记录压力计读数(即所测温度下的饱和蒸气压 $p = p_{大气} + p_{测定}$)和恒温槽温度。

注意:进气阀调节切忌过大过快,过程中不可使空气气泡逆行进入试液球;若漏入少许空气,可调节平衡阀,利用缓冲储气罐中的真空度再次排出空气,若漏入空气过多,需重新开启真空泵抽真空。

(3) 微开平衡阀,使 U 形管中液体温和沸腾 1 min,关闭平衡阀,微调进气阀使 U 形管液面齐平,读取压力计读数,要求此次读数与前一次读数相差不大于 0.2 kPa,否则继续步骤(3)操作。

(4) 调节恒温槽温度使之分别为 35 ℃、40 ℃、45 ℃、50 ℃,重复上述实验步骤(2)、(3),测定不同温度下乙醇的饱和蒸气压,每个温度下读取两个数值。

4. 测量结束

测量结束后,打开进气阀、平衡阀、抽气阀,缓慢放入空气,使压力计显示为零,关闭冷凝水,关闭相关仪器,切断所有电源。

## 五、实验数据处理

(1) 将实验条件及实验数据记入表 2.5.1 中。

### 表 2.5.1　实验数据记录与处理

室温:＿＿＿＿＿℃;大气压:＿＿＿＿＿kPa。

| 温度 $t/℃$ | 蒸气压 $p/Pa$ | $\ln(p/Pa)$ | $\dfrac{1}{T/K}$ | $\Delta_{vap}H_m/(kJ \cdot mol^{-1})$ |
|---|---|---|---|---|
|  |  |  |  |  |
|  |  |  |  |  |
|  |  |  |  |  |

根据表 2.5.1 的数据作 $\ln(p/Pa)$-$\dfrac{1}{T/K}$ 图,求乙醇在实验温度范围内的平均摩尔汽化焓 $\Delta_{vap}H_m$。

(2) 将实验结果与文献值进行比较并进行误差分析。

## 六、实验注意事项

(1) 蒸气压与温度有关,U 形等压计中有液体的部分应置于恒温槽液面以下,否则所测液体温度与水浴温度不同。

(2) 测定前,必须将 U 形等压计中的空气排尽,调节进气阀使 U 形等压计液面齐平时,应非常缓慢,防止打开过快致使空气倒灌,这是决定实验成功与否的关键步骤。

(3) 实验过程中,不要忘记接通冷凝水,注意抽气速度不要过快,升温过程中,应注意观察和调节,必须防止 U 形等压计内液体剧烈沸腾,致使 U 形等压计内液封被抽尽。

(4) 调节进气阀使系统加压,调节平衡阀使系统减压,可联合调节进气阀和平衡阀使 U 形管液面相平,调节过程中注意及时关闭。

(5) 注意抽气时先开启真空泵,后打开真空泵与缓冲罐间的抽气阀;停止抽气时,应先关闭抽气阀,再关闭真空泵。

## 七、实验拓展及应用

本实验装置也可用于测定其他液体的饱和蒸气压,如水、环己烷、乙酸乙酯等。测水的饱和蒸气压时不能用水浴,可用甘油或甲基硅油作油浴。本装置还可用于不同压力下的沸点测定,在测量饱和蒸气压时也可采用降温操作方式进行,但操作不太方便。

　　测定环己烷的饱和蒸气压

　　要求及提示:

　　(1)使用本实验装置进行测定。

　　(2)利用恒温槽控温,测定环己烷在 25～50 ℃的饱和蒸气压,并计算其摩尔汽化焓。

## 八、思考题

　　(1)克劳修斯-克拉贝龙方程式在什么条件下才适用?

　　(2)在开启旋塞放空气进入系统时,如放得过多应如何处理?实验过程中为什么要防止空气倒灌?

　　(3)在系统中设置缓冲瓶的目的是什么?

　　(4)摩尔汽化焓与温度有无关系?

　　(5)U 形等压计管中的液体起什么作用?冷凝起什么作用?为什么可用液体本身作 U 形等压计管封闭液?

# 实验六　甲基红酸电离平衡常数的测定

## 一、实验目的

　　(1)测定甲基红的酸电离平衡常数。

　　(2)掌握分光光度计和酸度计的使用方法。

## 二、实验原理

　　甲基红(对-二甲氨基-邻-羧基偶氮苯)是一种弱酸型染料指示剂,其分子式如图 2.6.1 所示。在溶液中部分电离,具有酸(HMR)和碱(MR$^-$)两种形式,其碱形式呈黄色,酸形式呈红色,其电离平衡如图 2.6.2 所示。

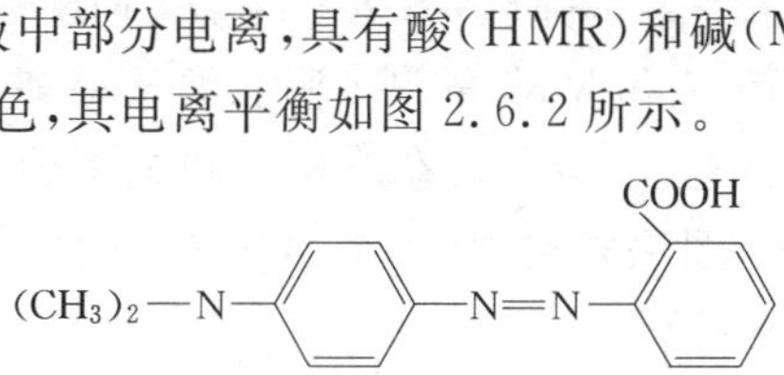

$$(CH_3)_2-N\underset{\phantom{x}}{\bigcirc}-N=N\underset{\phantom{x}}{\overset{COOH}{\bigcirc}}$$

**图 2.6.1　甲基红分子式**

可简单地写成

$$HMR \Longrightarrow H^+ + MR^-$$

　　(甲基红的酸形式)　　　(甲基红的碱形式)

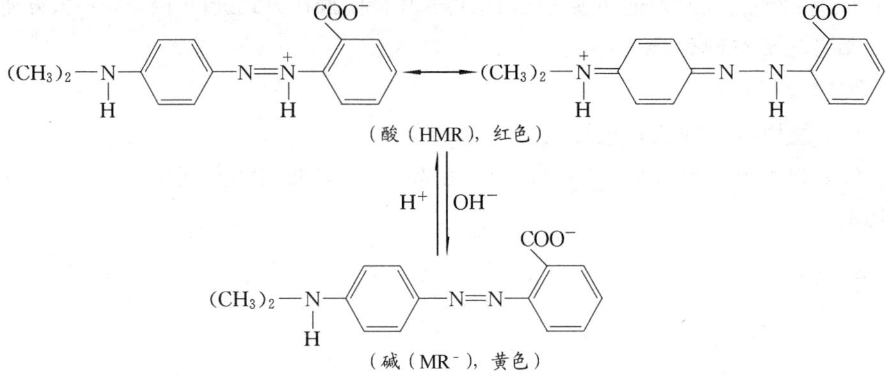

图 2.6.2　甲基红在溶液中的存在形式

其电离平衡常数:

$$K_a = \frac{[H^+][MR^-]}{[HMR]} \qquad (2\text{-}6\text{-}1)$$

$$pK_a = pH - \lg\frac{[MR^-]}{[HMR]} \qquad (2\text{-}6\text{-}2)$$

由于 HMR 和 MR$^-$ 两者在可见光谱范围内具有强的吸收,溶液离子强度的变化对酸电离平衡常数没有显著的影响,而且在 $CH_3COOH$-$CH_3COONa$ 缓冲系统中很容易使溶液颜色在 pH 值为 4~6 的范围内改变,因此,比值[MR$^-$]/[HMR]可用分光光度法测定溶液吸光度而求得。

对一化学反应平衡系统,分光光度法测得的吸光度包括系统中各物质的贡献,根据朗伯-比尔定律 $A = \varepsilon bc$,当浓度 $c$ 的单位为 mol·L$^{-1}$,液层厚度 $b$ 的单位为 cm 时,$\varepsilon$ 为摩尔吸光系数,其单位为 L·mol$^{-1}$·cm$^{-1}$。故甲基红溶液总的吸光度为

$$A_1 = \varepsilon_{1,HMR}[HMR]b + \varepsilon_{1,MR^-}[MR^-]b \qquad (2\text{-}6\text{-}3)$$

$$A_2 = \varepsilon_{2,HMR}[HMR]b + \varepsilon_{2,MR^-}[MR^-]b \qquad (2\text{-}6\text{-}4)$$

式中:$A_1$、$A_2$ 分别为在 HMR 和 MR$^-$ 的最大吸收波长 $\lambda_1$ 和 $\lambda_2$ 处所测得的总的吸光度;$\varepsilon_{1,HMR}$、$\varepsilon_{1,MR^-}$ 和 $\varepsilon_{2,HMR}$、$\varepsilon_{2,MR^-}$ 分别为在波长 $\lambda_1$ 和 $\lambda_2$ 下的摩尔吸光系数。各物质的摩尔吸光系数值可由作图法求得,从而求出比值[MR$^-$]/[HMR],结合溶液的 pH 值按式(2-6-2)求出 $pK_a$ 值。

## 三、仪器和试剂

### 1. 主要仪器

分光光度计 1 台;酸度计 1 台;100 mL 容量瓶 6 个;10 mL 移液管 3 支;0~100 ℃温度计 1 支。

2. 主要试剂

(1)甲基红贮备液:0.5 g 晶体甲基红溶解于 300 mL 95％的乙醇中,用蒸馏水稀释至 500 mL。

(2)标准甲基红溶液:取 8 mL 贮备液,加 50 mL 95％的乙醇,用蒸馏水稀释至 100 mL。

(3)pH 值为 6.84 的标准缓冲溶液;0.04 mol・$L^{-1}$ $CH_3COONa$ 溶液;0.01 mol・$L^{-1}$ $CH_3COONa$ 溶液;0.02 mol・$L^{-1}$ $CH_3COOH$ 溶液;0.1 mol・$L^{-1}$ HCl 溶液;0.01 mol・$L^{-1}$ HCl 溶液。

## 四、实验步骤

(1) 测定甲基红酸式(HMR)和碱式($MR^-$)的最大吸收波长。分别测定下述两种总浓度相等的甲基红溶液的吸光度随波长的变化,找出最大吸收波长 $\lambda_1$ 和 $\lambda_2$。

溶液甲:取 10.00 mL 标准甲基红溶液,加 10 mL 0.1 mol・$L^{-1}$ 的 HCl 溶液,用蒸馏水稀释至 100 mL。此时溶液的 pH 值大约为 2,甲基红以 HMR 形式存在。

溶液乙:取 10.00 mL 标准甲基红溶液和 25 mL 0.04 mol・$L^{-1}$ $CH_3COONa$ 溶液,混合后用蒸馏水稀释至 100 mL,此时溶液的 pH 值大约为 8,甲基红以 $MR^-$ 形式存在。

取部分溶液甲和溶液乙分别放在 1 cm 的比色皿内,在 350～600 nm 之间每隔 10 nm 测定它们相对于水的吸光度。找出最大吸收波长 $\lambda_1$ 和 $\lambda_2$。

(2) 检验 HMR 和 $MR^-$ 是否符合朗伯-比尔定律,并测定它们在 $\lambda_1$ 和 $\lambda_2$ 下的摩尔吸光系数。

取一定量溶液甲和溶液乙,分别用 0.01 mol・$L^{-1}$ 的 HCl 和 0.01 mol・$L^{-1}$ 的 $CH_3COONa$ 溶液稀释至原溶液的 0.75、0.5、0.25 倍,与原溶液组成两个系列待测液,分别在 $\lambda_1$ 和 $\lambda_2$ 下测定溶液相对于水的吸光度。由吸光度对溶液浓度作图,并计算在 $\lambda_1$ 下甲基红酸式(HMR)和碱式($MR^-$)的 $\varepsilon_{1,HMR}$、$\varepsilon_{1,MR^-}$ 及在 $\lambda_2$ 下的 $\varepsilon_{2,HMR}$、$\varepsilon_{2,MR^-}$。

(3) 求不同的 pH 值下 HMR 和 $MR^-$ 的相对量。

在四个 100 mL 的容量瓶中分别加入 10.00 mL 标准甲基红溶液和 25 mL 0.04 mol・$L^{-1}$ 的 $CH_3COONa$ 溶液,并分别加入 50 mL、25 mL、10 mL、5 mL 的 0.02 mol・$L^{-1}$ 的 $CH_3COOH$ 溶液,然后用蒸馏水定容。测定两波长下各溶液的吸光度 $A_1$、$A_2$,用酸度计测定溶液的 pH 值。

不同波长下测得的吸光度为 HMR 和 $MR^-$ 吸光度之和,所以溶液中[$MR^-$]/[HMR]的值可由式(2-6-3)和式(2-6-4)组成的方程组求得。再代入式(2-6-2),即可求出甲基红的酸电离平衡常数 $pK_a$。

## 五、实验数据处理

(1) 将实验条件及测定甲基红酸式(HMR)和碱式($MR^-$)的吸光度记入表2.6.1。

**表 2.6.1　甲基红溶液的吸光度与入射光波长的关系**

实验温度：_____℃；压力：_____kPa。

| 入射光波长<br>/nm | 溶液甲<br>吸光度 | 溶液乙<br>吸光度 | 入射光波长<br>/nm | 溶液甲<br>吸光度 | 溶液乙<br>吸光度 |
|---|---|---|---|---|---|
| | | | | | |

　　根据表 2.6.1 的实验数据作 $A$-$\lambda$ 图，找出甲基红酸式(HMR)和碱式(MR$^-$)的最大吸收波长。

　　(2) $\varepsilon_{1,\text{HMR}}$、$\varepsilon_{1,\text{MR}^-}$ 和 $\varepsilon_{2,\text{HMR}}$、$\varepsilon_{2,\text{MR}^-}$ 的测定。

　　根据表 2.6.2 的实验数据作吸光度-相对浓度图($A$-$x$ 图)，由直线斜率即可求出摩尔吸光系数 $\varepsilon_{1,\text{HMR}}$、$\varepsilon_{1,\text{MR}^-}$ 和 $\varepsilon_{2,\text{HMR}}$、$\varepsilon_{2,\text{MR}^-}$。

**表 2.6.2　不同浓度甲基红溶液的吸光度**

| 甲基红相对浓度($x$) | | 1.00 | 0.75 | 0.50 | 0.25 |
|---|---|---|---|---|---|
| 溶液甲 | $A_1$ | | | | |
| | $A_2$ | | | | |
| 溶液乙 | $A_1$ | | | | |
| | $A_2$ | | | | |

　　(3) 甲基红的酸电离平衡常数 p$K_a$ 的测定。

　　根据表 2.6.3 的实验数据及实验原理计算甲基红的酸电离平衡常数。

**表 2.6.3　酸度对甲基红溶液的吸光度的影响**

| 溶液 pH | 溶液吸光度<br>$A_1$ | 溶液吸光度<br>$A_2$ | $\dfrac{[\text{MR}^-]}{[\text{HMR}]}$ | $\lg\dfrac{[\text{MR}^-]}{[\text{HMR}]}$ | p$K_a$ |
|---|---|---|---|---|---|
| | | | | | |

## 六、实验注意事项

　　(1) 正确使用仪器设备，如果发生故障，需报告指导教师处理。

　　(2) 溶液的准确配制是决定本实验成败的关键之一。

## 七、实验拓展及应用

　　**1. 液相反应平衡常数的测定**

　　要求及提示：

　　(1) 利用分光光度法测定低浓度下 $Fe^{3+}$ 和 $SCN^-$ 形成配离子的液相反应平衡

常数。

（2）注意控制所有体系的 pH 值和离子强度。

2. 等摩尔系列法测定配合物的组成及不稳定常数

要求及提示：

（1）采用等摩尔系列法测定 Cu(Ⅱ)-磺基水杨酸配合物的组成及不稳定常数 $K_{不稳}$。

（2）注意等摩尔系列溶液的准确配制和所有体系 pH 值的控制。

## 八、思考题

（1）在本实验中，温度对实验结果有何影响？采取什么措施可以减少这种影响？

（2）甲基红酸式吸收曲线与碱式吸收曲线的交点称为"等色点"，讨论此点处吸光度与甲基红浓度的关系。

（3）在摩尔吸光系数测定过程中，为什么要用相对浓度？

（4）在吸光度测定中，应该怎样选择比色皿和参比溶液？

# 实验七　氨基甲酸铵的分解平衡

## 一、实验目的

（1）用等压法测定一定温度下氨基甲酸铵的分解压，并计算此分解反应的标准平衡常数 $K^\ominus$。

（2）由不同温度下的标准平衡常数 $K^\ominus$，计算该反应的标准摩尔反应焓变 $\Delta_r H_m^\ominus$、标准摩尔反应吉布斯函数变 $\Delta_r G_m^\ominus$ 和标准摩尔反应熵变 $\Delta_r S_m^\ominus$。

## 二、实验原理

在一定温度下，氨基甲酸铵的分解反应为

$$NH_2COONH_4(s) \Longrightarrow 2NH_3(g) + CO_2(g)$$

在实验条件下，可把 $NH_3$ 和 $CO_2$ 气体看成是理想气体，反应的标准平衡常数可表示为

$$K^\ominus = \left(\frac{p_{NH_3}}{p^\ominus}\right)^2 \frac{p_{CO_2}}{p^\ominus} \qquad (2\text{-}7\text{-}1)$$

式中：$p_{NH_3}$、$p_{CO_2}$ 分别表示 $NH_3$ 和 $CO_2$ 的分压；$p^\ominus$ 为标准压力，通常选用 100 kPa。

设平衡总压为 $p$，则 $p_{NH_3} = \frac{2}{3}p$，$p_{CO_2} = \frac{1}{3}p$。代入式(2-7-1)得

$$K^\ominus = \frac{4}{27}\left(\frac{p}{p^\ominus}\right)^3 \qquad\qquad (2\text{-}7\text{-}2)$$

因此,测得给定温度下的平衡总压后,即可按式(2-7-2)算出平衡常数 $K^\ominus$。

当温度变化的范围不大时,氨基甲酸铵分解反应的 $\Delta_r H_m^\ominus$ 可近似视为常数,测得不同温度下的 $K^\ominus$,则有下列关系:

$$\ln K^\ominus = \frac{-\Delta_r H_m^\ominus}{RT} + C$$

作 $\ln K^\ominus$-$\frac{1}{T}$ 图,应为一条直线,由直线斜率 $\frac{-\Delta_r H_m^\ominus}{R}$ 即可求得实验温度范围内的 $\Delta_r H_m^\ominus$。

根据 $\Delta_r G_m^\ominus = -RT\ln K^\ominus$ 的关系式,可求得实验温度下的 $\Delta_r G_m^\ominus$。

已知 $\Delta_r H_m^\ominus$ 及 $\Delta_r G_m^\ominus$,就可根据 $\Delta_r G_m^\ominus = \Delta_r H_m^\ominus - T\Delta_r S_m^\ominus$ 近似计算出反应的 $\Delta_r S_m^\ominus$。

## 三、仪器和试剂

1. 主要仪器

恒温槽 1 套;分解压力测定仪(真空减压包、冷凝器、U 形等压计、缓冲瓶)1 套;数字式低真空测压仪 1 台;真空泵 1 台。

2. 主要试剂

氨基甲酸铵(化学纯);液体石蜡。

## 四、实验步骤

(1) 安装好装置。

(2) 系统气密性检查(参见实验五实验步骤 2),并恒温 25 ℃。

(3) 测定不同温度下氨基甲酸铵的分解压。系统密封性检查完毕后,将氨基甲酸铵样品放入反应瓶中,用液体石蜡作为 U 形等压计的封闭液。保持进气阀关闭状态,打开平衡阀,开启真空泵、抽气阀,使系统减压,此时数字压力计读数下降,直到数字压力计的读数保持不变,如"-99.15 kPa",关闭抽气阀和真空泵,此时 U 形等压计两边液面不平衡。缓慢打开进气阀,通入空气,使 U 形等压计两端的液面逐渐接近平衡。当 U 形等压计两端液面基本齐平时,关闭进气阀,如平衡状态维持超过 10 min,分解反应达到平衡,此时氨基甲酸铵反应瓶中的气体与数字压力计连接的系统压力相等。读取此时数字压力计的示值和恒温槽温度。则氨基甲酸铵的分解压 $p$ 为

$$p = 实验室大气压 \, p_0 - |数字压力计的读数|$$

注意:通入空气时,一定要慢,不能使气体进入装氨基甲酸铵的反应管中。如有气体进入反应管中,则需重新进行实验。实验过程中不能让液体石蜡进入反应

管中阻碍氨基甲酸铵的分解。

（4）调节恒温槽温度为 30 ℃，缓慢打开进气阀，按照上述方法测定 30 ℃时氨基甲酸铵的分解压。用相同方法分别测定 35 ℃、40 ℃、45 ℃、50 ℃时氨基甲酸铵的分解压。

（5）实验完毕后，打开进气阀、平衡阀、抽气阀，缓慢放入空气，使压力计显示为零，关闭冷凝水，关闭相关仪器，切断所有电源。将反应瓶洗净，烘干备用。

## 五、实验数据处理

1. 实验数据记录

根据表 2.7.1 的数据作 $\ln K^{\ominus}-\dfrac{1}{T/K}$ 图，计算氨基甲酸铵分解反应在实验温度范围内的标准摩尔反应焓变 $\Delta_r H_m^{\ominus}$ 以及不同温度下的标准摩尔反应吉布斯函数变 $\Delta_r G_m^{\ominus}(\mathrm{T})$ 和标准摩尔反应熵变 $\Delta_r S_m^{\ominus}(\mathrm{T})$ 。

表 2.7.1　实验数据记录与处理

室温：_____℃；大气压力：_____kPa。

| 温度 $t$/℃ | 25 | 30 | 35 | 40 | 45 | 50 |
|---|---|---|---|---|---|---|
| \|真空测压仪的读数\| | | | | | | |
| 分解压 $p$/kPa | | | | | | |
| $K^{\ominus}=\dfrac{4}{27}\left(\dfrac{p}{p^{\ominus}}\right)^3$ | | | | | | |
| $\ln K^{\ominus}$ | | | | | | |
| $\dfrac{1}{T/K}$ | | | | | | |
| $\Delta_r H_m^{\ominus}/(\mathrm{kJ \cdot mol^{-1}})$ | | | | | | |
| $\Delta_r G_m^{\ominus}/(\mathrm{kJ \cdot mol^{-1}})$ | | | | | | |
| $\Delta_r S_m^{\ominus}/(\mathrm{J \cdot K^{-1} \cdot mol^{-1}})$ | | | | | | |

2. 将实验结果与文献值进行比较并进行误差分析

表 2.7.2 中所列为氨基甲酸铵分解压的文献值。

表 2.7.2　氨基甲酸铵分解压文献值

| 恒温温度 $t$/℃ | 25 | 30 | 35 | 40 | 45 | 50 |
|---|---|---|---|---|---|---|
| 分解压 $p$/kPa | 11.73 | 17.07 | 23.80 | 32.93 | 45.33 | 62.93 |

## 六、实验注意事项

（1）停真空泵前先使泵的进气阀与大气相通，以防泵油倒吸。

（2）打开进气阀时一定要缓慢进行，关闭时一定要关紧，不能漏气。

（3）测定后面几个温度下的分解压时，不需再进行抽真空操作，只需通入空气调节系统压力，使 U 形等压计液面平齐。

## 七、实验拓展及应用

1. 分解反应平衡热力学函数的测定

要求及提示：

（1）选用本实验装置进行测定。

（2）选用任意一种能够用测总压的方法测定化学反应平衡常数的物质，通过测量不同温度下的分解压，计算分解反应的平衡常数 $K^{\ominus}$、热效应 $\Delta_r H_m^{\ominus}$、标准摩尔反应吉布斯函数变 $\Delta_r G_m^{\ominus}$ 和标准摩尔熵变 $\Delta_r S_m^{\ominus}$。

2. 纯度对氨基甲酸铵分解平衡热力学函数的影响

要求及提示：

（1）选用本实验装置进行测定。

（2）任选一系列不同纯度的氨基甲酸铵，分别测量 25 ℃、30 ℃、35 ℃、40 ℃、45 ℃、50 ℃、55 ℃时氨基甲酸铵的分解压，并计算不同纯度的氨基甲酸铵分解反应的平衡常数 $K^{\ominus}$、热效应 $\Delta_r H_m^{\ominus}$、标准摩尔反应吉布斯函数变 $\Delta_r G_m^{\ominus}$ 和标准摩尔熵变 $\Delta_r S_m^{\ominus}$。

## 八、思考题

（1）什么条件下才能用测总压的办法测定化学反应的平衡常数？

（2）在将空气放入系统时，如放得过多应怎么办？

（3）怎样选择 U 形等压计的封闭液？

## 九、阅读材料

### 物理化学家约西亚·威拉德·吉布斯

美国物理化学家、数学物理学家约西亚·威拉德·吉布斯（Josiah Willard Gibbs，1839—1903 年），一生致力于物理光学、热力学以及他首创的经典统计力学，在化学热力学和统计热力学领域居于无与伦比的地位，被爱因斯坦誉为"美国历史上最杰出的英才"。

1873—1878 年间，吉布斯相继发表了里程碑式的 3 篇科学论文《图解法在流体热力学中的应用》《物质的热力学性质的几何曲面表示法》和《论多相物质的平衡》，并于 1902 年发表了《统计力学的基本原理》。吉布斯所发表的 3 篇奠基性热力学论文，夯实了热力学理论体系的基础，第三篇论文《论多相物质的平衡》尤为重要，他在该文章中提出了许多重要的热力学概念，至今仍被科学界广泛使用。他创新性地提出了以吉布斯函数（吉布斯自由能）作为化学反应平衡的判据，完成了解决化学反应系统平衡方面相律公式的推导。他在热力学平衡与稳定性方面的大量研究工作和丰硕成果在工业和科学研究上被广泛应用。

吉布斯从克劳修斯的熵概念（$S$）出发，结合流体的内能（$U$）、压力（$p$）、体积（$V$）、温度（$T$）等热力学状态函数，联立热力学第一定律和第二定律，用体系参数的变化表示体系内能的变化，得到了热力学基本方程 $dU = TdS - pdV$；首次以熵（$S$）和温度（$T$）为热力学坐标来讨论卡诺循环过程。研究了在三维空间中，分别以熵（$S$）、内能（$U$）、体积（$V$）为三维坐标轴构成代表纯物质热力学方程的曲面，方便讨论平衡状态下纯净物质的热力学函数之间的关系以及曲面的性质。吉布斯在论文《论多相物质的平衡》中，采用分析的方法来讨论多组分复相体系，引进了化学势、吉布斯函数的概念，建立了非均匀复相体系处于平衡时的相平衡定律，拓宽了热力学的范围（在热力学基本方程中考虑了外在因素，诸如引力、应力、表面张力等），阐述了表面吸附、相平衡、化学平衡等现象的本质，使热力学发展成为既有广度又有深度、逻辑严谨的理论体系，使物理化学得到了空前的大发展。1909 年诺贝尔化学奖得主威廉·奥斯特瓦尔德对此评价为"无论从形式还是内容上，他赋予了物理化学整整一百年"。

## 化学纯氨基甲酸铵的制备

### 氨基甲酸铵的制备方法

干燥的氨和干燥的二氧化碳接触后，只生成氨基甲酸铵。如果有水存在，还会生成碳酸铵或碳酸氢铵。因此，原料气和反应系统必须事先干燥。此外，生成的氨基甲酸铵极易在反应容器的壁上形成一层黏附力很强的致密层，很难将其剥离，故反应容器选用聚乙烯薄膜袋，反应后只要对其揉搓，即可得到白色粉末状的氨基甲酸铵产品。自制反应装置如图 2.7.1 所示。

### 操作步骤

先开启 $CO_2$ 钢瓶，控制 $CO_2$ 流量不要太大，在浓硫酸洗气瓶中可看到正常鼓泡；然后开启 $NH_3$ 钢瓶，使 $NH_3$ 流量比 $CO_2$ 大一倍，可从液体石蜡鼓泡瓶中的气泡估计其流量。如果 $CO_2$ 和 $NH_3$ 的配比适当，反应又很完全（从反应器表面能感到温热），可由尾气鼓泡瓶看出此时尾气的流量接近于零。通气约 1 h，能得到 200～400 g 白色粉末状氨基甲酸铵产品，装瓶备用。

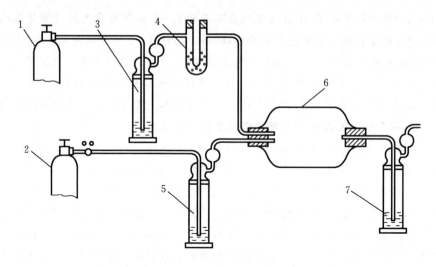

**图 2.7.1　氨基甲酸铵制备流程**

1—氨钢瓶;2—二氧化碳钢瓶;3—液体石蜡鼓泡瓶;4—固体氢氧化钾干燥管;

5—浓硫酸洗气瓶;6—聚乙烯薄膜袋;7—稀硫酸洗气瓶

# 实验八　二组分气-液相图

## 一、实验目的

(1) 了解相图和相律的基本概念。

(2) 绘制常压下环己烷-乙醇二元液系的气-液平衡相图($T$-$x$ 图),求出最低恒沸点和恒沸混合物的组成。

(3) 熟悉阿贝折射仪的使用,掌握用折射率确定二元液体组成的方法。

## 二、实验原理

两种液体若能以任意比例混合、相互溶解,则称为完全互溶二元液系。液体的沸点是液体的蒸气压与外界压力相等时的温度。在一定压力下,纯液体的沸点有确定值,但二元液系的沸点不仅与外界压力有关,而且还与两种液体的混合比例有关。恒压下二元液系的气-液平衡相图即温度-组成图($T$-$x$ 图)可分为三种类型:①相对理想系统是具有一般正、负偏差的系统,其沸点介于两种纯液体沸点之间(图 2.8.1(a));②各组分对拉乌尔定律发生最大正偏差的系统,沸点具有最低值(图 2.8.1(b));③各组分对拉乌尔定律发生最大负偏差的系统,沸点具有最高值(图 2.8.1(c))。第②、③两种类型的溶液在最高或最低沸点时的气、液两相组成相同,此时加热汽化的结果仅仅使得气相总量增加,气、液两相的组成和溶液的沸

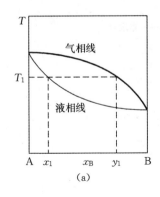 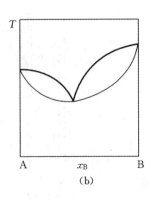 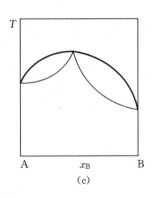

**图 2.8.1　二元液系的三种沸点-组成图**

点保持不变,此时的温度称为恒沸点,对应的组成为恒沸组成,对应的溶液为恒沸混合物。

为了测定二元液系气-液平衡的 $T$-$x$ 图,需要测量气-液平衡时的气相和液相组成以及溶液沸点。如图 2.8.1(a)所示,当溶液沸点为 $T_1$ 时,对应的气相组成为 $y_1$,液相组成为 $x_1$。通过实验测定整个浓度范围内不同组成溶液的沸点,及其对应的气相组成和液相组成后,即可绘制出二元液系气-液平衡的 $T$-$x$ 图。

本实验用冷凝回流法测定环己烷-乙醇系统的沸点-组成关系,并绘制沸点-组成图($T$-$x$ 图)。利用简单的沸点仪(图 2.8.2),对不同组成的溶液进行蒸馏和冷凝回流后,读出对应沸点,并分别测定气相和液相组成即可。

本实验用阿贝折射仪测定溶液的折射率以确定其组成。因为在一定温度下,纯物质具有一定的折射率,所以两种物质互溶形成溶液后,溶液的折射率就与其组成有关。预先测定一定温度下一系列已知组成的溶液的折射率,绘制折射率-组成工作曲线,即可根据待测溶液的折射率,由工作曲线确定待测溶液的组成。

## 三、仪器和试剂

1. 主要仪器

沸点测定仪 1 套;可调节电压加热套 1 台;阿贝折射仪 1 台;长、短取样管若干;移液管、量筒、烧杯、小滴瓶若干。

2. 主要试剂

环己烷,分析纯;无水乙醇,分析纯。

## 四、实验步骤

1. 环己烷-乙醇溶液折射率-组成工作曲线绘制

分别用阿贝折射仪测定纯环己烷、纯乙醇及环己烷的摩尔分数为 0.80、0.60、

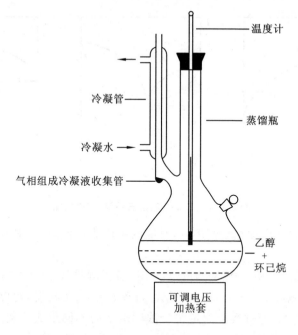

**图 2.8.2　沸点测定仪**

0.40、0.20 的环己烷-乙醇混合物的折射率。以折射率对浓度作图,绘制折射率-组成工作曲线。阿贝折射仪的使用方法参见本书第三章第七节。

2. 环己烷-乙醇溶液的沸点及气、液相组成的测定

在沸点仪中加入纯环己烷溶液 30 mL,调整温度计水银球使其恰好接触液面,开通冷凝管的冷却水,小心加热使溶液沸腾,待溶液沸腾且回流正常 1～2 min 后,记下环己烷的沸点。

同法在沸点仪中加入环己烷摩尔分数为 0.97 的环己烷-乙醇溶液 30 mL,加热沸腾 1～2 min 后,读取溶液的沸点,用取样管自冷凝管上端取少许气相冷凝液(气相样品),停止加热,用取样管取少量液相样品,迅速测定气相样品和液相样品的折射率 $n_g$、$n_l$。

然后同法依次测定环己烷摩尔分数分别为 0.92、0.80、0.60、0.50、0.30、0.15、0.03、0.00 的环己烷-乙醇溶液的沸点、$n_g$ 及 $n_l$。每次测定完毕后,待被测溶液冷却后回收到原来的试剂瓶中。

## 五、实验数据处理

(1) 将实验条件及纯环己烷、纯乙醇及环己烷的摩尔分数为 0.80、0.60、0.40、0.20 的环己烷-乙醇混合物的折射率测定值记入表 2.8.1 中;绘制环己烷-乙醇混合液折射率-组成工作曲线。

**表 2.8.1　环己烷-乙醇溶液的折射率-组成关系**

室温：_____℃；气压：_____kPa。

| 环己烷摩尔分数 | 1.00(纯环己烷) | 0.80 | 0.60 | 0.40 | 0.20 | 0.00(纯乙醇) |
|---|---|---|---|---|---|---|
| 折射率 | | | | | | |

（2）将一系列待测液的折射率记入表 2.8.2 中，并通过环己烷-乙醇混合液折射率-组成工作曲线由待测液的折射率查出对应的组成，也记入表 2.8.2 中。

**表 2.8.2　环己烷-乙醇二元液系相图测定记录表**

| 溶液编号 | 溶液近似组成 $x_B$(环己烷) | 沸点/℃ | 气相冷凝液组成分析 | | 液相组成分析 | |
|---|---|---|---|---|---|---|
| | | | 折射率 | $y_B$(环己烷) | 折射率 | $x_B$(环己烷) |
| 1 | 1.00 | | | | | |
| 2 | 0.92 | | | | | |
| 3 | 0.80 | | | | | |
| 4 | 0.60 | | | | | |
| 5 | 0.50 | | | | | |
| 6 | 0.30 | | | | | |
| 7 | 0.15 | | | | | |
| 8 | 0.03 | | | | | |
| 9 | 0.00 | | | | | |

（3）根据表 2.8.2 中数据绘制环己烷-乙醇的气-液平衡 $T$-$x$ 相图。

（4）从所绘制的环己烷-乙醇的气-液平衡 $T$-$x$ 相图上找出恒沸物的沸点和组成。

## 六、实验注意事项

（1）为防止蒸气在进入冷凝管之前部分冷凝，蒸馏瓶上部空间不宜太大，蒸馏瓶上部宜采取保温措施。

（2）加热时为防止溶液发生暴沸，应在溶液中放置一些沸石。

（3）温度计的水银球或热电偶不要直接碰到加热丝。

（4）由于温度计的一部分露出容器，所以这部分的温度比所测系统的温度低，因此有必要对水银温度计进行露茎校正，得到 $\Delta t_{露}$。校正方法见第一部分第二章第一节相关内容。

在 $p^\ominus$ 下测得的沸点为正常沸点。通常外界压力并不恰好等于 101.325 kPa，因此应对实验测得值作压力校正。校正式是从特鲁顿(Trouton)规则及克劳修斯-克拉贝龙方程推导而得的。

$$\frac{\Delta t_压}{℃}=\frac{273.15+t_A/℃}{10}\cdot\frac{101\ 325-p/\mathrm{Pa}}{101\ 325}$$

式中：$\Delta t_压$ 为由于压力不等于 101.325 kPa 而带来的误差；$t_A$ 为实验测得的沸点；$p$ 为实验条件下的大气压。

经校正后的系统正常沸点应为

$$t_沸=t_A+\Delta t_压+\Delta t_露$$

## 七、实验拓展及应用

1. 环己烷与不同醇类物质组成的二组分体系气-液平衡相图的绘制

要求及提示：

(1) 选用本实验装置进行测定。

(2) 将环己烷分别与甲醇、异丙醇、丙醇组成三个不同的完全互溶二元液系，分别绘制气-液平衡相图，确定恒沸物的沸点和组成。

(3) 比较三个二元液系的恒沸点和恒沸物的组成，探讨恒沸点和恒沸物组成与醇的种类的相关性。

2. 环己烷-乙醇体系活度系数的测定

要求及提示：

(1) 选用本实验装置进行测定。

(2) 通过测定环己烷-乙醇体系气-液平衡实验数据，计算液相中环己烷和乙醇的活度系数。

## 八、思考题

(1) 过热现象对实验产生什么影响？如何在实验中尽可能避免？

(2) 试估计哪些因素是本实验误差的主要来源。

(3) 什么是暴沸？如何避免实验中的暴沸发生？

(4) 如果要测纯环己烷、纯乙醇的沸点，蒸馏瓶必须洗净，而且烘干，而测混合液沸点和组成时，蒸馏瓶则不洗也不烘，为什么？

(5) 本实验若不测纯环己烷、纯乙醇的沸点，而直接用 $p^\ominus$ 下的数据，这样会带来什么误差？

(6) 待测溶液的浓度是否需要精确计量？为什么？

## 九、阅读材料

### 水的三相点

　　我国著名物理化学家、化学教育家，中国科学院院士黄子卿（1900—1982 年），出生于广东梅县，毕业于麻省理工学院，博士，曾任北平协和医学院生物化学系研究助理，清华大学化学系教授，九三学社第四、五届中央委员会委员，第六届中央委员会常委。他致力于电化学、生物化学、热力学和溶液理论等多方面的研究，精确测定了热力学温标的基准点——水的三相点，并在溶液理论方面颇有建树，编撰出版了《物理化学》《电解质溶液理论导论》和《非电解质溶液理论导论》等专著。

　　1927 年，国际度量衡委员会选定水的冰点为热力学温标的基准点，定为 273.15 K。但水的冰点是在 1 个大气压下被空气饱和的水的液-固平衡温度，受外界大气压和测量地理位置影响，并且与水被空气饱和的状况有关。因此科学界对它的精确度提出过怀疑。当时物理化学界试图并已开始测定水的三相点，即水在其饱和蒸气压下气-液-固三相平衡的温度，以代替冰点作为热力学温标的基准点。

　　1934 年，黄子卿再度赴美，来到麻省理工学院从事研究工作。黄子卿常带着午餐，从早上一进入实验室，就整天不出来。他精心设计了实验装置，并经过一年多的反复测量，终于完成了一项重要的实验，即精测出水的三相点温度，为 (0.00981±0.00005) ℃。这是热力学上的重要数据，也是温度计量学方面的基础工作。后来，美国标准局曾组织人员重复实验，结果与黄子卿的测量结果一致。1935 年，黄子卿获得了麻省理工学院授予的博士学位。1938 年，《美国艺术与科学院汇刊》发表了黄子卿、贝蒂、本笛克特等三人合写的论文，题为《绝对温标的实验研究（Ⅴ）：水的冰点和三相点的重现性；水三相点的测定》。1948 年，美国编辑的《世界名人录》将黄子卿列入其中。1954 年，国际温标会议在巴黎召开，再次确认上述数据，并以此为准，确定绝对零度为 −273.15 ℃。

　　黄子卿生于列强入侵国家多灾多难的年代。考入清华留美预备班以后，他一直抱有科学救国的志向。他认为是中国的老百姓供养了他出国留学，立志要为中国服务。1935 年，他在美国麻省理工学院取得博士学位时，正值日本全面侵华战争前夕，有人把当时的中国比作风雨飘摇中的一条破船，劝他不要回国。黄子卿的回答是："我是中国人，要跟中国共命运。"他毅然回到祖国。1948 年，他第三次出国，不久北平和平解放，美国人再次挽留他，并允诺帮助接家眷赴美国。他再次谢绝，抢在美国政府对中国留学人员采取扣留措施之前回到了祖国。这些都反映了他渴望祖国独立、昌盛、富强并要为之贡献自己力量的赤子之心。中华人民共和国成立后，他不惜余力地为中国的化学教育和科学研究工作贡献了毕生的精力。

# 实验九　二组分固-液相图

## 一、实验目的

(1) 了解热分析法和固-液相图的基本特点。

(2) 掌握热电偶测量温度的原理,学会用热分析法测绘 Pb-Sn 二组分金属相图。

## 二、实验原理

相图是用来表示系统的状态随温度、压力和组成等因素变化的图形,包括系统的相数、各相的组成和相对量以及它们随温度、压力和浓度等因素变化的关系。

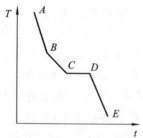

图 2.9.1　步冷曲线

测绘固-液相图常用的实验方法是热分析法。将金属或合金加热到熔融状态,然后缓慢冷却,每隔一定时间记录一次温度,并绘制系统温度随时间的变化曲线,即步冷曲线(图 2.9.1)。当熔融系统在均匀冷却过程中无相变化时,温度随时间延长均匀下降;当系统有金属析出发生相变时,由于相变时会放出凝固热,补偿了系统冷却时放出的热量,步冷曲线上会出现平台或转折点,其对应的温度即为金属或合金的相变温度。如图 2.9.1 所示,AB 段表示系统均匀冷却;当到达 B 点所对应的温度时,系统析出固体,发现相变,放出凝固热,其放出的热量补偿了部分系统冷却时放出的热量,降温速度减慢,因而步冷曲线上出现转折点;当到达 C 点所对应的温度时,系统析出低共熔混合物固体,此后温度不变,步冷曲线上出现平台(CD 段),直到系统完全凝固到达 D 点;随着继续冷却,系统温度迅速下降(DE 段)。

通过测定一系列组成不同样品的步冷曲线,根据步冷曲线得出系统相变时的温度,即转折点或平台所对应的温度。以温度为纵坐标,组成为横坐标,即可绘制二组分系统温度-组成相图(二组分固-液相图)。不同组成二组分系统的步冷曲线对应的相图如图 2.9.2 所示。

## 三、仪器和试剂

### 1. 主要仪器

计算机 1 台;调压变压器 1 台;可控升降温电炉 1 台;热电偶 5 支;平衡记录仪 1 台;不锈钢样品管 5 支。

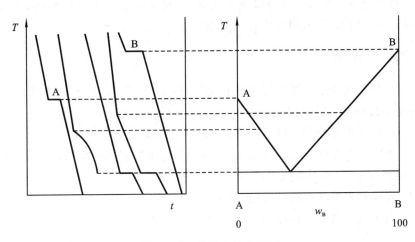

图 2.9.2 步冷曲线与相图

2. 主要试剂

Pb 粉,分析纯;Sn 粉,分析纯;石墨粉。

## 四、实验步骤

1. 样品配制

配制 Sn 质量分数分别为 0、30%、61.9%、70%、100%的锡铅混合物各 100 g,分别装入不锈钢样品管中,在样品上覆盖少许石墨粉,以防样品在加热过程中接触空气氧化,并贴好标签。

2. 样品步冷曲线测试

将样品管放入电炉内,插上热电偶,连接电源,设置电炉温度为 350 ℃左右,加热使样品熔化。当电炉到达设定温度且样品全部熔化后,打开冷却系统开始降温,并打开计算机金属相图测绘软件,自动采集数据并绘制步冷曲线。当温度降至 120 ℃以下时,停止采集,保存数据。重复上述操作,分别测试其余样品的步冷曲线。

## 五、实验数据处理

(1)根据步冷曲线确定拐点温度和平台温度,并记于表 2.9.1 中。

表 2.9.1 各样品的相变温度

| $w(Sn)/(\%)$ | 0 | 30 | 61.9 | 70 | 100 |
|---|---|---|---|---|---|
| 拐点温度/℃ | | | | | |
| 平台温度/℃ | | | | | |

（2）以温度为纵坐标，Sn 的组成为横坐标，根据表 2.9.1 中的数据，绘制 Pb-Sn 二组分金属相图，标出相图中各区的相态。

## 六、实验注意事项

（1）热分析法测绘相图要尽量使被测系统接近平衡态，冷却不能过快。为保证测定结果准确，需使用高纯度试样。

（2）热电偶传感器放入样品中的部位和深度要适当。

（3）为使步冷曲线上有明显的相变点，样品熔融时需搅拌均匀，搅拌时注意样品管不能离开电炉，同时需缓慢冷却。

（4）操作过程中注意防护，以防烫伤。

（5）由于过冷现象存在，降温过程中会升温，是正常现象。

## 七、实验拓展及应用

1. 不同二组分金属体系固-液相图的绘制

要求及提示如下。

(1)选用本实验装置进行测试。

(2)设计并绘制液态完全互溶、固态完全不互溶和固态完全互溶等不同状态的二组分金属体系相图，并予以比较。

(3)根据绘制的相图，求出低共熔温度及低共熔混合物组成，并与文献值进行比较，计算相对误差。

2. 水-盐二组分体系固-液相图的绘制

要求及提示如下。

(1)设计 $H_2O$-$(NH_4)_2SO_4$ 二组分体系相图绘制方案。

(2)通过测定不同温度下盐的溶解度绘制相图。

(3)通过相图解释重结晶提纯的基本原理。

## 八、思考题

（1）绘制二组分固-液相图常用的方法有哪些？

（2）步冷曲线上为什么会出现转折点？纯金属、低共熔混合物及合金的转折点各有几个？

（3）不同组成混合物的步冷曲线，其转折点与平台有什么不同？

（4）不同组成混合物的步冷曲线，其平台温度是否相同？为什么？

（5）应用相律公式说明为什么低共熔混合物析出时会出现平台。

## 九、阅读材料

### 中国的霍金——中国科学院院士金展鹏

　　金展鹏(1938—2020 年),生于广西荔浦,中国科学院院士,粉末冶金专家。金展鹏院士长期从事相图计算以及相变动力学的研究,发展了合金相的热力学模型,提出了高效研究相图的扩散偶微区成分分析方法,合作提出了阶段性亚稳相转变理论和推导亚稳相组织图的方法,计算并预测了一系列合金体系、氧化锆基陶瓷体系和人工晶体体系等结构材料和功能材料的相图,并建立了相应体系的热力学和相图数据库。发表论文近 200 篇,被 50 多种国外期刊广泛引用,并作为建立新理论、发展新方法、设计新材料、阐明新现象和制订新工艺的依据。

　　金展鹏院士在瑞典皇家工学院留学期间潜心钻研,将传统材料科学与现代信息学巧妙糅合,首创了三元电子扩散偶——电子探针微区成分分析方法,实现了用一个试样测定出三元相图整个等温截面,而在此之前,德国科学家必须用 52 个试样才能达到同样目的。这一方法,轰动了国际相图界,被誉为"金氏相图测定法",国际同行因此称他为"中国金"。

　　1998 年,金展鹏院士突发疾病致瘫,但他以病躯坚守岗位,承担了 1 项国家"863"课题、3 项国家自然科学基金课题,与美国通用电气公司开展国际合作课题,培养了一大批学术精英,创造了中国科技界的奇迹,被誉为"中国的霍金"。

# 实验十　电解质溶液电导的测定

## 一、实验目的

　　(1) 学会用电导法测定弱电解质乙酸的解离平衡常数。

　　(2) 掌握电导、电导率和摩尔电导率的概念以及它们之间的相互关系。

## 二、实验原理

　　电解质溶液属第二类导体,它是靠正、负离子的迁移传递电流。电解质溶液的电导 $G$ 是其电阻 $R$ 的倒数。把电解质溶液放入两平行电极之间,电导的大小与电极距离 $l$ 成反比,与电极面积 $A$ 成正比,即

$$G = \frac{1}{R} = \kappa \frac{A}{l} \tag{2-10-1}$$

式中,$\kappa$ 为电导率,单位为 $S \cdot m^{-1}$,是相距 1 m、面积为 1 $m^2$ 的两平行电极间溶液的电导;$l/A$ 为电导池常数,以 $K_{cell}$ 表示。通常可用已知电导率值的标准溶液(如 KCl

标准溶液)充入待用电导池中,测定其电导值,按照 $K_{cell} = \kappa/G$ 算出电导池常数的值。

电解质溶液的电导率不仅与离子种类、所带电荷、温度等有关,还与溶液的浓度有关。因此常用摩尔电导率 $\Lambda_m$ 来衡量电解质溶液的导电能力,$\Lambda_m$ 与 $\kappa$ 之间的关系如下:

$$\Lambda_m = \frac{\kappa}{c} \tag{2-10-2}$$

式中,$\Lambda_m$ 的单位为 $S \cdot m^2 \cdot mol^{-1}$,$c$ 的单位为 $mol \cdot L^{-1}$。

对于弱电解质来说,其电离度较小,电离产生的离子浓度较低,离子间相互作用可忽略不计,可认为在一定浓度下摩尔电导率与离子的真实浓度成正比。当溶液无限稀释时,弱电解质几乎全部电离,所以弱电解质的电离度 $\alpha$ 近似等于溶液在浓度为 $c$ 时的摩尔电导率 $\Lambda_m$ 和溶液在无限稀释时的摩尔电导率 $\Lambda_m^\infty$ 之比,即

$$\alpha = \frac{\Lambda_m}{\Lambda_m^\infty} \tag{2-10-3}$$

乙酸是 AB 型弱电解质,在水溶液中电离达平衡时,其电离平衡常数 $K_c$ 与浓度 $c$ 和电离度 $\alpha$ 有如下关系:

$$HAc \rightleftharpoons H^+ + Ac^-$$
$$c(1-\alpha) \quad c\alpha \quad c\alpha$$

$$K_c = \frac{c\alpha^2}{1-\alpha} \tag{2-10-4}$$

将式(2-10-3)代入式(2-10-4),得

$$K_c = \frac{c\Lambda_m^2}{\Lambda_m^\infty(\Lambda_m^\infty - \Lambda_m)} \tag{2-10-5}$$

或

$$c\Lambda_m = (\Lambda_m^\infty)^2 K_c \frac{1}{\Lambda_m} - \Lambda_m^\infty K_c \tag{2-10-6}$$

以 $c\Lambda_m$ 对 $\frac{1}{\Lambda_m}$ 作图,应为一条直线,从直线的斜率可求得 $K_c$。

根据离子独立运动理论,$\Lambda_m^\infty$ 可从离子的电导计算出来,$\Lambda_m$ 可从电导率的测定求得,然后可按式(2-10-5)算得 $K_c$。

对于乙酸的无限稀释摩尔电导率 $\Lambda_m^\infty$,有:

$$\Lambda_m^\infty(HAc) = \Lambda_m^\infty(H^+) + \Lambda_m^\infty(Ac^-) \tag{2-10-7}$$
$$\Lambda_m^\infty(H^+, T) = \Lambda_m^\infty(H^+, 298.15\ K)[1 + 0.042(t/℃ - 25)]$$
$$\Lambda_m^\infty(Ac^-, T) = \Lambda_m^\infty(Ac^-, 298.15\ K)[1 + 0.02(t/℃ - 25)]$$
$$\Lambda_m^\infty(H^+, 298.15K) = 349.82 \times 10^{-4} S \cdot m^2 \cdot mol^{-1}$$
$$\Lambda_m^\infty(Ac^-, 298.15K) = 40.90 \times 10^{-4} S \cdot m^2 \cdot mol^{-1}$$

## 三、仪器和试剂

### 1. 主要仪器

电导仪 1 台;恒温槽 1 套;电导电极 1 支;25 mL 移液管 2 支;250 mL 锥形瓶 1

个；电导池 1 个。

**2. 主要试剂**

0.01 mol・L$^{-1}$KCl 标准溶液；0.10 mol・L$^{-1}$乙酸标准溶液；电导水。

## 四、实验步骤

（1）将恒温槽温度调节至（25.0±0.1）℃。

（2）取电导池和电导电极，用电导水淌洗三次，再用 0.01 mol・L$^{-1}$KCl 标准溶液淌洗三次。在电导池中加入一定量的 KCl 标准溶液，插入电导电极，要求液面超过电导电极 1～2 cm，然后置于恒温槽中（其液面应低于水浴液面），恒温 10～15 min 后测定溶液的电导，不时摇动电导池，测量三次，取平均值。

（3）以 250 mL 锥形瓶装电导水，放入恒温槽中恒温 15 min 备用。倒去 KCl 标准溶液，先用电导水，再用乙酸标准溶液充分洗净电导池和电导电极，用 25 mL 移液管取 50 mL 0.10 mol・L$^{-1}$乙酸标准溶液于电导池中，放入恒温槽中恒温，同法测定其电导。测完后，用吸取乙酸的专用移液管从电导池中吸出 25 mL 溶液弃去，用取水专用移液管取 25 mL 恒温好的电导水加入电导池中，混合均匀，等温度恒定后测其电导，如此稀释四次。

（4）倒去乙酸，洗净电导池和电导电极，最后用电导水淌洗，取 50 mL 电导水测其电导。

（5）实验结束，关闭各装置电源开关，洗净电导电极，浸入电导水中备用。

注：也可事先配好浓度分别为 $c$、$c/2$、$c/4$、$c/8$ 和 $c/16$ 的五种乙酸溶液，再分别测定其电导。

## 五、实验数据处理

**1. 数据记录**

将实验所得数据记录于表 2.10.1 中。

表 2.10.1　数据记录表

溶液温度：_____℃；$G$（0.01 mol・L$^{-1}$KCl）：_____S；

$G(H_2O)$：_____S；$K_{cell}$：_____。

| 编号 | 乙酸浓度 $c$/(mol・L$^{-1}$) | 电导 $G$/S | 电导率 $\kappa$ /(S・m$^{-1}$) | 摩尔电导率 $\Lambda_m$ /(S・m$^2$・mol$^{-1}$) | $1/\Lambda_m$ /(mol・S$^{-1}$・m$^{-2}$) |
|------|------|------|------|------|------|
| 1 | | | | | |
| 2 | | | | | |
| 3 | | | | | |
| 4 | | | | | |
| 5 | | | | | |

2. 数据处理

(1) 计算电导池常数 $K_{cell}$。已知 25 ℃时 0.01 mol·L$^{-1}$KCl 标准溶液的电导率为 0.14083 S·m$^{-1}$。

(2) 计算各浓度乙酸的电导率和摩尔电导率。乙酸的电导率较小,其真实电导率应为直接测得的乙酸溶液的电导率减去电导水在相同条件下的电导率。

(3) 计算各浓度乙酸的电离度 $\alpha$,再计算各电离平衡常数 $K_c$,同时求得不同浓度下的平均 $K_c$。已知 25 ℃时 $\Lambda_m^\infty$(HAc)＝0.03907 S·m$^2$·mol$^{-1}$。

(4) 以 $c\Lambda_m$ 对 $\dfrac{1}{\Lambda_m}$ 作图,从直线斜率求 $K_c$,并与理论值比较,求相对误差,并进行误差分析。

## 六、实验注意事项

(1) 温度对溶液电导影响较大,实验中温度必须恒定,恒温槽温度要控制在 $(25.0 \pm 0.1)$ ℃。

(2) 溶液的电导对溶液的浓度很敏感,在测量前,要用被测溶液多次淌洗电导池和电极,以免影响测量结果。

(3) 保护好电极头,避免和硬物接触,防止损坏。

## 七、实验拓展及应用

电导测定在科研和生产中均用途广泛,例如电导滴定,测定临界胶束浓度、难溶盐溶解度、电离平衡常数,电导分析(如气体溶解后引起溶液电导变化),物质水分含量测定及控制,借助于电导变化进行动力学研究等。

1. 强电解质稀溶液的电导测定

要求及提示:

(1) 任选一种强电解质稀溶液进行测定。

(2) 利用恒温槽控温,测定此强电解质在不同浓度下的电导值,求出强电解质稀溶液摩尔电导率与浓度的关系式。

2. 一氯乙酸和二氯乙酸的电离平衡常数的测定

要求及提示:

测定一氯乙酸和二氯乙酸不同浓度下的电导值,求出其电离平衡常数,并与乙酸的结果相比较,分析它们之间存在差值的原因。

## 八、思考题

(1) 什么是电导率? 什么是摩尔电导率? 测定溶液电导率时为什么要恒温?

(2) 电导池常数是怎样确定的? 测定它的用意是什么?

（3）摩尔电导率随浓度变化的规律,对强弱电解质各不相同,强电解质稀溶液的摩尔电导率和浓度的关系是什么?

# 实验十一　电 导 滴 定

## 一、实验目的

（1）掌握用电导率仪测定电导率的实验技术。

（2）熟悉电导滴定的原理,用电导滴定法测定 HCl 溶液和乙酸溶液的浓度。

（3）掌握用图解法确定电导滴定终点的方法。

## 二、实验原理

水溶液中的离子在电场的作用下具有导电能力,其导电能力称为电导（$G$）,单位为 S(西门子)。测量电导的方法是将两电极插入溶液,测出两电极间的电阻,电导 $G$ 与电阻 $R$ 互为倒数,即

$$G = \frac{1}{R} = \frac{1}{\rho} \times \frac{A}{l} \tag{2-11-1}$$

式中:$\rho$ 为导体的电阻率,$\Omega \cdot m$;$A$ 为导体截面积(电导池中电极的面积),$m^2$;$l$ 为导体长度(电导池两电极间的距离),$m$。

令 $\kappa = \frac{1}{\rho}$ ,则

$$G = \kappa \frac{A}{l} \tag{2-11-2}$$

式中:$\kappa$ 为电导率,$S \cdot m^{-1}$。

对某一电导池而言,$l$ 与 $A$ 不变,$A/l$ 为常数,称为电导池常数（$K_{cell}$）。

滴定过程由于化学反应的发生,溶液中离子组成、浓度发生变化。电导滴定法是利用化学计量点前后电导率的变化来确定终点的滴定分析方法。该法迅速、准确,而且特别适用于混浊、有色样品及混合物的测定。

本实验采用电导滴定法测定 HCl 和 HAc 的浓度。

以强碱 NaOH 滴定强酸 HCl,滴定反应如下:

$$H^+ + Cl^- + Na^+ + OH^- \longrightarrow Na^+ + Cl^- + H_2O$$

原液中 $H^+$ 具有较大的电导率,滴定过程中,加入的 $OH^-$ 与 $H^+$ 结合成电离度很小的 $H_2O$,同时有另一电导率较小的 $Na^+$ 进入溶液。相当于 $Na^+$ 代替了 $H^+$,由于 $Na^+$ 的电导率小于 $H^+$ 的电导率,同时溶液体积增加,故滴定过程中电导率降低。到达化学计量点时,主要是 $Na^+$、$Cl^-$、$H_2O$,其电导率最低。超过化学计量点后,溶液中电导率大的 $OH^-$ 不断增加,故电导率回升,如图 2.11.1 所示。因此,可

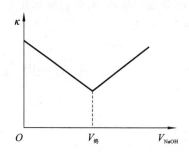

**图 2.11.1　NaOH 滴定 HCl 的电导率变化曲线**

由转折点求出酸碱滴定的终点。

以强碱 NaOH 滴定弱酸 HAc,滴定反应如下:

$$HAc + Na^+ + OH^- \longrightarrow Na^+ + Ac^- + H_2O$$

滴定前,HAc 溶液中 HAc 电离度很小,只有少量的 $H^+$ 及 $Ac^-$,故电导率很低。刚开始滴加入 NaOH 时,随着 $OH^-$ 加入,$H^+$ 浓度快速降低,溶液的电导率略有下降;随着 NaOH 的不断滴加,溶液中强电解质的浓度逐渐升高,溶液的电导率随之上升;超过化学计量点后,由于 $OH^-$ 不断累积,溶液的电导率迅速上升,如图 2.11.2 所示。因此,可由转折点求出酸碱滴定的终点。

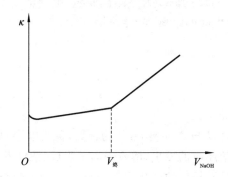

**图 2.11.2　NaOH 滴定 HAc 的电导率变化曲线**

## 三、仪器和试剂

1. 主要仪器

电导率仪 1 台;电导电极 1 支;电磁搅拌器 1 台;搅拌子 1 个;碱式滴定管 1 支;烧杯 2 只;50 mL 移液管 2 支;100 mL 量筒 1 个。

2. 主要试剂

$0.100\ 0\ mol \cdot L^{-1}$ NaOH 标准溶液(准确浓度已知);HCl 溶液;HAc 溶液。

## 四、实验步骤

### 1. 安装仪器

将电导率仪接上电源,开机预热并调节。装上电导电极,用蒸馏水冲洗并用滤纸吸干。注意:不能用滤纸用力擦铂黑电极,避免损坏电极。

### 2. 电导滴定

用移液管准确移取 50.00 mL 待测 HCl 溶液于 200 mL 的烧杯中,加入 50 mL 蒸馏水,充分搅拌后,将电导电极插入溶液,测定溶液的电导率,待读数稳定,记录数据。然后用滴定管滴加 NaOH 标准溶液,每加 0.5 mL 充分搅匀后,测定并记录溶液的电导率和 NaOH 标准溶液实际读数,当溶液电导率回升后,再测定 5～6 个点。

将 HCl 溶液换为 HAc 溶液,同上方法进行测定。

## 五、实验数据处理

### 1. 原始数据记录

按表 2.11.1,分别列表记录滴定 HCl 溶液和 HAc 溶液的实验数据。

**表 2.11.1　数据记录表**

| 编　　号 | 1 | 2 | 3 | 4 | 5 | 6 | 7 | 8 | 9 | 10 | 11 |
|---|---|---|---|---|---|---|---|---|---|---|---|
| $\kappa/(\mu S \cdot cm^{-1})$ | | | | | | | | | | | |
| $V_{NaOH}/mL$ | | | | | | | | | | | |

### 2. 数据处理和计算

作 $\kappa$-$V_{NaOH}$ 图,确定滴定终点时所用 NaOH 溶液的体积,计算 HCl 溶液和 HAc 溶液的浓度。

## 六、实验注意事项

(1)仪器应保持干燥,防止腐蚀性气体进入仪器内部。

(2)插入插头后应保持插接良好,防止接触不良。

(3)注意保护铂黑电极,避免损坏。

## 七、实验拓展及应用

### 1. HCl 和 HAc 混合液的电导滴定

要求及提示如下。

(1)用 NaOH 溶液滴定 HCl 和 HAc 的混合溶液时,溶液的电导率先下降,再上升(上升较为平缓),NaOH 过量后电导率迅速上升。

(2) 作图可得有 2 个拐点的滴定曲线,第一个拐点所对应的体积为滴定 HCl 所消耗的 NaOH 量,滴定 HAc 所需的 NaOH 量为两个拐点对应的体积之差。

2. 电导滴定法测定食醋中乙酸的含量

要求及提示:

(1) 由于食醋成分复杂且色泽很深,普通酸碱滴定法测定时干扰严重,误差较大。

(2) 食醋主要成分是乙酸,还含有少量苹果酸、琥珀酸、乳酸、柠檬酸、葡萄糖酸等不挥发性有机酸,一般食醋的总酸度以乙酸表示。如要求分别测定不挥发性酸和挥发性酸的含量,应如何去做? 请简要设计一个实验方案。

3. 其他拓展知识

电导滴定法是一种快速简便的分析方法,在水质分析方面发挥着重要作用,常常以电导率为水质纯度重要的衡量指标之一。现代生活、生产、科研等所使用水的质量直接影响着生活质量、产品质量及研发分析结果。如核电站需使用大量的超纯水;新能源、半导体等行业对生产用水纯度要求也极高,以防止水中杂质带入电芯、芯片等元件。电导滴定可以在线快速测定水质的重要指标——电导率,由此可以判断水中离子的含量大小,并估算盐度及粗略估计总固体溶解物含量。

电导滴定不仅可用于混浊、有色样品及混合物体系的测定,同时可减少分离过程中使用大量化学试剂;一般无须使用指示剂,可避免指示剂(如甲基橙等)频繁使用造成的环境污染。

## 八、思考题

(1) 电导滴定法与指示剂法相比,有何优点?

(2) 电导滴定时,为何要先用水稀释待测溶液?

# 实验十二　电动势法测定氯化银溶度积和溶液的 pH 值

## 一、实验目的

(1) 掌握用补偿法测定电动势的基本原理和方法,理解可逆电极、电极电势、可逆电池等基本概念。

(2) 学会用电位差计测定电池电动势。

(3) 学会用电化学方法测定微溶盐 AgCl 的溶度积和 HAc-NaAc 缓冲溶液的 pH 值。

## 二、实验原理

电池有正、负两极，电池在放电过程中，正极起还原反应，负极起氧化反应，电池反应是电池中所有反应的总和。一个电池成为可逆电池的条件是除要求电池的电极反应是可逆的，且不存在任何不可逆的液接界面外，电池还必须在可逆情况下工作，即放电和充电过程必须在接近平衡状态下进行，两个电极间不能有电流通过或通过的电流必须十分微小。此时两极间的电位差最大，这一最大电位差称为电池电动势。

显然不能直接用电压表去测量电动势，电压表尽管内阻很大，但测量时总有一定的电流通过电压表。此外，电池本身存在一定的内阻，所以电压表测出的只是两极上的电位差而不是电池的电动势。为此，可利用一个外加工作电池和待测电池并联，这样工作电池和待测电池的电动势方向相反，当它们数值相等时，两者相互对消，检流计 G 中无电流通过，这时测出的电极间电位差即为电动势。

对于有液接界面存在液接电势的电池，由于离子的扩散是不可逆过程，严格地说已不是可逆电池，但可通过加入盐桥连接，消除或降低液接电势。盐桥中的电解质常用饱和 $KCl$、$NH_4NO_3$ 和 $KNO_3$ 等，由于这些电解质电离出的正、负离子迁移数及运动速率非常接近，因此在两个接触面上所产生的液接电势大小几乎相等，符号相反，从而大幅降低了由于正、负离子扩散不同所产生的液接电势。测定原理及方法见本书第三章第五节。

### 1. 电极电势的测定

由于电极电势的绝对值无法测定，所以在电化学中规定电池"$Pt, H_2(p^{\ominus}) | H^+(a=1) \parallel 待测电极$"的电动势就是待测电极的电极电势。即规定标准氢电极的电极电势为 0。但标准氢电极的使用比较麻烦，因此常用具有稳定电极电势的电极如甘汞电极、$Ag\text{-}AgCl$ 电极作为参比电极。

本实验是测定电池"$Hg(l)\text{-}Hg_2Cl_2(s) | KCl(饱和) \parallel Ag^+(a_{\pm}) | Ag(s)$"（用饱和 $NH_4NO_3$ 溶液作盐桥）的电动势，并由此计算 $\varphi^{\ominus}(Ag^+/Ag)$ 电极电势。该电池的电动势为

$$E = \varphi_{Ag^+/Ag} - \varphi_{甘汞} = \varphi^{\ominus}_{Ag^+/Ag} + \frac{RT}{nF}\ln a_{Ag^+} - \varphi_{甘汞} \tag{2-12-1}$$

所以

$$\varphi^{\ominus}_{Ag^+/Ag} = E - \frac{RT}{nF}\ln a_{Ag^+} + \varphi_{甘汞} \tag{2-12-2}$$

### 2. AgCl 溶度积的测定

$Ag | AgNO_3(a_1) \parallel AgNO_3(a_2) | Ag$（用饱和 $NH_4NO_3$ 溶液作盐桥）是一个消除了液接电势的浓差电池，其电动势为

$$E = \frac{RT}{F}\ln\frac{a_2}{a_1} = \frac{RT}{F}\ln\frac{\gamma_2 c_2}{\gamma_1 c_1} \tag{2-12-3}$$

对于电池:$Ag|KCl(0.1\ mol\cdot kg^{-1})$,$AgCl$(饱和)$\parallel AgNO_3(0.1\ mol\cdot kg^{-1})|$ $Ag$(用饱和 $NH_4NO_3$ 溶液作盐桥),若令 $0.10\ mol\cdot kg^{-1}$ KCl 中的 $Ag^+$ 活度为 $a_{Ag^+}$,则其电动势为

$$E=\frac{RT}{F}\ln\frac{a_2}{a_1}=\frac{RT}{F}\ln\frac{0.734\times0.10}{a_{Ag^+}} \qquad (2\text{-}12\text{-}4)$$

式中:0.734 为 25 ℃时 $0.1\ mol\cdot kg^{-1}$ $AgNO_3$ 的离子平均活度系数。因为 AgCl 的活度积 $K_{sp}=a_{Ag^+}a_{Cl^-}$,所以将 $a_{Ag^+}=\dfrac{K_{sp}}{a_{Cl^-}}$ 代入式(2-12-4)得

$$E=-\frac{RT}{F}\ln K_{sp}+\frac{RT}{F}\ln(0.734\times0.10)+\frac{RT}{F}\ln a_{Cl^-} \qquad (2\text{-}12\text{-}5)$$

故　　　　　　$\ln K_{sp}=\ln(0.734\times0.10)+\ln(0.770\times0.10)-\dfrac{EF}{RT} \qquad (2\text{-}12\text{-}6)$

式(2-12-6)中的 0.770 为 25 ℃时 $0.10\ mol\cdot kg^{-1}$ KCl 的离子平均活度系数,在纯水中 AgCl 的溶解度很小,故活度积就是溶度积。

### 3. 溶液的 pH 值测定

溶液的 pH 值也可以用电动势法精确测量,其原理是将氢离子指示电极与参比电极(一般用饱和甘汞电极作参比电极)组成电池,测出其电动势,再根据能斯特方程算出溶液的 pH 值。常用的氢离子指示电极有氢电极、醌氢醌电极和玻璃电极等,在此用醌氢醌(Q·QH$_2$)电极。Q·QH$_2$ 为苯醌($C_6H_4O_2$,简记 Q)和氢醌($C_6H_4(OH)_2$,简记 QH$_2$)按 1:1 的比例组成的混合物,在水溶液中部分分解。

将少量 Q·QH$_2$ 加入待测溶液中,插入一光亮铂电极,就构成 Q·QH$_2$ 电极,可用它构成如下电池:$Hg(l)\text{-}Hg_2Cl_2(s)\mid KCl$(饱和)$\parallel H^+(0.10\ mol\cdot kg^{-1}\ HAc$ $+0.10\ mol\cdot kg^{-1}\ NaAc)$,Q·QH$_2\mid Pt$。Q·QH$_2$ 电极反应为

$$C_6H_4O_2+2H^++2e^-\longrightarrow C_6H_4(OH)_2 \qquad (2\text{-}12\text{-}7)$$

其电极电势

$$\varphi_{Q\cdot QH_2}=\varphi^{\ominus}_{Q\cdot QH_2}-\frac{RT}{2F}\ln\frac{a_{QH_2}}{a_Q a_{H^+}^2} \qquad (2\text{-}12\text{-}8)$$

常温下 Q·QH$_2$ 微溶于水,在水中两者的浓度都很小,其活度系数都近似为 1,两者活度近似相等,所以

$$\varphi_{Q\cdot QH_2}=\varphi^{\ominus}_{Q\cdot QH_2}-\frac{2.303RT}{F}\times pH \qquad (2\text{-}12\text{-}9)$$

电池的电动势为

$$E=\varphi_{Q\cdot QH_2}-\varphi_{甘汞}=\varphi^{\ominus}_{Q\cdot QH_2}-\frac{2.303RT}{F}\times pH-\varphi_{甘汞} \qquad (2\text{-}12\text{-}10)$$

$$pH=(\varphi^{\ominus}_{Q\cdot QH_2}-E-\varphi_{甘汞})/(2.303RT/F) \qquad (2\text{-}12\text{-}11)$$

## 三、仪器和试剂

1. 主要仪器

电位差计 1 台；饱和甘汞电极 1 支；银电极 2 支；半电极管 2 根；100 mL 小烧杯 4 只；光亮铂电极 1 支；U 形盐桥 1 支(内充有饱和 $KNO_3$ 溶液的琼脂)；温度计 1 支；洗耳球 1 个。

2. 主要试剂

饱和 $KNO_3$ 溶液；$0.100\ mol \cdot kg^{-1} AgNO_3$ 溶液；$0.100\ mol \cdot kg^{-1} KCl$ 溶液；饱和 KCl 溶液；醌氢醌粉末；$0.100\ mol \cdot kg^{-1} HAc$ 与 $0.100\ mol \cdot kg^{-1} NaAc$ 缓冲溶液。

## 四、实验步骤

两种盐桥的实验装置图如图 2.12.1 所示。

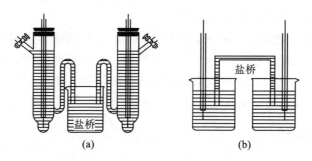

**图 2.12.1　两种盐桥的实验装置图**

1. 电极电势的测定

(1) 温度的测定。在 100 mL 烧杯中倒入饱和 $KNO_3$ 溶液，将温度计插入其中 5 min 左右，测定该溶液的温度。

(2) 测定电池电动势。将银电极插入洁净的半电极管中并塞紧，从半电极管的吸管口处用洗耳球吸入 $0.100\ mol \cdot kg^{-1}$ 的 $AgNO_3$ 溶液至浸没银电极并略高一点，用夹子夹紧其胶管，使半电极管的支管处没有液体滴出。以 $Ag \mid AgNO_3$ $(0.100\ mol \cdot kg^{-1})$ 电极为正极，饱和甘汞电极为负极，一同插入上述饱和 $KNO_3$ 溶液中，用电位差计测其电池电动势。

2. AgCl 溶度积的测定

(1) 电极的准备。将两根银电极用细砂纸轻轻打磨光，再用蒸馏水洗净，浸入相同浓度的 $AgNO_3$ 溶液中，用电位差计测其电动势，若电动势小于 0.001 V，则进行下面实验，否则银电极应重新处理。

(2) 测定电池电动势。将 $0.100\ mol \cdot kg^{-1} KCl$ 溶液倒入一洁净半电极管的

一半处,并滴入一滴 0.100 mol·kg$^{-1}$ AgNO$_3$ 溶液,充分振动,静置 10 min 左右,将一支处理好的银电极插入其中并塞紧,从其吸管口处用洗耳球再吸入 0.100 mol·kg$^{-1}$ KCl 溶液,至半电极管的支管充满溶液,用夹子夹紧其胶管,使半电极管的虹吸管处没有液体滴出,也没有气泡。将另一支处理好的银电极插入另一半电极管中并塞紧,从其吸管口处用洗耳球吸入 0.100 mol·kg$^{-1}$ 的 AgNO$_3$ 溶液至浸没电极并略高一点,并使半电极管的虹吸管处没有液体滴出,也没有气泡。将两半电极管一同插入饱和 KNO$_3$ 溶液中。以 Ag|AgNO$_3$(0.100 mol·kg$^{-1}$) 为正极,Ag|KCl(0.100 mol·kg$^{-1}$),AgCl(饱和) 为负极,测其电池电动势。

3. pH 值的测定

(1) 电极的准备。铂电极用蒸馏水清洗干净,若铂片上有油污,应在丙酮中浸泡后,用蒸馏水清洗。

(2) 盐桥的制备。制备方法:在 100 mL 饱和 KNO$_3$ 溶液中加入 3 g 琼脂,煮沸,用滴管把它灌入干净 U 形管中,U 形管里以及管两端不能留有气泡,冷却后待用,不用时将其放在饱和 KNO$_3$ 溶液中存放。

(3) 测定电池电动势。取一定量 HAc-NaAc 缓冲溶液于烧杯中,加入少量醌氢醌粉末,均匀搅拌使之溶解,但仍保持溶液中含有少量固体,插入光亮铂电极作为正极,把饱和甘汞电极插入装有饱和 KCl 溶液的烧杯中作为负极,两烧杯间架上盐桥,组成电池。用电位差计测定其电池电动势。

## 五、实验数据处理

1. 实验记录

(1) 电极电势的测定:$T=$ _____ ;$E=$ _____ 。

(2) AgCl 溶度积的测定:$E_{测量}=$ _____ 。

(3) HAc-NaAc 缓冲溶液 pH 值的测定:$E_{测量}=$ _____ 。

2. 数据处理

(1) 电极电势的测定。由实验测得的电池电动势求 $\varphi^{\ominus}_{Ag^+/Ag}$,并将结果与 $\varphi^{\ominus}_{Ag^+/Ag}=[0.799\,1-9.88\times10^{-4}(t/℃-25)]$V 进行比较,要求相对误差小于 3%。已知:

$$\varphi_{甘汞}=[0.241\,5-7.6\times10^{-4}(t/℃-25)]\ V$$

且 0.100 mol·kg$^{-1}$ AgNO$_3$ 的 $\gamma_{Ag^+}=\gamma_{\pm}=0.734$。

(2) AgCl 溶度积的测定。将实验测得的电池电动势 $E_{测量}$ 代入式(2-12-6),计算 AgCl 的 $K_{sp}$。并将 $K_{sp}=1.8\times10^{-10}$ 代入式(2-12-5),计算 $E_{计算}$,将 $E_{测量}$ 与 $E_{计算}$ 进行相对误差的计算,要求相对误差小于 5%。

(3) 将实验测得的电池电动势 $E_{测量}$ 代入式(2-12-11),计算缓冲溶液的 pH 值。

已知：$\varphi_{\ominus}^{\ominus}.{QH_2}=[0.699\ 4-7.4\times10^{-4}(t/℃-25)]$ V。乙酸的电离平衡常数 $K_a=\dfrac{a_{H^+}\ a_{Ac^-}}{a_{HAc}}$，取对数可得公式 $pH=-\lg K_a+\lg\dfrac{a_{Ac^-}}{a_{HAc}}$，已知 $K_a=1.75\times10^{-5}$，乙酸浓度低，且是分子状态，可认为其活度系数为 1，$Ac^-$ 的活度则可取为相同浓度 NaAc 的平均活度，利用此公式可计算缓冲溶液的 pH 值，已知 $0.10$ mol·$kg^{-1}$ NaAc 的离子平均活度系数为 0.79。将实验所得 pH 值与理论计算值进行相对误差计算。

## 六、实验注意事项

（1）盐桥中 $KNO_3$ 的浓度一定要饱和，即溶液中要有固体 $KNO_3$ 存在，否则电池电动势的测量值不准。

（2）制作的"Ag|KCl（0.100 mol·$kg^{-1}$），AgCl（饱和）"电极静置时间应足够长，否则不能测到电池电动势的稳定值。

（3）电动势的测量方法属于平衡测量，因此测量前应初步估算被测电池的电动势大小，以便在测量时能迅速找到平衡点，避免所测电极极化，此外要尽可能使被测电池平稳，不受震动影响，测出的值才会稳定不变。

（4）U 形盐桥可以反复使用，在把盐桥放入待测溶液之前，先用蒸馏水将其表面的溶液冲洗掉，并用滤纸将其表面的水溶液吸干。盐桥使用完后，必须用蒸馏水洗净，放入饱和 $KNO_3$ 溶液中保存，以免干缩报废。

## 七、实验拓展及应用

1. AgCl 溶度积的快速测定

假如实验室缺少 $AgNO_3$ 试剂，请设计实验方案，利用两种常用参比电极——银-氯化银电极与饱和甘汞电极快速测量出 AgCl 的溶度积。（两种参比电极的相关参数可自行查阅相关文献获取。）

2. 化学反应热力学函数的测定

电动势的测量在物理化学研究工作中具有重要的实际意义，通过电池电动势的测量可以获得系统的许多热力学数据，如平衡常数、电解质活度及活度系数、电离常数、溶解度、配位常数、酸碱度以及某些热力学函数改变量等。其中，化学反应的热力学函数改变量的测定，既可用热化学方法，也可用电动势法。由于电池电动势可以测得很准，因此电化学方法所测得数据常比热化学方法准确和可靠。

要求及提示：

（1）在恒温、恒压可逆条件下，电池所做的电功是最大有用功。利用对消法测定电池的电动势，即可计算电池反应的 $\Delta_r G_m$、$\Delta_r S_m$ 和 $\Delta_r H_m$。公式如下：

$$(\Delta_r G_m)_{T,p}=-nFE$$

$$\Delta_r S_m = nF \left( \frac{\partial E}{\partial T} \right)_p$$

$$\Delta_r H_m = - nFE + nFT \left( \frac{\partial E}{\partial T} \right)_p$$

(2) 设计可逆电池,调节恒温水槽温度为 $20 \sim 50$ ℃,每隔 $5 \sim 10$ ℃测定一次电动势,将所测电动势与热力学温度 $T$ 作图,由图中曲线求取不同温度下的 $\left( \frac{\partial E}{\partial T} \right)_p$,进而求得相关热力学函数。

## 八、思考题

(1) 标准电池、工作电池和参比电极各有什么作用?

(2) 为什么在测量原电池电动势时,要用补偿法进行测量,而不能用电压表来测量?

(3) 测量双液电池的电动势时为什么要使用盐桥? 如何选择盐桥中的电解质?

# 实验十三　　电动势法测定化学反应的热力学函数

## 一、实验目的

(1) 掌握电位差计测定原电池电动势的原理和方法。

(2) 掌握电动势法测定化学反应热力学函数变化值的原理和方法。

(3) 测定可逆电池在不同温度下的电动势,计算电池反应的 $\Delta_r G_m$、$\Delta_r S_m$ 和 $\Delta_r H_m$。

## 二、实验原理

化学反应的热力学函数可以用热化学方法直接量度,也可用电化学方法来测量。采用测定电池电动势法求化学反应的热力学函数变化值,比用热化学方法更精确,测试方法简单,测试灵敏度高,重现性好。

恒温恒压下,化学反应在原电池中可逆进行时,吉布斯函数的减少全部转化为对外所做的电功,测定一定温度、压力下原电池的可逆电动势 $E$,可计算反应的摩尔反应吉布斯函数变。

$$\Delta_r G_m = - nFE \tag{2-13-1}$$

式中:$n$ 为电池反应电子转移数;$F$ 为法拉第常数。

因 $\left( \frac{\partial \Delta_r G_m}{\partial T} \right)_p = - \Delta_r S_m$,将式(2-13-1)代入得

$$\Delta_r S_m = nF\left(\frac{\partial E}{\partial T}\right)_p \tag{2-13-2}$$

式中：$\left(\dfrac{\partial E}{\partial T}\right)_p$ 称为原电池电动势的温度系数，表示恒压下电动势随温度的变化率，其值可通过实验测定不同温度下的电动势求得。将式（2-13-1）和式（2-13-2）代入公式 $\Delta_r G_m = \Delta_r H_m - T\Delta_r S_m$，即得

$$\Delta_r H_m = -nFE + nFT\left(\frac{\partial E}{\partial T}\right)_p \tag{2-13-3}$$

将化学反应 $Ag^+ + Cl^- \Longrightarrow AgCl(s)$ 设计成可逆电池，即

$$Ag(s)\,|\,AgCl(s)\,|\,KCl(0.1\ mol \cdot L^{-1})\,\|\,AgNO_3(0.01\ mol \cdot L^{-1})\,|\,Ag(s)$$

在恒压下，采用对消法测定一定温度 $T$ 时电池电动势 $E$，即可求得该电池反应的 $\Delta_r G_m$。测定不同温度下的电动势，以电动势对温度作图（$E$-$T$ 图），从曲线上求得电池的温度系数 $\left(\dfrac{\partial E}{\partial T}\right)_p$，代入式（2-13-2）和式（2-13-3），进而求得电池反应的 $\Delta_r S_m$ 和 $\Delta_r H_m$。

## 三、仪器和试剂

1. 主要仪器

电位差计 1 台；银电极 1 支；银-氯化银电极 1 支；恒温水槽一套；烧杯若干。

2. 主要试剂

0.1 mol·$L^{-1}$ KCl 溶液；0.01 mol·$L^{-1}$ AgNO$_3$ 溶液。

## 四、实验步骤

1. 电池的组装

将银-氯化银电极和银电极组成电池，并将电极导线接在电位差计的"未知"端口（电池正极导线接电位差计的"＋"接线柱，电池负极导线接"－"接线柱）。

2. 电池电动势的测定

分别在温度为 298.15 K、303.15 K、308.15 K、313.15 K、318.15 K 时测定电池的电动势。

## 五、实验数据处理

（1）实验数据记录与处理如表 2.13.1 所示。

表 2.13.1　实验数据记录与处理

温度_____　　大气压_____

| 温度 $T$/K | 298.15 | 303.15 | 308.15 | 313.15 | 318.15 |
|---|---|---|---|---|---|
| 电池电动势 $E$/V | | | | | |

(2) 以 298.15 K 时测得的电动势,计算反应的 $\Delta_r G_m$(298.15 K)。

(3) 根据表 2.13.1 实验数据绘制 $E\text{-}T$ 图,通过斜率求出该电池电动势的温度系数 $\left(\dfrac{\partial E}{\partial T}\right)_p$,并计算反应的 $\Delta_r S_m$(298.15 K)和 $\Delta_r H_m$(298.15 K)。

## 六、注意事项

(1) 实验过程中测定不同温度下原电池的电动势时,不要更换电极。

(2) 测定刚开始时,电动势不太稳定,需每隔一定时间测定一次,直到稳定为止。

## 七、实验拓展及应用

1. 利用电动势法测定化学反应 $Cu + 2Ag^+ \Longrightarrow Cu^{2+} + 2Ag$ 的热力学函数

要求及提示:

(1)将化学反应 $Cu + 2Ag^+ \Longrightarrow Cu^{2+} + 2Ag$ 设计成可逆电池。

(2)在恒压下,采用对消法测定一定温度 $T$ 时的电池电动势 $E$,即可求得该电池反应的 $\Delta_r G_m$。测定不同温度下的电动势,作 $E\text{-}T$ 图,从曲线上求得电池的温度系数,计算电池反应的 $\Delta_r S_m$ 和 $\Delta_r H_m$。

2. 解决化学平衡相关问题

"原电池电动势的测定及其应用"是经典的物理化学实验。通过测定电池电动势,可以获得化学反应的诸多热力学参数,如平衡常数、离子活度及活度系数、溶度积以及某些热力学函数变化值等。

要求及提示:利用可逆电池和化学平衡等知识,设计可逆电池,列出所求函数的计算式。

## 八、思考题

(1) 对消法测定电动势的基本原理是什么?

(2) 本实验测定电池反应热力学函数时,为什么要求电池内进行的反应是可逆反应?

(3) 实验误差产生的原因有哪些?

## 九、阅读材料

### 我国现代电化学重要奠基人———中国科学院院士查全性

查全性(1925—2019 年)是著名化学家、教育家,我国现代电化学重要奠基人之一,中国表面工程行业功勋人物,中国科学院院士。

查全性毕生从事电化学相关的科研和人才培养工作。20 世纪 50 年代末,查全性从苏联进修回国,在条件十分艰苦的环境下,克服重重困难,以极大的热情开始了电化学研究和人才培养工作。其研究领域包括"电极/溶液"界面上的吸附、多孔电极极化理论、电化学催化与光电化学催化、粉末微电极,以及多种电化学材料在化学电源、金属表面处理与防腐、电化学分析与传感器方面的应用等。

查全性早年致力于对正、负离子和非离子型表面活性物质在电极表面上的吸附过程及其对电极反应过程影响的系统研究。他所总结出的有关规律对于选择电镀添加剂和电池缓蚀剂具有重要的指导意义。20 世纪 70 年代中期,在对气体扩散电极深入研究的基础上,其科研团队根据国家需要,研制出了 200 W 间接氨空气燃料电池系统和锌-空气电池;80 年代开始,他主要从事光电化学催化、高比能锂电池及生物酶电极研究,创建了适用于研究粉末材料电化学性质的粉末微电极方法。即便是在耄耋之年,查全性依然奋战在科学研究第一线,并在其 80 岁之际出版了化学电源研究领域的重要论著《化学电源选论》。查全性在科研中特别注重理论与实践相结合,所从事的基础理论研究课题大多源自电化学实践,应用研究时,总是力求把对问题的认识提升到理论高度。查全性在电化学领域的卓越贡献深为国内外同行所称道,为我国电化学研究事业作出了重大贡献。

# 实验十四　电解质溶液活度系数的测定

## 一、实验目的

(1)掌握电位差计测定原电池电动势的原理和方法。

(2)掌握电动势法测定电解质溶液离子平均活度系数和活度的原理及方法。

## 二、实验原理

电池:$Hg \mid Hg_2Cl_2(s) \mid KCl(饱和) \parallel AgNO_3(b) \mid Ag$ 为双液电池(以饱和 $KNO_3$ 溶液制作盐桥),其电动势 $E = \varphi_{Ag^+/Ag} - \varphi_{甘汞}$。由于饱和甘汞电极的电极电势与温度有关:

$$\varphi_{甘汞} = [0.241\,5 - 7.6 \times 10^{-4}(t/{℃} - 25)]\,V$$

温度恒定在 25 ℃,则

$$E = \varphi_{Ag^+/Ag}^{\ominus} + (0.059\,15 \lg a_{Ag^+} - 0.241\,5)\,V$$

$$= \varphi_{Ag^+/Ag}^{\ominus} + (0.059\,15 \lg a_{\pm} - 0.241\,5)\,V$$

由于 $AgNO_3$ 是 1-1 型电解质,所以其 $b_{\pm} = b$,故

$$E = \varphi_{Ag^+/Ag}^{\ominus} + [0.059\,15 \lg(\gamma_{\pm} b/b^{\ominus}) - 0.241\,5]\,V \qquad (2\text{-}14\text{-}1)$$

即　　　　$\lg\gamma_{\pm} = \dfrac{(E-\varphi^{\ominus}_{Ag^+/Ag})/V + 0.241\ 5 - 0.059\ 15\lg(b/b^{\ominus})}{0.059\ 15}$　　　(2-14-2)

根据德拜-休克尔(Debye-Hückel)极限公式,对 1-1 型电解质的极稀溶液来说,离子平均活度系数有如下关系式

$$\lg\gamma_{\pm} = -A\sqrt{b}$$

故

$$\dfrac{(E-\varphi^{\ominus}_{Ag^+/Ag})/V + 0.241\ 5 - 0.059\ 15\lg(b/b^{\ominus})}{0.059\ 15} = -A\sqrt{b}$$

或

$$E/V - 0.059\ 15\lg(b/b^{\ominus}) = (\varphi^{\ominus}_{Ag^+/Ag}/V - 0.241\ 5) - 0.059\ 15A\sqrt{b}$$

$$(2\text{-}14\text{-}3)$$

　　若　　　　　　　　$E' \overset{\text{def}}{=\!=\!=} \varphi^{\ominus}_{Ag^+/Ag} - 0.241\ 5\ V$

则　　　　　$E - [0.059\ 15\lg(b/b^{\ominus})]V = E' - (A\sqrt{b})V$　　　(2-14-4)

将不同浓度的 $AgNO_3$ 溶液构成双液电池,并分别测出其相应的 $E$ 值,以 $E - 0.059\ 15\lg(b/b^{\ominus})$ 为纵坐标,以 $\sqrt{b}$ 为横坐标作图,可得一条直线(图2.14.1)。

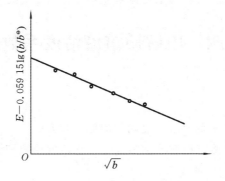

**图 2.14.1**　以 $E - 0.059\ 15\lg(b/b^{\ominus})$ 对 $\sqrt{b}$ 作图

将此直线外推,即能求得 $E'$(与纵坐标相交所得之截距可视为 $E'$)。求得 $E'$ 后,再将各不同浓度时所测得的相应的 $E$ 值代入式(2-14-2),就可计算出不同浓度下的 $\gamma_{\pm}$。同时根据 $a_{AgNO_3} = a_{Ag^+}a_{NO_3^-} = a_{\pm}^2 = (\gamma_{\pm}b_{\pm}/b^{\ominus})^2$ 的关系,可计算出不同浓度 $AgNO_3$ 溶液的活度。

## 三、仪器和试剂

### 1. 主要仪器

电位差计 1 台;恒温槽 1 套;饱和甘汞电极 1 支;银电极 1 支;盐桥 1 支;100 mL 容量瓶 1 个;5 mL、10 mL 移液管各 1 支;50 mL、100 mL 烧杯各 2 只。

2. 主要试剂

饱和 $KNO_3$ 溶液;0.100 0 mol・$kg^{-1}$ $AgNO_3$ 溶液。

## 四、实验步骤

(1) 打开恒温槽,调节温度为 25 ℃。

(2) 银电极的预处理。将银电极用细砂纸轻轻打磨光,然后用蒸馏水冲洗 2～3 次,备用。

(3) 溶液的配制。用 0.100 0 mol・$kg^{-1}$ $AgNO_3$ 溶液配制浓度为 $1.5\times10^{-3}$ mol・$kg^{-1}$、$3.0\times10^{-3}$ mol・$kg^{-1}$、$5.0\times10^{-3}$ mol・$kg^{-1}$、$8.0\times10^{-3}$ mol・$kg^{-1}$、$10.0\times10^{-3}$ mol・$kg^{-1}$ 的 $AgNO_3$ 溶液(由于浓度很稀,所以可以用体积摩尔浓度代替质量摩尔浓度)。注意:一定使用同一移液管与同一容量瓶,由稀到浓进行配制。而且是测定完某一浓度溶液后,再配制下一浓度的溶液。

(4) 电池电动势的测定。电池装置如图 2.14.2 所示。

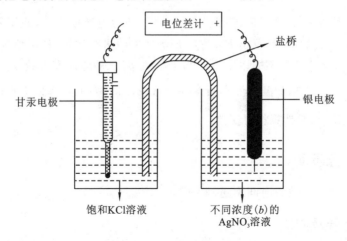

**图 2.14.2　电池装置图**

① 以饱和 $KNO_3$ 溶液为盐桥,$Ag|AgNO_3(b)$ 电极为正极,饱和甘汞电极为负极,$AgNO_3$ 溶液浓度为 $1.5\times10^{-3}$ mol・$kg^{-1}$,按图 2.14.2 组装电池。组装电池前注意清洗所用烧杯、电极及相关玻璃仪器。将电池置于温度为 25 ℃的恒温槽内,恒温 10 min。

② 将银电极接电位差计的"＋"接线柱,甘汞电极接电位差计的"－"接线柱。

③ 遵照电位差计的使用方法,测定该电池的电动势 $E$(测定三次,取平均值)。

④ 更换不同浓度的 $AgNO_3$ 溶液,由稀到浓依次测定电池的电动势 $E$。

## 五、实验数据处理

(1) 将实验数据记入表 2.14.1 中。

表 2.14.1　不同电池电动势测定原始数据表

| $b/(\text{mol} \cdot \text{kg}^{-1})$ | $1.5 \times 10^{-3}$ | $3.0 \times 10^{-3}$ | $5.0 \times 10^{-3}$ | $8.0 \times 10^{-3}$ | $10.0 \times 10^{-3}$ |
|---|---|---|---|---|---|
| $E/\text{V}$ | | | | | |

（2）在表 2.14.2 中对实验数据进行处理。

表 2.14.2　数据处理表

| $b/(\text{mol} \cdot \text{kg}^{-1})$ | $1.5 \times 10^{-3}$ | $3.0 \times 10^{-3}$ | $5.0 \times 10^{-3}$ | $8.0 \times 10^{-3}$ | $10.0 \times 10^{-3}$ |
|---|---|---|---|---|---|
| $\sqrt{b}$ | | | | | |
| $E/\text{V} - 0.059\ 15\lg(b/b^{\ominus})$ | | | | | |
| $\gamma_{\pm}$ | | | | | |
| $a_{\pm}$ | | | | | |
| $a_{\text{AgNO}_3}$ | | | | | |

（3）以 $E/\text{V} - 0.059\ 15\lg(b/b^{\ominus})$ 为纵坐标，$\sqrt{b}$ 为横坐标作图，并用外推法求出 $E'$。查出 $\varphi^{\ominus}_{\text{Ag}^+/\text{Ag}}$ 的值，计算出 $E'$，并与 $E'$ 的实验值进行比较，计算相对误差。

（4）计算上述 5 个不同浓度 $\text{AgNO}_3$ 溶液的离子平均活度系数 $\gamma_{\pm}$，再与德拜-休克尔(Debye-Hückel)极限公式 $\lg\gamma_{\pm} = -A|Z_+Z_-|\sqrt{I}$ 的计算值进行比较(其中，$I = \dfrac{1}{2}\sum b_i Z_i^2$ )，并计算相对误差。

## 六、实验注意事项

$\text{AgNO}_3$ 溶液的放置时间不超过 1 周。

## 七、实验拓展及应用

1. 温度对电解质活度系数的影响

要求及提示：

（1）选用本实验装置进行测定。

（2）利用精密恒温槽控温，分别在一系列不同温度下，测定不同浓度的 $\text{AgNO}_3$ 溶液与甘汞电极组成的电池的电动势，获得不同温度下不同浓度 $\text{AgNO}_3$ 溶液的活度系数。

（3）探讨不同温度下不同浓度 $\text{AgNO}_3$ 溶液的活度系数的变化规律。

2. 1-1 型电解质溶液活度系数的测定

要求及提示：

（1）任选几种 1-1 型电解质进行测定。

（2）利用本实验原理，测定几种 1-1 型电解质溶液在相同浓度情况下的活度系数。

## 八、思考题

（1）为什么对于 1-1 型电解质溶液有 $b_{\pm} = b$？其他类型的电解质溶液有此关系吗？

（2）如果将一系列不同浓度的 $ZnCl_2$ 溶液组成电池：$Zn \mid ZnCl_2(b) \mid AgCl(s) \mid Ag$，并分别测定 25 ℃时该电池的电动势 $E$，试证明该电池电解质溶液的 $\gamma_{\pm}$ 可用下式计算：

$$\lg\gamma_{\pm} = \frac{(E^{\ominus} - E)/V - 0.088\,69\lg(b_{\pm}/b^{\ominus})}{0.088\,69}$$

# 实验十五　离子选择性电极的应用

## 一、实验目的

（1）了解离子选择性电极的基本性能及使用方法。

（2）熟悉用氯离子选择性电极测定自来水中的氯离子含量的方法。

（3）了解全固态离子选择性电极的制备工艺。

## 二、实验原理

离子选择性电极的发展源于膜电极技术，是电化学领域中重要创新之一。离子选择性电极的研究不仅拓展了电化学分析方法，更为工业生产中的流程检测、环境污染监测、实验室样品分析、医学临床检验以及溶液理论研究等提供了重要的技术手段。深入了解和应用离子选择性电极不仅有助于理解现代科技的发展趋势，还能够培养实践能力和创新意识，更加关注科技发展对社会进步的影响，提升社会责任感。

离子选择性电极的品种众多，性能也各有所长。本实验所采用的氯离子选择性电极（银离子选择性电极）是以 $AgCl$-$Ag_2S$ 混合压片膜（$Ag_2S$ 压片膜）为基础的全固态电极，现将有关原理简略介绍如下。

1. 全固态氯离子选择性电极的基本结构

电极结构的示意图见图 2.15.1。其中 1 为敏感元件膜片，电极引线 2 用焊锡封接于膜片背面的银箔之上。膜片与电极管间的封接材料可采用硅橡胶、环氧树脂等。

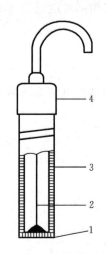

**图 2.15.1　全固态氯离子选择性电极的基本结构**

1—膜片;2—电极引线;

3—聚氯乙烯硬管;4—电极帽

**2. 离子选择性电极的响应特性**

离子选择性电极是一种以电势响应为基础的电化学敏感元件。将电极插入含有待测离子的溶液中时,在膜-液界面上产生一特定的电势响应值。电势响应值与离子活度间的关系可用能斯特方程来描述。若以氯电极为例,用甘汞电极作参比电极,则所组成的电池的电动势为

$$E = E^{\ominus} - \frac{RT}{F} \ln a_{Cl^-} \qquad (2\text{-}15\text{-}1)$$

已知 $\gamma$ 为活度系数,对于稀溶液,近似有

$$a_{Cl^-} = \gamma_{Cl^-} c_{Cl^-} / c^{\ominus} \qquad (2\text{-}15\text{-}2)$$

在实验工作中,通常采用固定离子强度(如本实验的溶液中均含有 $0.1\ \text{mol} \cdot \text{L}^{-1}$ 的 $KNO_3$)的测试方法,此时 $\gamma$ 可视为定值,式(2-15-1)可改写成

$$E = E' - \frac{RT}{F} \ln(c_{Cl^-} / c^{\ominus}) \qquad (2\text{-}15\text{-}3)$$

在实际工作中,分别将测得的不同 $c_{Cl^-}$ 值时的电动势 $E_i$ 作 $E_i$-lg($c_{Cl^-} / c^{\ominus}$)图,在一定浓度范围内,可得一条直线。本实验所用的氯离子选择性电极的线性范围一般为 $5 \times 10^{-5} \sim 1 \times 10^{-1}\ \text{mol} \cdot \text{L}^{-1}$。

**3. 离子选择性电极的选择性及选择系数**

离子选择性电极对待测离子具有特定的响应特性,但其他离子仍可对其产生一定的干扰。以 A 及 B 分别代表待测离子及干扰离子,则

$$E = E^{\ominus} \pm \frac{RT}{Z_A F} \ln(a_A + K_{A/B} a_B^{n_A / n_B}) \qquad (2\text{-}15\text{-}4)$$

式中:$Z_A$ 及 $Z_B$ 分别为 A 及 B 的电荷数;$K_{A/B}$ 为该电极对 B 离子的选择系数。式中的"—"及"+"分别适用于正、负离子选择性电极。

## 三、仪器和试剂

**1. 主要仪器**

精密酸度计 1 台;氯离子选择性电极 1 支;甘汞电极 1 支;磁力搅拌器 1 台。

**2. 主要试剂**

氯化钾,分析纯;硝酸钾,分析纯;硫酸钾,分析纯;$0.100\ \text{mol} \cdot \text{L}^{-1}\ KNO_3$ 标准溶液;$0.200\ \text{mol} \cdot \text{L}^{-1}\ KNO_3$ 标准溶液;$0.001\ \text{mol} \cdot \text{L}^{-1}\ KCl$ 标准溶液;$0.100\ \text{mol} \cdot \text{L}^{-1}\ K_2SO_4$ 溶液。

## 四、实验步骤

1. 电极性能测试

（1）电极预处理（活化）。将氯离子选择性电极在二次蒸馏水中浸泡一天，再在 $0.001\ mol \cdot L^{-1}KCl$ 溶液中浸泡一昼夜，洗净备用。

（2）按图 2.15.2 配置仪器及连接线路。

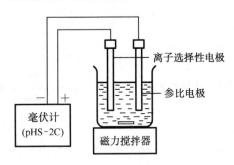

**图 2.15.2　电极测试装置**

（3）氯化钾标准溶液配制。称取一定质量干燥的分析纯 KCl，用 0.100 $mol \cdot L^{-1}$ 的 $KNO_3$ 溶液配制成 $1 \times 10^{-1}\ mol \cdot L^{-1}$ 的 KCl 标准溶液，再将 0.100 $mol \cdot L^{-1}KCl$ 标准溶液逐级稀释，配制 0.050 $mol \cdot L^{-1}$、0.010 $mol \cdot L^{-1}$、0.005 $mol \cdot L^{-1}$、0.001 $mol \cdot L^{-1}$、$5 \times 10^{-4}\ mol \cdot L^{-1}$、$1 \times 10^{-4}\ mol \cdot L^{-1}$、$5 \times 10^{-5}\ mol \cdot L^{-1}$、$1 \times 10^{-5}\ mol \cdot L^{-1}$ 的 KCl 标准溶液。（因其中含有 $1 \times 10^{-1}\ mol \cdot L^{-1}KNO_3$，可近似地认为保持恒定的离子强度。）

（4）标准曲线制作。在烧杯中放入二次蒸馏水，将电极插入，在搅拌条件下充分洗涤，读出电动势。更换蒸馏水，直到各次电动势相近（在 $-260\ mV$ 左右），即可开始测试。

将电极依次插入 $1 \times 10^{-5}\ mol \cdot L^{-1}$、$1 \times 10^{-4}\ mol \cdot L^{-1}$、$1 \times 10^{-3}\ mol \cdot L^{-1}$、$1 \times 10^{-2}\ mol \cdot L^{-1}$、$1 \times 10^{-1}\ mol \cdot L^{-1}$ 的 KCl 标准溶液中，充分搅拌后读出稳定的电动势（由于本实验离子选择性电极作"＋"极，参比电极作"－"极，所以，测得的电动势为"－"）。注意：测定时从浓度低的测到浓度高的。在坐标纸上作出 $E_i - \lg(c_{Cl^-}/c^{\ominus})$ 图，即图2.15.3。

（5）选择系数的测定。在测试杯中加入 50 mL 的 $1 \times 10^{-3}\ mol \cdot L^{-1}KCl$ 标准溶液，测定电动势，然后向烧杯中加入 2 mL 的 0.1 $mol \cdot L^{-1}K_2SO_4$ 溶液，读取电动势，再逐次加入 2 mL 的 0.1 $mol \cdot L^{-1}K_2SO_4$ 溶液，直到电动势发生显著变化为止。在坐标纸上作出 $E_i - \lg(c_{SO_4^{2-}}/c^{\ominus})$ 图，即图 2.15.4，找出曲线转折点时的 $c_{SO_4^{2-}}$ 值。

$c_{KCl}/c_{K_2SO_4}$ 值可以近似地作为在 $1 \times 10^{-3}\ mol \cdot L^{-1}Cl^-$ 条件下的 $c_{Cl^-}/c_{SO_4^{2-}}$ 值（精确计算可参见有关资料）。

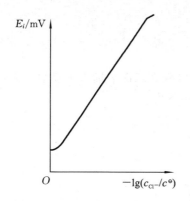

图 2.15.3　氯离子选择性电极标准曲线　　　图 2.15.4　$SO_4^{2-}$ 对氯离子选择性电极电势
　　　　　　　　　　　　　　　　　　　　　　　　的影响

2. 自来水中氯离子含量的测定

自来水(或其他水样)中含有少量氯离子,可用氯离子选择性电极测定其含量。取 50 mL 自来水样,加入 50 mL $2\times10^{-2}$ mol·$L^{-1}$KNO₃溶液中,水样的离子强度与标准曲线测定时的条件相同。将指示电极和参比电极插入水样中,测定电动势,重复三次,求电动势平均值,再由标准曲线求得相应的氯离子浓度。

## 五、实验数据处理

(1) 氯离子选择性电极的标准曲线。将相关实验数据记入表 2.15.1 中。

表 2.15.1　氯离子浓度对电池电动势的影响测定值

| 编　　号 | 1 | 2 | 3 | 4 | 5 | 6 | 7 | 8 | 9 |
|---|---|---|---|---|---|---|---|---|---|
| $c_{Cl^-}$ /(mol·$L^{-1}$) | $1\times10^{-1}$ | $5\times10^{-2}$ | $1\times10^{-2}$ | $5\times10^{-3}$ | $1\times10^{-3}$ | $5\times10^{-4}$ | $1\times10^{-4}$ | $5\times10^{-5}$ | $1\times10^{-5}$ |
| $-\lg(c_{Cl^-}/c^{\ominus})$ | | | | | | | | | |
| $E_i$/mV | | | | | | | | | |

根据表 2.15.1 的数据作 $E_i$ - $\lg(c_{Cl^-}/c^{\ominus})$ 图,即为氯离子选择性电极的标准曲线。

(2) 选择系数的测定。将相关实验数据记入表 2.15.2 中。

表 2.15.2　$SO_4^{2-}$ 浓度对电池电动势的影响测定值

| 编　　号 | 1 | 2 | 3 | 4 | 5 | 6 | 7 | 8 | 9 |
|---|---|---|---|---|---|---|---|---|---|
| $K_2SO_4$ 逐次加入的量/mL | | | | | | | | | |
| $E_i$/mV | | | | | | | | | |
| $c_{SO_4^{2-}}\times10^3$/(mol·$L^{-1}$) | | | | | | | | | |
| $-\lg(c_{SO_4^{2-}}/c^{\ominus})$ | | | | | | | | | |

根据表 2.15.2 的数据,在坐标纸上作出 $E_i$-$\lg(c_{SO_4^{2-}}/c^\ominus)$ 图,由图找出曲线转折点时的 $c_{SO_4^{2-}}$ 值,求出选择系数 $K_{Cl^-/SO_4^{2-}}$ 的值。

(3)自来水中的氯离子含量的测定。

自来水:$E=$ _____ mV;从标准曲线上查得 $c_{Cl^-}=$ _____ mol·L$^{-1}$。

## 六、实验拓展及应用

1. 土壤中氯离子含量的测定

要求及提示:

(1)取 10 g 土壤样品于烧杯中,加入 100 mL0.1% 的 Ca(Ac)$_2$ 溶液,搅拌几分钟后静置,抽滤,取澄清液备用。

(2)用蒸馏水冲洗电极和测量用烧杯,再用少量样品液冲洗电极和烧杯两三次,加入一定量样品液,同法测量土壤样品的电动势。

2. 氟离子选择电极测氢氟酸电离常数

要求及提示:

(1)氟离子不受氢离子干扰,仪器对 HF 和 HF$_2^-$ 不产生应答,可在酸性溶液中测定游离氟离子浓度。

(2)在稀的氟化钠溶液中,可认为其电离完全,这时可测总氟浓度等于总氟离子浓度时的电动势;如在此溶液中加酸,则由于生成 HF 和 HF$_2^-$,游离氟离子的浓度降低了,这时可测得游离氟离子浓度降低后的电动势。

## 七、思考题

(1)离子选择性电极测试工作中,为什么要调节溶液离子强度?

(2)测试工作为什么要在搅拌条件下进行?

(3)用标准曲线法进行分析工作时,要注意哪些问题?

# 实验十六　蔗糖水解反应速率常数的测定

## 一、实验目的

(1)了解旋光仪的基本原理,掌握旋光仪的正确使用方法。

(2)测定蔗糖水解反应的速率常数和半衰期。

## 二、实验原理

蔗糖在水中转化成葡萄糖与果糖,其反应为

$$C_{12}H_{22}O_{11}+H_2O \longrightarrow C_6H_{12}O_6+C_6H_{12}O_6$$

　　　(蔗糖)　　　　　　　　　(葡萄糖)　　(果糖)

它是一个二级反应,在纯水中此反应的速率极慢,通常需要在 $H^+$ 催化作用下进行。由于反应时水是大量存在的,尽管有部分水分子参加了反应,仍可近似地认为整个反应过程中水的浓度是恒定的,而且 $H^+$ 是催化剂,其浓度也保持不变,即该反应速率只与蔗糖的浓度有关。因此,蔗糖水解反应可看作准一级反应。

一级反应的速率方程可由下式表示:

$$-\frac{dc}{dt} = kc \qquad (2\text{-}16\text{-}1)$$

式中:$c$ 为时间 $t$ 时反应物的浓度;$k$ 为反应速率常数。对式(2-16-1)积分可得

$$\ln c = -kt + \ln c_0 \qquad (2\text{-}16\text{-}2)$$

式中:$c_0$ 为反应开始时反应物的浓度。

当 $c = 0.5c_0$ 时,反应所需的时间可用 $t_{1/2}$ 表示,即反应半衰期:

$$t_{1/2} = \frac{\ln 2}{k} \approx \frac{0.693}{k} \qquad (2\text{-}16\text{-}3)$$

从式(2-16-2)不难看出,在不同时间测定反应物的相应浓度,并以 $\ln c$ 对 $t$ 作图,可得一条直线,由直线斜率即可求得反应速率常数 $k$。然而反应是在不断进行的,要快速分析出反应物的浓度是比较困难的,但与反应物和产物浓度有定量关系的某些物理量(如物质的旋光度)很容易快速测出,因此可通过物理量的测量来代替浓度的测量。蔗糖及其水解产物葡萄糖和果糖都具有旋光性,而且它们的旋光能力不同,比旋光度分别为 $[\alpha_{蔗}]_D^{20} = 66.65°$,$[\alpha_{葡}]_D^{20} = 52.5°$,$[\alpha_{果}]_D^{20} = -91.9°$,正值表示右旋,负值表示左旋。由于旋光度与浓度成正比,且溶液的旋光度为各组成旋光度之和(有加和性)。蔗糖的水解能进行到底,并且果糖的左旋远大于葡萄糖的右旋,因此随着反应进行,系统的右旋角不断减小,反应至某一瞬间,系统的旋光度可恰好等于零,而后就变成左旋,直至蔗糖水解完全,这时左旋角达到最大值 $\alpha_\infty$。故可以利用系统在反应进程中旋光度的变化来度量反应的进程。

测量物质旋光度的仪器称为旋光仪,旋光仪的原理和使用方法见第三章第六节。溶液的旋光度与溶液中所含物质的旋光能力、溶液性质、溶液浓度、样品管长度及温度等均有关系。当其他条件固定时,旋光度 $\alpha$ 与反应物浓度 $c$ 呈线性关系,即

$$\alpha = \beta c \qquad (2\text{-}16\text{-}4)$$

式中:比例常数 $\beta$ 与物质的旋光能力、溶液性质、溶液浓度、样品管长度、温度等有关。

设系统最初的旋光度为

$$\alpha_0 = \beta_反 c_0 \quad (t = 0,蔗糖尚未水解) \qquad (2\text{-}16\text{-}5)$$

系统最终的旋光度为

$$\alpha_\infty = \beta_产 c \quad (t = \infty,蔗糖已完全水解) \qquad (2\text{-}16\text{-}6)$$

式(2-16-5)和式(2-16-6)中 $\beta_{反}$ 和 $\beta_{产}$ 分别为反应物与产物的比例常数。

当时间为 $t$ 时,蔗糖浓度为 $c$,此时旋光度为 $\alpha_t$,即

$$\alpha_t = \beta_{反}c + \beta_{产}(c_0 - c) \qquad (2\text{-}16\text{-}7)$$

由式(2-16-5)、式(2-16-6)和式(2-16-7)联立可解得

$$c_0 = (\alpha_0 - \alpha_\infty)/(\beta_{反} - \beta_{产}) = \beta'(\alpha_0 - \alpha_\infty) \qquad (2\text{-}16\text{-}8)$$

$$c = (\alpha_t - \alpha_\infty)/(\beta_{反} - \beta_{产}) = \beta'(\alpha_t - \alpha_\infty) \qquad (2\text{-}16\text{-}9)$$

将式(2-16-8)和式(2-16-9)代入式(2-16-2)即得

$$\ln(\alpha_t - \alpha_\infty) = -kt + \ln(\alpha_0 - \alpha_\infty) \qquad (2\text{-}16\text{-}10)$$

显然,以 $\ln(\alpha_t - \alpha_\infty)$ 对 $t$ 作图可得一条直线,从直线斜率既可求得反应速率常数 $k$。由于将蔗糖溶解于水中,加入 HCl 溶液后,还得将溶液装入旋光管中,这需要时间,因此无法测定反应开始时的 $\alpha_0$。实验过程中,只能测定反应终了时的 $\alpha_\infty$ 和不同反应时间 $t$ 时的 $\alpha_t$。但可通过作图求得 $\alpha_0$。

本实验采用 Guggenheim 法处理数据,也可以测 $\alpha_\infty$。

把在时间 $t$ 和 $t+\Delta$( $\Delta$ 代表一定的时间间隔)测得的 $\alpha$ 分别用 $\alpha_t$ 和 $\alpha_{t+\Delta}$ 表示,则根据式(2-16-10)可得

$$\alpha_t - \alpha_\infty = (\alpha_0 - \alpha_\infty)e^{-kt} \qquad (2\text{-}16\text{-}11)$$

$$\alpha_{t+\Delta} - \alpha_\infty = (\alpha_0 - \alpha_\infty)e^{-k(t+\Delta)} \qquad (2\text{-}16\text{-}12)$$

式(2-16-11)与式(2-16-12)相减可得

$$\alpha_t - \alpha_{t+\Delta} = (\alpha_0 - \alpha_\infty)e^{-kt}(1 - e^{-k\Delta}) \qquad (2\text{-}16\text{-}13)$$

将式(2-16-13)取对数得

$$\ln(\alpha_t - \alpha_{t+\Delta}) = \ln[(\alpha_0 - \alpha_\infty)(1 - e^{-k\Delta})] - kt \qquad (2\text{-}16\text{-}14)$$

从式(2-16-14)可看出,只要保持 $\Delta$ 不变,右端第一项为常数,从 $\ln(\alpha_t - \alpha_{t+\Delta})$ 对 $t$ 作图所得直线的斜率即可求出 $k$。

$\Delta$ 可选为半衰期的 2~3 倍,或反应接近完成的时间的一半。本实验可取 $\Delta = 30$ min,每隔 5 min 取一次读数。

由于反应速率常数 $k$ 是温度 $T$ 的函数,根据阿伦尼乌斯(Arrhenius)方程的不定积分形式:

$$\ln k = -\frac{E_a}{RT} + \ln A \qquad (2\text{-}16\text{-}15)$$

测定不同温度下的 $k$ 值,以 $\ln k$ 对 $1/T$ 作图,可得一条直线,从直线斜率可求反应活化能 $E_a$。

也可分别测定温度 $T_1$ 和 $T_2$ 下的反应速率常数 $k_1$ 和 $k_2$,利用阿伦尼乌斯方程的定积分式(2-16-15)来计算反应活化能 $E_a$。

$$\ln\frac{k_2}{k_1} = \frac{E_a}{R}\left(\frac{1}{T_1} - \frac{1}{T_2}\right) \qquad (2\text{-}16\text{-}16)$$

### 三、仪器和试剂

1. 主要仪器

旋光仪 1 台;恒温槽 1 套;50 mL 容量瓶 1 个;100 mL 锥形瓶 1 个;25 mL 移液管 2 支;50 mL 烧杯 1 只;秒表 1 块。

2. 主要试剂

蔗糖,分析纯;HCl 溶液(4.00 mol·L$^{-1}$)。

### 四、实验步骤

1. 仪器装置

了解旋光仪的构造、原理,掌握使用方法。

2. 旋光仪的零点校正

蒸馏水为非旋光物质,可以用来校正旋光仪的零点(即 $\alpha=0$ 时仪器对应的刻度)。校正时,先洗净样品管,将管的一端加上盖子,并由另一端向管内灌满蒸馏水,在上面形成一凸面,然后盖上玻璃片和套盖,玻璃片紧贴于旋光管,此时管内不应该有气泡存在。但必须注意在旋紧套盖时,一手握住管上的金属鼓轮,另一手旋套盖,不能用力过猛,以免压碎玻璃片。然后用吸滤纸将管外的水擦干,再用擦镜纸将样品管两端的玻璃片擦净,放入旋光仪的光路中。打开光源,调节调零旋钮,使旋光仪读数指向零,即为旋光仪零点。

3. 反应过程的旋光度的测定

将恒温槽调节到所需的反应温度(如 15 ℃、25 ℃、30 ℃或 35 ℃)。在小烧杯内称取 5 g 蔗糖,用少量蒸馏水溶解,使蔗糖完全溶解(若溶液混浊,则需要过滤),倒入 25 mL 容量瓶中,稀释至刻度,再倒入 100 mL 锥形瓶中。用移液管吸取蔗糖溶液 25 mL,注入预先清洁干燥的 50 mL 试管内并加盖;同法,用另一支移液管吸取 25 mL 4.00 mol·L$^{-1}$的 HCl 溶液,置于另一支 50 mL 试管内并加盖。将这两支试管一起置于恒温槽内恒温 10 min 以上,然后将两支试管取出,擦干管外壁的水珠,将试管内盛有的 HCl 溶液倒入蔗糖溶液中,同时记下反应开始的时间,迅速进行混合,使之均匀后,立即用少量反应液荡洗旋光管两次,然后将反应液装满旋光管,旋上套盖,放进已预先恒温的旋光仪内,测量各时间的旋光度。每 5 min 测量一次,经 1 h 后停止实验。

同上法(步骤 3)测量其他温度下不同反应时间对应的旋光度。$\alpha_\infty$的测量可采用在 50~55 ℃的水浴中放置 30 min,然后冷却至室温测定。

### 五、实验数据处理

1. 原始数据记录

每隔 5 min 取一次读数,将不同时刻读取的旋光度值记入表 2.16.1 中;取

$\Delta = 30$ min，整理有关数据也记入表 2.16.1 中。

**表 2.16.1　不同时刻溶液旋光度**

| $t$/min | $\alpha_t$ | $(t+\Delta)$/min | $\alpha_{t+\Delta}$ | $\alpha_t - \alpha_{t+\Delta}$ | $\ln(\alpha_t - \alpha_{t+\Delta})$ |
|---------|------------|------------------|---------------------|---------------------------------|--------------------------------------|
| 5       |            | 35               |                     |                                 |                                      |
| 10      |            | 40               |                     |                                 |                                      |
| 15      |            | 45               |                     |                                 |                                      |
| 20      |            | 50               |                     |                                 |                                      |
| 25      |            | 55               |                     |                                 |                                      |
| 30      |            | 60               |                     |                                 |                                      |

2. 数据处理和计算

（1）以 $\ln(\alpha_t - \alpha_{t+\Delta})$ 对 $t$ 作图，从所得直线的斜率即可求出 $k$。

（2）根据实验测得的温度 $T_1$ 和 $T_2$ 下的反应速率常数 $k_1$ 和 $k_2$，利用阿伦尼乌斯公式的定积分式计算反应的平均活化能 $E_a$。

## 六、实验注意事项

（1）注意保护钠光灯，测到 30 min 后，每次测量间隔时应将钠光灯熄灭，下次测量前 10 min 再打开钠光灯。

（2）在测量蔗糖水解速率前，应熟练地使用旋光仪，以保证在测量时能准确地读数。

（3）旋光管管盖旋紧至不漏水即可，太紧容易损坏旋光管。

（4）旋光管中不能有气泡存在。

（5）实验完毕，一定要将旋光管清洗干净，以免酸对旋光管的腐蚀。

（6）反应速率与温度有关，因此在整个测量过程中应保持温度的恒定。

## 七、实验拓展及应用

（1）应用物理量的变化来测定反应动力学的有关数据是常用的方法。随着分析测试仪器的不断发展，该方法配以相应的仪器可以自动检测与记录。

（2）通过测定不同温度下的反应速率常数，利用阿伦尼乌斯方程可求得反应的活化能 $E_a$。

## 八、思考题

（1）实验中，用蒸馏水来校正旋光仪的零点，试问在蔗糖转化反应过程中所测的旋光度 $\alpha_t$ 是否必须进行零点校正？

（2）配制蔗糖溶液时称量不够准确，对测量结果是否有影响？

（3）在混合蔗糖溶液和盐酸时，是将盐酸加到蔗糖溶液中，可否将蔗糖溶液加到盐酸中？为什么？

# 实验十七　乙酸乙酯皂化反应速率常数的测定

## 一、实验目的

(1) 用电导率仪测定乙酸乙酯皂化反应进程中的电导率。
(2) 学会用图解法求二级反应的速率常数，并计算该反应的活化能。
(3) 掌握电导率仪和恒温水浴装置的使用方法。

## 二、实验原理

乙酸乙酯皂化反应是二级反应，其反应方程式为

$$CH_3COOC_2H_5 + Na^+ + OH^- \longrightarrow CH_3COO^- + Na^+ + C_2H_5OH$$

当乙酸乙酯与氢氧化钠溶液的起始浓度相同时，如浓度均为 $a$，则反应速率表示为

$$\frac{dx}{dt} = k(a-x)^2 \qquad (2\text{-}17\text{-}1)$$

式中：$x$ 为时间 $t$ 时反应物消耗掉的浓度；$k$ 为反应速率常数。将式(2-17-1)积分得

$$\frac{x}{a(a-x)} = kt \qquad (2\text{-}17\text{-}2)$$

起始浓度 $a$ 为已知，因此只要由实验测得不同时间 $t$ 时的 $x$ 值，以 $\dfrac{x}{a-x}$ 对 $t$ 作图，应得一条直线，从直线的斜率 $ak$ 便可求出 $k$ 值。

乙酸乙酯皂化反应中，参加导电的离子有 $OH^-$、$Na^+$ 和 $CH_3COO^-$，由于反应系统是很稀的水溶液，可认为 $CH_3COONa$ 全部电离，因此，反应前后 $Na^+$ 的浓度不变，随着反应的进行，仅仅是导电能力很强的 $OH^-$ 逐渐被导电能力弱的 $CH_3COO^-$ 取代，致使溶液的电导逐渐减小。因此，可用电导率仪测量皂化反应进程中电导率随时间的变化，从而达到"跟踪"反应物浓度随时间变化的目的。

令 $G_0$ 为 $t=0$ 时溶液的电导，$G_t$ 为时间 $t$ 时混合溶液的电导，$G_\infty$ 为 $t=\infty$(反应完毕)时溶液的电导。则稀溶液中，电导值的减少量与 $CH_3COO^-$ 浓度成正比，设 $K$ 为比例常数，则 $t=t$ 时

$$x=x, \quad x=K(G_0-G_t)$$

$t=\infty$ 时，$x$ 趋近 $a$，则

$$a=K(G_0-G_\infty)$$

由此可得

$$a-x=K(G_t-G_\infty)$$

所以式(2-17-2)中的 $a-x$ 和 $x$ 可以用溶液相应的电导表示，将其代入式(2-17-2)得

$$\frac{1}{a}\frac{G_0 - G_t}{G_t - G_\infty} = kt$$

重新排列得

$$G_t = \frac{1}{ak}\frac{G_0 - G_t}{t} + G_\infty \tag{2-17-3}$$

因此,只要测得不同时间溶液的电导值 $G_t$ 和起始溶液的电导值 $G_0$,然后以 $G_t$ 对 $\dfrac{G_0 - G_t}{t}$ 作图,应得一条直线,直线的斜率为 $\dfrac{1}{ak}$,由此便求出某温度下的反应速率常数 $k$ 值。由电导与电导率 $\kappa$ 的关系式: $G = \kappa\dfrac{A}{l}$ 代入式(2-17-3)得

$$\kappa_t = \frac{1}{ak}\frac{\kappa_0 - \kappa_t}{t} + \kappa_\infty \tag{2-17-4}$$

通过实验测定不同时间溶液的电导率 $\kappa_t$ 和起始溶液的电导率 $\kappa_0$,以 $\kappa_t$ 对 $\dfrac{\kappa_0 - \kappa_t}{t}$ 作图,也得一条直线,从直线的斜率也可求出反应速率常数 $k$。可由两个温度( $T_1$、$T_2$ )下测得的反应速率常数 $k_1$、$k_2$,求该反应的活化能 $E_a$。

$$\ln\frac{k_2}{k_1} = \frac{E_a}{R}\left(\frac{1}{T_1} - \frac{1}{T_2}\right) \tag{2-17-5}$$

## 三、仪器和试剂

### 1. 仪器

电导率仪(附铂黑电导电极)1 台;恒温槽 1 套;烧杯(100 mL、250 mL)各 1 只;秒表 1 块;锥形瓶(250 mL)2 个;容量瓶(100 mL)1 个;移液管(1 mL)1 支;移液管(5 mL)1 支;移液管(10 mL)3 支;碱式滴定管(50 mL)1 支;比色管(50 mL)3 支或恒温混合反应器 1 套。

### 2. 试剂

NaOH 溶液(0.020 0 mol・L$^{-1}$);草酸(基准试剂);酚酞;乙酸乙酯(分析纯)。

## 四、实验步骤

### 1. NaOH 溶液的标定及乙酸乙酯溶液的配制

准确称取一定量的草酸三份,加入电导水溶解,标定浓度为 0.02 mol・L$^{-1}$ 的 NaOH 溶液,计算 NaOH 溶液的浓度。准确配制与 NaOH 等浓度的乙酸乙酯溶液 100 mL(所需乙酸乙酯的量可根据不同温度下乙酸乙酯的密度计算)备用。

### 2. 调节恒温槽温度

调节恒温槽温度至实验所需温度。

### 3. 电导率 $\kappa_0$ 的测定

用 10 mL 移液管量取电导水及 NaOH 溶液各 10.00 mL,在干燥的比色管中

混匀,用少量混合溶液淋洗电导电极 3 次,将电导电极浸入混合溶液并置于恒温槽中。恒温 10 min 后,用电导率仪测定溶液的电导率 $\kappa_0$。重复测量一次,求平均值。

4. 电导率 $\kappa_t$ 的测量

另取两支比色管,分别加入 8.00 mL NaOH 溶液和 8.00 mL 新配制的乙酸乙酯溶液,置于恒温槽中。10 min 后将比色管中的 NaOH 溶液倾入乙酸乙酯中,摇匀,同时按下秒表开始计时(注意:秒表一经启动勿停,直至实验完毕);取少量混合液迅速淋洗电导电极三次,将电导电极浸入混合液中,立即测量电导率 $\kappa_t$,并准确记录时间 $t$。继续在反应时间 4 min、6 min、8 min、10 min、12 min、15 min、20 min、30 min、35 min、40 min 时测量电导率 $\kappa_t$,并记录对应的时间 $t$(注意时间要记录准确,以实际反应时间为准)。可分别测定 25 ℃、35 ℃的 $\kappa_0$、$\kappa_t$ 值。

如使用恒温混合反应器进行实验,可按如下方法进行。先洗净并烘干恒温混合反应器,然后分别用移液管取 5.00 mL 0.020 0 mol • L$^{-1}$ 的乙酸乙酯溶液和

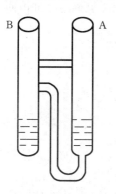

图 2.17.1　恒温混合反应器

5.00 mL 0.020 0 mol • L$^{-1}$ 的 NaOH 溶液,如图 2.17.1所示,分别从 A 管口和 B 管口装入恒温混合反应器中,再从 B 管口插入电导电极。置恒温混合反应器于恒温槽中,待恒温 15 min,从 A 管口鼓气使 A 管溶液进入 B 管中,当进入一半时,按下秒表计时,开始记录反应时间,待溶液全部进入 B 管后,继续鼓气使两溶液在 B 管中混合均匀。并立即开始测量其电导率值,记录时间 $t$ 及电导率 $\kappa_t$ 值。继续在 4 min、6 min、8 min、10 min、12 min、15 min、20 min、25 min、30 min、35 min、40 min 各测电导率一次,记下 $\kappa_t$ 和对应的时间 $t$。

## 五、实验数据处理

1. 原始数据记录

将 $t$、$\kappa_t$、$\dfrac{\kappa_0-\kappa_t}{t}$ 数据记入表 2.17.1 中。

表 2.17.1　溶液电导率与时间的关系

室温:_____℃;大气压:_____Pa。

| $t/\text{min}$ | |
|---|---|
| $\kappa_t/(\text{S} \cdot \text{m}^{-1})$ | |
| $\dfrac{\kappa_0-\kappa_t}{t}/(\text{S} \cdot \text{m}^{-1} \cdot \text{s}^{-1})$ | |

2. 数据处理和计算

(1) 以室温下的 $\kappa_t$ 对 $(\kappa_0 - \kappa_t)/t$ 作图,得一条直线。

(2) 由直线的斜率计算室温下的反应速率常数 $k$ 和反应半衰期 $t_{1/2}$。

(3) 计算活化能 $E_a$。

## 六、实验注意事项

(1) 本实验需用电导水,并避免接触空气及灰尘、杂质落入。

(2) 防止空气中的 $CO_2$ 气体进入配好的 NaOH 溶液。

(3) 乙酸乙酯溶液和 NaOH 溶液浓度必须相同。

(4) 乙酸乙酯溶液需临时配制,配制时动作要迅速,以减少挥发损失。

(5) 不能用滤纸擦拭电导电极的铂黑。

## 七、实验拓展及应用

研究在磁场作用下乙酸乙酯皂化反应化学反应速率的变化

要求及提示:

(1) 在乙酸乙酯混合液两边加电磁铁($0 \sim 800$ mT)测定乙酸乙酯皂化反应的化学反应速率。

(2) 按照关系式 $\ln \dfrac{k'}{k} = \dfrac{(\Delta S^{\neq})' - \Delta S^{\neq}}{R} + \dfrac{\Delta H^{\neq} - (\Delta H^{\neq})'}{RT}$,以 $\ln \dfrac{k'}{k}$ 对 $\dfrac{1}{T}$ 作图确定活化焓及活化熵的变化值。

(3) 选用玻璃恒温水浴装置,并且容器尽可能小。

## 八、思考题

(1) 为什么 $0.010\,0$ mol·$L^{-1}$ NaOH 溶液的电导率就可认为是 $\kappa_0$?

(2) 如果 NaOH 和 $CH_3COOC_2H_5$ 溶液为浓溶液,能否用此法求 $k$ 值?为什么?

# 实验十八　丙酮碘化反应

## 一、实验目的

(1) 利用分光光度计测定酸催化时丙酮碘化反应的反应级数、反应速率常数及活化能。

(2) 掌握可见分光光度计的使用方法。

## 二、实验原理

酸催化的丙酮碘化反应是一个复杂反应,初始阶段反应为

$$CH_3COCH_3 + I_2 \xrightarrow{H^+} CH_3COCH_2I + H^+ + I^- \qquad (2\text{-}18\text{-}1)$$
$$\text{(丙酮)} \qquad\qquad\qquad \text{(碘化丙酮)}$$

$H^+$ 是反应的催化剂,因丙酮碘化反应本身有 $H^+$ 生成,所以这是一个自动催化反应。又因反应并不是停留在生成一元碘化丙酮上,反应还会继续进行下去,所以要选择适当的反应条件,测定初始阶段的反应速率。其速率方程可表示为

$$\frac{dc_E}{dt} = -\frac{dc_A}{dt} = -\frac{dc_{I_2}}{dt} = kc_A^p c_{I_2}^q c_{H^+}^r \qquad (2\text{-}18\text{-}2)$$

式中:$c_E$、$c_A$、$c_{I_2}$、$c_{H^+}$ 分别为碘化丙酮、丙酮、碘、盐酸的浓度,$mol \cdot L^{-1}$;$k$ 为反应速率常数;$p$、$q$、$r$ 分别为丙酮、碘和氢离子的反应级数。

如反应物 $I_2$ 是少量的,而丙酮和酸对 $I_2$ 是过量的,则可认为反应过程中丙酮和酸的浓度基本保持不变,此时反应将限制在按反应式(2-18-1)进行。实验证实在本实验条件(酸的浓度较低)下,丙酮碘化反应对碘是零级反应,即 $q=0$。由于反应速率与碘的浓度的大小无关(除非在很高的酸度下),因而反应直到碘全部消耗之前,反应速率将是常数。即

$$v = \frac{dc_E}{dt} = kc_A^p c_{H^+}^r \qquad (2\text{-}18\text{-}3)$$

分离变量积分,得

$$c_E = kc_A^p c_{H^+}^r t + C \qquad (2\text{-}18\text{-}4)$$

式中:$C$ 为积分常数。由于 $\dfrac{dc_E}{dt} = \dfrac{-dc_{I_2}}{dt}$,因此,可由 $c_{I_2}$ 的变化求得 $c_E$ 的变化,并可由 $c_{I_2}$ 对时间 $t$ 作图,求得反应速率。

因碘溶液在可见光区有宽的吸收带,而在此吸收带中盐酸、丙酮、碘化丙酮和碘化钾溶液则没有明显的吸收,所以可采用分光光度计测碘的浓度的变化,从而测量反应的进程(分光光度计的原理及使用方法见第三章第八节)。

按朗伯-比尔定律,在指定波长下,光密度 $A$ 与碘浓度 $c_{I_2}$ 的关系为

$$A = \alpha l c_{I_2} \qquad (2\text{-}18\text{-}5)$$

$$A = \lg \frac{1}{T} = \lg \frac{I_0}{I} \qquad (2\text{-}18\text{-}6)$$

式中:$I_0$ 为入射光强度,采用通过蒸馏水后的光强;$I$ 为透射光强度,即通过碘溶液的光强;$l$ 为溶液的光径;$\alpha$ 为吸光系数;$T$ 为透光率。对同一比色皿 $l$ 为定值,式(2-18-5)中 $\alpha l$ 可通过对已知浓度(0.001 $mol \cdot L^{-1}$)的碘溶液的测量来求得。将通过蒸馏水时的光强定为透光率 $100\%$,然后测量通过溶液时的透光率 $T$,则

$$\alpha l = \frac{\lg 1 - \lg T}{c_{I_2}} \tag{2-18-7}$$

将式(2-18-5)、式(2-18-6)代入式(2-18-4),结合$\dfrac{dc_E}{dt} = -\dfrac{dc_{I_2}}{dt}$,整理得

$$\lg T = k\alpha l c_A^p c_{H^+}^r t + B \tag{2-18-8}$$

以 $\lg T$ 对 $t$ 作图,通过斜率 $m$ 可求得反应速率,即

$$m = k\alpha l c_A^p c_{H^+}^r \tag{2-18-9}$$

式(2-18-9)与式(2-18-3)相比,则

$$v = \frac{m}{\alpha l} \tag{2-18-10}$$

为了确定反应级数 $p$,至少需要进行两次实验。氢离子和碘的初始浓度相同,改变丙酮的初始浓度,分别测定在同一温度下的反应速率,即

$$c_{A2} = u c_{A1}, \quad c_{H^+2} = c_{H^+1}, \quad c_{I_22} = c_{I_21}$$

$$\frac{v_2}{v_1} = \frac{k c_{A2}^p c_{H^+2}^r c_{I_22}^q}{k c_{A1}^p c_{H^+1}^r c_{I_21}^q} = \frac{u^p c_{A1}^p}{c_{A1}^p} = u^p$$

$$\lg \frac{v_2}{v_1} = p \lg u$$

$$p = \frac{\lg \dfrac{v_2}{v_1}}{\lg u} = \frac{\lg \dfrac{m_2}{m_1}}{\lg u} \tag{2-18-11}$$

同理,丙酮、碘的初始浓度相同,酸的初始浓度不同,可求得 $r$,即

$$c_{A3} = c_{A1}, \quad c_{I_23} = c_{I_21}, \quad c_{H^+3} = w c_{H^+1}$$

$$\frac{v_3}{v_1} = \frac{k c_{A3}^p c_{H^+3}^r c_{I_23}^q}{k c_{A1}^p c_{H^+1}^r c_{I_21}^q} = \frac{w^r c_{H^+3}^r}{c_{H^+1}^r} = w^r$$

$$r = \frac{\lg \dfrac{v_3}{v_1}}{\lg w} \tag{2-18-12}$$

丙酮、酸的初始浓度相同,碘的初始浓度不同,可求得 $q$,即

$$c_{A4} = c_{A1}, \quad c_{H^+4} = c_{H^+1}, \quad c_{I_24} = x c_{I_21}$$

$$\frac{v_4}{v_1} = \frac{k c_{A4}^p c_{H^+4}^r c_{I_24}^q}{k c_{A1}^p c_{H^+1}^r c_{I_21}^q} = \frac{x^q c_{I_24}^q}{c_{I_21}^q} = x^q$$

$$q = \frac{\lg \dfrac{v_4}{v_1}}{\lg x} \tag{2-18-13}$$

从而做四次实验,可求得反应级数 $p$、$q$、$r$。

由两个温度的反应速率常数 $k_1$ 与 $k_2$,根据阿伦尼乌斯关系式可以估算反应的活化能。

$$E_a = 2.303R \frac{T_1 T_2}{T_2 - T_1} \lg \frac{k_2}{k_1} \qquad (2\text{-}18\text{-}14)$$

## 三、仪器和试剂

### 1. 主要仪器

可见分光光度计 1 台；秒表 1 块；恒温槽 1 套；50 mL 容量瓶 7 个；5 mL、10 mL 移液管各 3 支，烧杯若干。

### 2. 主要试剂

0.01 mol·L⁻¹ 标准碘溶液（含 2% KI）；1 mol·L⁻¹ 标准 HCl 溶液；2 mol·L⁻¹ 标准丙酮溶液（此三种溶液均用 AR 试剂配制，均需标定）。

## 四、实验步骤

（1）将可见分光光度计波长调到 500 nm 处，然后将恒温夹套的进水管接恒温槽的出水管，打开搅拌器进行搅拌，记录下恒温槽的水温。

（2）用光径长为 1 cm 的比色皿装蒸馏水，调透光率为 100%，调节方法见可见分光光度计的使用。

（3）求 $al$ 值。在 50 mL 容量瓶中配制 0.001 mol·L⁻¹ 碘溶液，用少量的碘溶液洗光径为 1 cm 的比色皿两次，再注入 0.001 mol·L⁻¹ 标准碘溶液测透光率 $T$，更换碘溶液再重复测定两次，取平均值，由式（2-18-7）求 $al$。

（4）测定丙酮碘化反应速率常数。

如表 2.18.1 所示，在 1 号、2 号、3 号、4 号容量瓶中用移液管按溶液配制表分别移取 0.01 mol·L⁻¹ 标准碘溶液和 1 mol·L⁻¹ 标准 HCl 溶液，并置于恒温槽中恒温。在 2 只干净烧杯中分别加入一定量标准丙酮溶液和蒸馏水，置于恒温槽中恒温。

表 2.18.1　溶液配制表

| 容量瓶号 | 标准碘溶液体积/mL | 标准 HCl 溶液体积/mL | 标准丙酮溶液体积/mL | 蒸馏水体积/mL |
|---|---|---|---|---|
| 1 | 10.00 | 5.00 | 10.00 | 25.00 |
| 2 | 10.00 | 5.00 | 5.00 | 30.00 |
| 3 | 10.00 | 10.00 | 10.00 | 20.00 |
| 4 | 5.00 | 5.00 | 10.00 | 30.00 |

待达到恒温后（恒温时间不能少于 10 min），用移液管取已恒温的标准丙酮溶液 10 mL 迅速加入 1 号容量瓶，当丙酮溶液加到一半开始计时，用已恒温的蒸馏水将此混合溶液稀释至刻度，迅速摇匀，用此溶液洗涤比色皿多次后，将溶液装入比色皿测定溶液的透光率。每隔 2 min 测定透光率一次，共测 10～12 个数据。

然后，用移液管分别取 5.00 mL、10.00 mL、10.00 mL 的标准丙酮溶液（已恒温的),分别注入 2 号、3 号、4 号容量瓶中,用上述方法分别测定不同浓度的溶液在不同时间的透光率。

　　将恒温槽的水温调高 10 ℃左右,并记录下水温,重复上述实验。但此时改为每隔 1 min 记录一次透光率(注意:丙酮的加入与溶液的定容,应在恒温槽中进行,否则实验数据不准确)。

## 五、实验数据处理

　　(1)将实验数据记入表 2.18.2、表 2.18.3 和表 2.18.4 中。

表 2.18.2　$al$ 值测量

$c_{I_2} = $＿＿＿＿＿＿ mol · $L^{-1}$;温度:＿＿＿＿＿＿℃。

| 透光率 $T$ | 平 均 值 | $al$ |
|---|---|---|
| ① | | |
| ② | | |
| ③ | | |

表 2.18.3　混合溶液的时间-透光率测量

温度:＿＿＿＿＿＿℃。

| 容量瓶号 | 时间/min | 透光率 $T$ | lg$T$ |
|---|---|---|---|
| 1 | | | |
| 2 | | | |
| 3 | | | |
| 4 | | | |

表 2.18.4　混合溶液的丙酮、盐酸、碘的浓度

| 容量瓶号 | $c_A/(\mathrm{mol \cdot L^{-1}})$ | $c_{H^+}/(\mathrm{mol \cdot L^{-1}})$ | $c_{I_2}/(\mathrm{mol \cdot L^{-1}})$ |
|---|---|---|---|
| 1 | | | |
| 2 | | | |
| 3 | | | |
| 4 | | | |

　　(2)用表中数据,以 lg$T$ 对 $t$ 作图,求出斜率 $m$。
　　(3)用式(2-18-11)至式(2-18-13)计算反应级数。
　　(4)计算反应速率常数 $k$ 值(令 $p=r=1$, $q=0$)。
　　(5)利用两个温度时的 $k$ 值,计算丙酮碘化反应的浓度。

## 六、实验注意事项

　　(1)温度影响反应速率常数,实验时体系始终要恒温。

（2）实验所需溶液均要准确配制。

（3）混合反应溶液时要在恒温槽中进行,操作必须迅速准确。

（4）每次用蒸馏水调吸光度零点后,方可测其吸光度值。

## 七、实验拓展及应用

（1）测定反应速率常数的方法可分为化学分析法和物理分析法两类。化学分析法是在一定时间内从反应系统中取出一部分样品,并使反应立即终止(例如使用骤冷、稀释或除去催化剂等方法),这种方法虽然设备简单,但是时间长、操作烦琐。物理分析法有测量体积、压力、电导、旋光度、折射率及分光光度等方法。根据不同的系统可用不同的方法。该方法的优点是实验时间短、速度快、操作简单、不中断反应,并可采用自动化装置,但需要一定的设备,并只能测量间接的数据,且不是所有的反应都能够找到合适的物理分析法。

（2）可用物理分析法测得其他复杂反应的反应级数,如丙酮溴化反应的动力学研究。

## 八、思考题

（1）在本实验中,将丙酮溶液加入含有碘、盐酸的容量瓶时并不立即开始计时,而注入比色皿时才开始计时,这样做是否可以? 为什么?

（2）影响本实验结果精确度的主要因素有哪些?

# 实验十九　　催化剂制备及其在过氧化氢分解反应中的应用

## 一、实验目的

（1）学习固体催化剂的制备方法。

（2）掌握过氧化氢分解反应动力学研究的实验方法与实验数据处理方法。

（3）计算具有尖晶石结构的 $CuFe_2O_4$ 复合氧化物催化过氧化氢分解反应的速率常数与活化能。

## 二、实验原理

过氧化氢作为一种"绿色"试剂,广泛用于化工、纺织、造纸、军工、电子、航天、医药、食品、建筑及环境保护等行业。过氧化氢在低温避光条件下比较稳定,但光照或高温时过氧化氢迅速分解；$I^-$、过渡金属离子及其配合物、某些过渡金属以及某些过渡金属氧化物对过氧化氢分解反应有催化作用。在不同条件下过氧化氢分

解机理可能不同,但大多数情况下其表观反应具有一级反应特征,即

$$H_2O_2 \Longrightarrow \frac{1}{2}O_2 + H_2O \qquad (2\text{-}19\text{-}1)$$

分解反应速率方程可写成

$$-\frac{\mathrm{d}c_i}{\mathrm{d}t} = kc_i \qquad (2\text{-}19\text{-}2)$$

积分得

$$\ln\frac{c_i}{c_0} = -kt \qquad (2\text{-}19\text{-}3)$$

式中:$c_i$ 为 $H_2O_2$ 在 $t$ 时刻的浓度;$c_0$ 为 $H_2O_2$ 的初始浓度;$k$ 为反应速率常数。

通过测量不同时刻系统中放出的 $O_2$ 体积,很容易算出对应时刻 $H_2O_2$ 的浓度。由于分解过程中,在恒定 $T$、$p$ 条件下,反应放出 $O_2$ 的体积正比于 $H_2O_2$ 的消耗量,设 $t$ 时刻 $H_2O_2$ 放出 $O_2$ 的体积为 $V_t$,$H_2O_2$ 完全分解放出 $O_2$ 的体积为 $V_\infty$,$H_2O_2$ 浓度与 $O_2$ 体积的换算因子为 $\beta$,则

$$c_0 = \beta V_\infty, \quad c_i = \beta(V_\infty - V_t) \qquad (2\text{-}19\text{-}4)$$

将式(2-19-4)代入式(2-19-3),得

$$\ln\frac{V_\infty - V_t}{V_\infty} = -kt \qquad (2\text{-}19\text{-}5)$$

以 $\ln(V_\infty - V_t)$ 对 $t$ 作图,从所得直线斜率可求出 $k$。

$V_\infty$ 可由实验室所用 $H_2O_2$ 的初始浓度及体积计算得出。在酸性条件下,用 $KMnO_4$ 标准溶液滴定 $H_2O_2$ 的初始浓度 $c_0$,反应如下:

$$5H_2O_2 + 2KMnO_4 + 3H_2SO_4 \Longrightarrow 2MnSO_4 + K_2SO_4 + 8H_2O + 5O_2 \uparrow$$

$$c_0 = \frac{5c(KMnO_4)V(KMnO_4)}{2V(H_2O_2)} \qquad (2\text{-}19\text{-}6)$$

式中:$V(KMnO_4)$ 为滴定用 $KMnO_4$ 溶液的体积,mL;$V(H_2O_2)$ 为滴定时 $H_2O_2$ 的体积,mL。

由 $H_2O_2$ 分解反应化学计量式可得:

$$V_\infty = \frac{5c(KMnO_4)V(KMnO_4)}{4V(H_2O_2)}V(H_2O_2)\frac{RT}{p} \qquad (2\text{-}19\text{-}7)$$

式中:$p$ 为氧气的分压,即大气压减去实验温度下水的饱和蒸气压,kPa;$T$ 为实验温度,K;$R$ 为摩尔气体常数。

如果分别在不同温度下测量反应放出的 $O_2$ 体积,可求出不同温度下反应的速率常数,利用阿伦尼乌斯(Arrhenius)方程可求出反应的活化能 $E_a$。

$$E_a = \frac{T_1 T_2}{T_2 - T_1} R\ln\frac{k_2}{k_1} \qquad (2\text{-}19\text{-}8)$$

或

$$\ln\frac{k}{A} = -\frac{E_a}{RT} \qquad (2\text{-}19\text{-}9)$$

不同催化剂对 $H_2O_2$ 分解反应的催化活性是不同的。已证实具有尖晶石结构的 $CuFe_2O_4$ 复合氧化物对 $H_2O_2$ 的分解反应有较高的催化活性。其合成反应为

$$CuCl_2 + 2FeCl_3 + 8NaOH \longrightarrow CuFe_2(OH)_8 + 8NaCl$$

$$4CuFe_2(OH)_8 \longrightarrow 4CuFe_2O_4 + 16H_2O$$

改变 $Cu_xFe_{3-x}O_4$ 中 Cu、Fe 的比例，还可以研究催化剂组成对 $H_2O_2$ 分解反应的影响。

实验装置如图 2.19.1 所示。

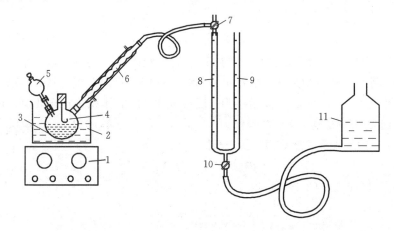

**图 2.19.1　过氧化氢分解装置**

1—磁力加热搅拌器；2—恒温槽；3—反应器(三口烧瓶)；4—催化剂托盘；5—分液漏斗；
6—冷凝管；7—三通旋塞；8,9—量气管；10—二通旋塞；11—贮水瓶

## 三、仪器和试剂

### 1. 主要仪器

磁力加热搅拌器 1 台；恒温槽 1 套；100 mL 三口烧瓶 1 个；催化剂托盘 1 个；10 mL 微型分液漏斗 1 支；冷凝管 1 支；三通旋塞 1 个；50 mL 量气管 1 组；二通旋塞 1 个；贮水瓶 1 个；托盘天平 1 台；50 mL 量筒 1 个；5 mL、20 mL 和 50 mL 移液管各 1 支；烧杯若干。

### 2. 主要试剂

$FeCl_3 \cdot 6H_2O$；$CuCl_2 \cdot 6H_2O$；NaOH；KOH；$KMnO_4$；$H_2SO_4$；$H_2O_2$。

## 四、实验步骤

### 1. 催化剂制备

称取 3.59 g(0.013 mol)$FeCl_3 \cdot 6H_2O$ 于 250 mL 烧杯中，加 20 mL 水溶解。称取 1.62 g(0.007 mol)$CuCl_2 \cdot 6H_2O$ 于 50 mL 烧杯中，加 20 mL 水溶解。搅拌下将氯化铜溶液缓慢加入氯化铁溶液中，用 5~10 mL 水洗涤装氯化铜溶液的烧

杯(共洗两次),洗涤液也加入 250 mL 烧杯中。在剧烈搅拌下缓慢加入 5 mol·L$^{-1}$NaOH 溶液,直到有棕色沉淀生成(检查溶液 pH 值约为 12.5)。在 100 ℃水浴中保温 30 min,然后在室温下静置 12 h。过滤,并用蒸馏水洗涤沉淀,直至洗涤滤液接近中性。在 100 ℃空气气氛中烘干沉淀,转入马弗炉 900 ℃空气气氛中焙烧 3 h,冷至室温,研成细粉备用。

2. 催化分解速率的测定

(1) 按图 2.19.1 安装仪器。检查气密性后,在三口烧瓶 3 中加入 50 mL 1 mol·L$^{-1}$KOH 溶液,在分液漏斗 5 中装入 5.00 mL 2％的 $H_2O_2$ 溶液,催化剂托盘 4 中装入 50 mg 催化剂。再次检查气密性。

(2) 开启搅拌,恒温循环水进入水浴槽,自来水进入冷凝管夹套;转动三通旋塞 7 使反应器与大气相通;待反应器内溶液达指定温度后,转动三通旋塞 7 使量气管与大气相通,再打开二通旋塞 10,手持贮水瓶使量气管两臂水位同时停在 0.00 mL 处,关闭二通旋塞 10,贮水瓶放在实验台上。再转动三通旋塞 7 使量气管 8 与反应系统连通,打开二通旋塞 10,使量气管 9 水位下降 6～8 mL,然后关闭二通旋塞 10。

(3) 打开分液漏斗 5 的旋塞使 $H_2O_2$ 溶液进入反应器,然后轻摇反应器内溶液,将催化剂全部冲入反应液中,立即开始计时。当量气管 8 的液面与量气管 9 液面相平时,从量气管 8 读取气体体积,同时记下反应时间;再打开二通旋塞 10,使量气管 9 水位再下降 6～8 mL,然后关闭二通旋塞 10;当量气管 8 的液面与量气管 9 液面相平时,再次从量气管 8 读取气体总体积,同时记下反应总时间(累计反应时间)。如此重复操作,直到获取足够多组测量数据为止。注意,反应后期,由于 $H_2O_2$ 溶液浓度减小,反应速率变小,单位时间内生成的气体也减少,所以,上述步骤"打开二通旋塞 10,使量气管 9 水位再下降 6～8 mL"可调整为"打开二通旋塞 10,使量气管 9 水位再下降 3～4 mL"。

(4) 在另一温度下再次完成 $H_2O_2$ 催化分解反应的研究。

重新装载试剂,调节水浴温度,使分解反应温度升高 10 ℃。按上述步骤(2)与(3)完成第二次测量。若时间允许,可多完成几个温度下的实验。

(5) 测定 5.00 mL 2％的 $H_2O_2$ 溶液完全分解放出 $O_2$ 的总体积 $V_\infty$。

准确移取 5.00 mL 2％的 $H_2O_2$ 溶液于锥形瓶中,加入 20 mL 1 mol·L$^{-1}$ $H_2SO_4$ 溶液,用 0.04 mol·L$^{-1}$ KMnO$_4$ 标准溶液滴定至终点(溶液呈浅粉红色,30 s 内不褪色)。计算 $H_2O_2$ 的物质的量,并根据 $H_2O_2$ 分解实验当天的室温和气压,计算 $H_2O_2$ 完全分解时应放出 $O_2$ 的体积(即为 $V_\infty$)。

## 五、实验数据处理

1. 原始数据记录

(1) 将 $H_2O_2$ 分解实验当天的室温和气压、分解反应所用试剂的量记入表

2.19.1 中。

(2) 将 $KMnO_4$ 标准溶液的浓度以及滴定 5.00 mL 2% 的 $H_2O_2$ 溶液消耗 $KMnO_4$ 标准溶液的体积记入表 2.19.2 中。

(3) 将 $H_2O_2$ 分解实验测量的相关数据记入表 2.19.3 中。

**表 2.19.1　$H_2O_2$ 分解反应实验条件**

| 室温/℃ | 气压/Pa | $V_{KOH}$/mL | 催化剂质量/mg | $V_{H_2O_2}$/mL |
|--------|---------|--------------|----------------|------------------|
|        |         |              |                |                  |

**表 2.19.2　$H_2O_2$ 初始量及其完全分解放出 $O_2$ 量的测定**

| $KMnO_4$ 浓度/ (mol·L$^{-1}$) | 平行滴定 $H_2O_2$ 消耗 $KMnO_4$ 溶液的体积/mL | | | $H_2O_2$ 物质的量/mol | 完全分解放出 $O_2$ 的体积/mL |
|---|---|---|---|---|---|
| | 1 | 2 | 3 | | |
| | | | | | |

**表 2.19.3　$H_2O_2$ 分解反应气体测量数据**

| 反应时间($t$)/min | $O_2$ 体积($V_t$)/mL | $(V_\infty - V_t)$/mL | $\ln[(V_\infty - V_t)/mL]$ |
|---|---|---|---|
| | | | |

2. 数据处理和计算

(1) 根据滴定结果求出 $H_2O_2$ 的初始量,代入式(2-19-7)计算 $H_2O_2$ 完全分解放出 $O_2$ 的体积(即为 $V_\infty$)。

(2) 以 $\ln[(V_\infty - V_t)/mL]$ 为纵坐标,$t$ 为横坐标作图,从所得直线的斜率求反应速率常数。

(3) 根据阿伦尼乌斯方程,由不同温度下的反应速率常数求出反应的活化能 $E_a$。

## 六、实验注意事项

(1) 保证系统的气密性良好是准确测量气体体积的关键。

(2) 承载催化剂的托盘应尽可能靠近液面,否则不易完全冲下催化剂。

(3) 水浴温度恒定才能保证反应速率恒定,最好用带有循环水泵的恒温槽为水浴提供恒温水。

## 七、实验拓展及应用

1. 不同催化剂对过氧化氢分解反应催化活性的比较

要求及提示:

(1) 分别以 $CuO$、$Fe_2O_3$、$CuO$ 与 $Fe_2O_3$ 混合物为催化剂,利用恒温槽控温,考

察催化剂在过氧化氢分解反应中的催化活性。

（2）比较 $CuO$、$Fe_2O_3$、$CuO$ 与 $Fe_2O_3$ 混合物、$CuFe_2O_4$ 复合氧化物在过氧化氢分解反应中的催化活性大小。

2. 催化剂组成对催化性能的影响

要求及提示：

（1）改变 $Cu_xFe_{3-x}O_4$ 复合氧化物中铜铁的物质的量之比，制备系列催化剂。

（2）利用恒温槽控温，考察该系列催化剂在过氧化氢分解反应中的催化活性。

（3）结合催化剂的物相表征结果，讨论该系列催化剂在过氧化氢分解反应中的催化活性变化的原因。

## 八、思考题

（1）反应速率是否与催化剂用量有关？反应速率常数是否与催化剂用量有关？

（2）催化剂制备时的焙烧温度、催化剂晶型、催化剂的颗粒大小是否影响化学反应速率？是否影响反应速率常数？是否影响反应活化能？

（3）反应系统的 pH 值是否影响反应速率？是否影响反应速率常数？是否影响反应活化能？

（4）用 Guggenheim 方法处理实验数据，可以不必知道 $V_\infty$。该方法是如何处理实验数据的？

# 实验二十　表面活性剂临界胶束浓度的测定

## 一、实验目的

（1）了解电导率仪的工作原理，掌握其使用方法。

（2）了解表面活性剂的结构与性质，了解电导法测定表面活性剂临界胶束浓度的原理。

（3）通过作图法求表面活性剂的临界胶束浓度。

## 二、实验原理

表面活性剂分子一端亲水，一端亲油，把表面活性剂加入水中时，亲水端与水吸引，亲油端倾向于漂出水面，并随着表面活性剂加入量增多，会在水相液面形成单分子层排布，以降低溶液表面能；表面吸附饱和后，继续增加表面活性剂浓度，表面活性剂分子已不能再进入溶液的表面层，在溶液中的表面活性剂为了能稳定存在，其非极性部分会互相吸引，形成极性基团向外的分子团，随着表面活性剂浓度的增大,这种分子团也增大,直至形成球状、棒状或层状的胶束。当胶束长大到完全封闭憎水基团时,胶束与水几乎不存在排斥作用,从而可以稳定存在于水相中,这种开始形成完整胶束所需表面活性剂的最低浓度称为临界胶束浓度(CMC)。如果在溶液中继续加入表面活性剂,就只能增加溶液中的胶束浓度。实验发现,溶液的某些物理性质(如表面张力、渗透压、电导性质、增溶作用、去污能力等)随着溶液中表面活性剂浓度的变化在 CMC 前后有显著的不同。用适当的方法测定溶液的这些物理性质随表面活性剂浓度变化的数值并绘制曲线,可以通过曲线拐点求出表面活性剂的 CMC。

　　离子型表面活性剂溶于水后能电离生成离子,因此测定溶液的电导率,并绘制表面活性剂浓度与溶液电导率的关系曲线,就可以求出指定表面活性剂的 CMC (图 2.20.1)。表面活性剂的 CMC 与温度有关,应在恒温条件下测量。

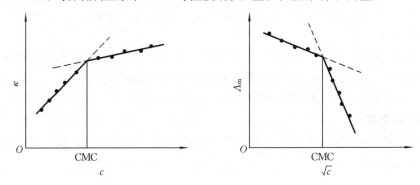

**图 2.20.1　离子型表面活性剂溶液中 $\kappa$-$c$ 和 $\Lambda_m$-$\sqrt{c}$ 曲线**

　　用电导率仪测定溶液的电导率的原理可用下式表示:

$$\kappa = \frac{l}{AR} = \frac{K_{cell}}{R}$$

式中:$\kappa$ 为电导率;$R$ 为溶液电阻;$K_{cell}$ 为电导池常数(与电极表面积 $A$ 成反比,与两个电极板间距离 $l$ 成正比,电导率仪所用电极(电导池)的两个铂板的表面积及两铂板间的距离是固定的,故 $K_{cell}$ 有固定值)。这样通过测定溶液的电阻就可知道电导率。

## 三、仪器和试剂

　　1. 仪器

　　电导率仪 1 台;电导池电极 1 支;恒温槽 1 套;100 mL 容量瓶 2 个;2 mL、5 mL、10 mL 移液管各 1 支;150 mL 烧杯 2 只;分析天平 1 台。

　　2. 试剂

　　十二烷基硫酸钠,AR;电导水;滤纸。

## 四、实验步骤

### 1. 配制溶液

准确称取十二烷基硫酸钠 0.600 0 g,在 150 mL 烧杯中加 20 mL 电导水溶解,转入 100 mL 容量瓶中,再用少量电导水洗涤烧杯 3 次,洗涤液也转入容量瓶中。初步摇匀,再加电导水至刻度,摇匀。

### 2. 测定不同浓度表面活性剂溶液的电导率

(1) 参照第一部分第三章的介绍使用电导率仪。

(2) 调节恒温槽温度为 25 ℃,在 150 mL 烧杯中准确加入 20.00 mL 电导水,插入电导率仪电极,保温 10 min,然后测定电导水的电导率。

(3) 用移液管准确加入已恒温的十二烷基硫酸钠溶液 2.00 mL,插入电导率仪电极,充分摇匀溶液,静置 2~3 min,测定该溶液的电导率。同样方法依次再加入已恒温的十二烷基硫酸钠溶液 2.00 mL、2.00 mL、2.00 mL、2.00 mL、2.00 mL、4.00 mL、4.00 mL、4.00 mL、4.00 mL、4.00 mL、10.00 mL、10.00 mL、10.00 mL、10.00 mL、10.00 mL,分别测定不同浓度溶液的电导率。

## 五、实验数据处理

### 1. 原始数据记录

(1) 记录电导水的电导率。

(2) 将不同浓度十二烷基硫酸钠溶液的电导率值记入表 2.20.1 中。

表 2.20.1　25 ℃时十二烷基硫酸钠溶液的电导率测定值

| 测量序号 | 十二烷基硫酸钠溶液浓度 /(mol · L$^{-1}$) | 溶液电导率/(S · m$^{-1}$) | 溶质电导率/(S · m$^{-1}$) |
|---|---|---|---|
|  |  |  |  |

### 2. 数据处理与分析

(1) 以溶质的电导率为纵坐标,浓度为横坐标,分别绘制十二烷基硫酸钠 $\kappa$-$c$ 曲线。

(2) 分别由曲线拐点(或拐点两端曲线的延长线交点)求出十二烷基硫酸钠溶液的 CMC。

(3) 将实验值与相同温度下测得的文献值进行比较,并结合绘出的曲线评价测量结果,分析产生误差的原因。

## 六、实验注意事项

(1) 实验所用电极必须预先用电导水浸泡 24 h,使用前用滤纸吸干(不可摩擦铂黑面)后插入被测液。电极使用完毕,用电导水冲洗干净,吸干,装入电极盒中保存。

(2) 将表面活性剂溶液加入电导池后,应充分摇匀。

(3) 把电极插入被测液后(铂片必须完全浸入溶液中),轻轻摇动被测液,以便反复冲洗电极表面,保证电极表面溶液浓度与主体溶液浓度一致,并静置 2～3 min 后再测定电导率。

## 七、实验拓展及应用

1. 表面活性剂胶束生成热力学函数的测定

要求及提示:

(1) 选择一种表面活性剂水溶液进行测定。

(2) 利用恒温槽控温,测定不同温度下表面活性剂水溶液的临界胶束浓度,计算表面活性剂胶束生成热力学函数。

2. 共存组分对表面活性剂临界胶束浓度的影响

要求及提示:

(1) 选择一种表面活性剂水溶液进行测定。

(2) 考察某种无机盐的浓度对表面活性剂临界胶束浓度的影响,或者考察相同浓度下不同无机盐对表面活性剂临界胶束浓度的影响。

## 八、思考题

(1) 电导率的定义如何? 其值与哪些因素有关? 与温度的关系如何?

(2) 电导率仪的工作原理如何? 如何测定电极的电导池常数? 每支电极的电导池常数可能都不同,为什么?

(3) 不同表面活性剂的 CMC 是否相同? 为什么?

(4) 还有哪些方法可测量表面活性剂的 CMC? 其原理如何?

# 实验二十一　　液体黏度和密度的测定

## 一、实验目的

(1) 掌握用黏度计测定液体黏度的原理和方法。

(2) 掌握比重瓶法测定液体密度的原理和方法。

(3) 测定乙醇溶液的黏度和密度。

## 二、实验原理

黏度是液体流动所表现的阻力,一般用黏度系数 $\eta$ 表示液体黏度的大小。当用

毛细管法测液体黏度时,可通过泊肃叶(Poiseuille)方程计算黏度系数(简称黏度):

$$\eta = \frac{\pi r^4 th g \rho}{8lV} \qquad (2\text{-}21\text{-}1)$$

式中:$V$ 为在时间 $t$ 内流过毛细管的液体体积;$r$ 为毛细管半径;$l$ 为毛细管长度;$t$ 为流出时间;$h$ 为流经毛细管液体的平均液柱高度;$\rho$ 为液体的密度;$g$ 为重力加速度。

在国际单位制(SI)中,黏度的单位为 Pa·s,在 CGS 制中黏度的单位为泊(P,$1\ \mathrm{P} = 0.1\ \mathrm{Pa \cdot s} = 1\ \mathrm{dyn \cdot s \cdot cm^{-2}}$)。

通常按式(2-21-1)由实验测定液体的绝对黏度是比较困难的,但测定液体对标准液体(如水)的相对黏度是简单实用的。在已知标准溶液的绝对黏度时,可算出被测液体的绝对黏度。

设待测液和标准液在本身重力作用下流经同一毛细管,且流出体积相等,则由式(2-21-1)得

$$\eta = K'\rho t \qquad (2\text{-}21\text{-}2)$$

$$\frac{\eta_1}{\eta_2} = \frac{\rho_1 t_1}{\rho_2 t_2} \qquad (2\text{-}21\text{-}3)$$

已知标准溶液的黏度和它们的密度,则被测液体的黏度可按上式算得。

常用的毛细管式黏度计有乌氏和奥氏两种,本实验采用乌氏黏度计,如图1.2.23 所示。

密度是物质的基本属性之一,测定密度的方法多种多样,比重瓶法是准确测量液体密度的方法之一。比重瓶通过简单的称重,应用比重瓶固定的容积可精确测定液体、粉末、微粒等的密度。应用于不同领域的比重瓶有不同的型号和标准,比重瓶如图 2.21.1 所示,是用玻璃制成的固定容积的容器,玻璃具有不易与待测物反应、热膨胀系数小、易清洗等优点。比重瓶的瓶塞和瓶口是经研磨而配好的,能密合好,不能混用;瓶塞上有毛细管,盖紧瓶盖后,多余的液体会从毛细管流出,这种设计能够保证比重瓶容积的固定。

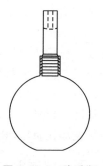

图 2.21.1　比重瓶

测量时,先测定干燥的空比重瓶质量 $m_0$,再装满已知密度的蒸馏水,测量出此时的总质量 $m_{\mathrm{H_2O}}$,可得出比重瓶的容积 $V$,即

$$V = \frac{m_{\mathrm{H_2O}} - m_0}{\rho_{\mathrm{H_2O}}}$$

将比重瓶中蒸馏水倒出,重新干燥比重瓶,再将待测液注入,称取此时的总质量 $m_1$,可得

$$\rho = \rho_{\mathrm{H_2O}} \times \frac{m_1 - m_0}{m_{\mathrm{H_2O}} - m_0}$$

## 三、仪器和试剂

1. 主要仪器

恒温槽 1 套;乌氏黏度计 1 支;比重瓶 1 个;分析天平 1 台;洗耳球 1 个;10 mL 移液管 2 支。

2. 主要试剂

无水乙醇。

## 四、实验步骤

(1) 实验前依次用洗液和蒸馏水洗净乌式黏度计和比重瓶,然后晾干。黏度计必须洁净,如有微量灰尘或油污,都会局部堵塞毛细管,影响溶液在毛细管中的流速,导致较大误差。

(2) 调节恒温槽温度为 25 ℃。恒温槽搅拌速度应设定合适,不致产生剧烈振动,影响测定结果。用移液管移取 10.00 mL 待测液由宽管加入乌式黏度计,将乌式黏度计垂直浸入恒温槽中,使缓冲球完全浸没在水中。恒温 15 min,待内外温度一致后,用手指堵住放空管,并用洗耳球从主测管抽吸待测液至超过上刻度,然后放开洗耳球,记录液面从上刻度流至下刻度所经历的时间。再吸取液体,重复测定 3 次,每次相差不应超过 0.3 s。如果相差过大,则应检查毛细管有无堵塞现象。用蒸馏水洗净乌式黏度计,用移液管移取 10.00 mL 蒸馏水加入乌式黏度计,同法测定蒸馏水的黏度。

(3) 取出比重瓶,连瓶塞一起在分析天平上称量($m_0$),然后用滴管将无水乙醇注入比重瓶内(注意不要让气泡混入),盖上瓶塞。小心地放入恒温槽内,保持 15 min。达到热平衡后,用滤纸将超过刻线的液体吸去,并控制液面刚好在刻线处。然后从恒温槽中取出比重瓶,用滤纸擦干比重瓶,注意用手指拿瓶颈,而不能拿瓶肚,以免因手的温度过高使瓶中液体膨胀外溢而造成误差,称量($m_1$)。用蒸馏水洗净比重瓶,装入蒸馏水,恒温,同法称量($m_{H_2O}$)。

## 五、实验数据处理

1. 数据记录

实验所得数据记录于表 2.21.1 和表 2.21.2 中。

表 2.21.1　液体黏度的测定实验记录

| 液　体 | 流经毛细管时间/s | | | 平均值/s | 黏度/(Pa·s) |
|---|---|---|---|---|---|
| | 1 | 2 | 3 | | |
| 水 | | | | | |
| 无水乙醇 | | | | | |

表 2.21.2 液体密度的测定实验记录

| 空瓶质量/g | (空瓶＋无水乙醇)质量/g | (空瓶＋水)质量/g | 水的密度/(g·cm$^{-3}$) | 无水乙醇的密度/(g·cm$^{-3}$) |
|---|---|---|---|---|
|  |  |  |  |  |

2. 数据处理

列出计算式,并将实验结果填入表中。

## 六、实验注意事项

（1）黏度计和比重瓶都应洁净、干燥,黏度计必须垂直放置于恒温槽中。

（2）使用比重瓶时,应尽可能保持容积的固定,所以在装入液体时应小心沿壁倒入,不允许存在气泡。

（3）拿取比重瓶时应用手指拿住瓶颈,而不能拿瓶肚,以免因手温致使液体体积膨胀外溢。

（4）在测量期间,称量操作最好在恒温条件下进行,否则易造成在称量过程中因环境温度高于规定温度而膨胀外溢,从而导致误差。

（5）因为无水乙醇易挥发,所以称量过程应快速完成。

## 七、实验拓展及应用

设计用比重瓶测不规则形状固体的密度

要求及提示:

（1）任选一种不规则形状固体进行测定。

（2）将质量为 $m_物$ 的待测固体投入盛满水的比重瓶中,溢出水的体积就等于固体的体积,设此时待测物和剩余的水和比重瓶的总质量为 $m_总$,则 $m_总＋m_溢＝m_水＋m_物$。

## 八、思考题

（1）奥氏黏度计与乌式黏度计的区别是什么?

（2）为什么比重瓶装液时不能产生气泡?

（3）测定黏度和密度的方法有哪些? 它们各适用于哪些场合?

# 实验二十二  黏度法测定水溶性高聚物相对分子质量

## 一、实验目的

（1）掌握黏度法测定聚乙烯醇相对分子质量的方法。

　　(2) 掌握用乌贝路德(Ubbelohde)黏度计测定黏度的原理和方法。

## 二、实验原理

　　高聚物的相对分子质量(平均摩尔质量)不仅反映了高聚物分子的大小,还直接关系到高聚物的物理性能,常用的平均摩尔质量的表示方法有数均摩尔质量、质均摩尔质量、z 均摩尔质量和黏均摩尔质量四种。高聚物相对分子质量的测定方法很多,常见的有端基分析法、渗透压法和黏度法等,其中黏度法设备简单、操作方便、耗时较少、精确度较高,是目前常用的方法之一。

　　黏度是液体对流动所表现的阻力,可看作液体在流动过程存在的内摩擦。高聚物稀溶液在流动过程中的内摩擦主要包括溶剂分子之间的内摩擦、高聚物分子与溶剂分子之间的内摩擦以及高聚物分子之间的内摩擦。其中溶剂分子之间内摩擦又称为纯溶剂的黏度,以 $\eta_0$ 表示;三种内摩擦的总和称为高聚物溶液的黏度,以 $\eta$ 表示。在 CGS 单位制中黏度的单位为泊(P,1 P=1 dyn·s·cm$^{-2}$);在国际单位制(SI)中,黏度的单位为 Pa·s。1 P=0.1 Pa·s。在同一温度下,高聚物溶液的黏度一般要比纯溶剂的黏度大,即 $\eta > \eta_0$。对于溶剂,其溶液黏度增加的分数称为增比黏度,以 $\eta_{sp}$ 表示:

$$\eta_{sp} = \frac{\eta - \eta_0}{\eta_0} = \frac{\eta}{\eta_0} - 1 = \eta_r - 1 \tag{2-22-1}$$

式中:$\eta_r$ 称为相对黏度,是溶液黏度与溶剂黏度的比值,反映的是整个溶液的黏度行为;$\eta_{sp}$ 则反映的是扣除了溶剂分子间的内摩擦效应以后纯溶剂与高聚物分子间以及高聚物分子之间的内摩擦。

　　对于高聚物溶液,增比黏度 $\eta_{sp}$ 往往随浓度 $c$ 的增加而增大。为便于比较,将单位浓度下所显示的增比黏度 $\frac{\eta_{sp}}{c}$ 称为比浓黏度;将 $\frac{\ln \eta_r}{c}$ 称为比浓对数黏度。$\eta_r$ 和 $\eta_{sp}$ 都是无因次量,$\frac{\eta_{sp}}{c}$ 和 $\frac{\ln \eta_r}{c}$ 的单位随浓度 $c$ 的单位而定,通常采用 g·mL$^{-1}$。

　　为进一步消除高聚物分子之间的内摩擦作用,必须将溶液无限稀释,当浓度 $c$ 趋近零时,比浓黏度趋近于一个极限值,即

$$\lim_{c \to 0} \frac{\eta_{sp}}{c} = [\eta] \tag{2-22-2}$$

式中:$[\eta]$ 称为高聚物溶液的特性黏度,其数值与浓度无关,主要反映了高聚物分子与溶剂分子之间的内摩擦作用。实验证明,在足够稀的溶液中,有

$$\frac{\eta_{sp}}{c} = [\eta] + k[\eta]^2 c \tag{2-22-3}$$

$$\frac{\ln \eta_r}{c} = [\eta] - \beta[\eta]^2 c \tag{2-22-4}$$

以 $\dfrac{\eta_{sp}}{c}$ 及 $\dfrac{\ln\eta_r}{c}$ 对 $c'$ 作图得两条直线，这两条直线在纵坐标轴上相交于同一点（图

2.22.1），可求出 $[\eta]$ 数值。为了绘图方便，引进相对浓度 $c'$，即 $c'=\dfrac{c}{c_1}$。其中，$c$ 表

示溶液的真实浓度，$c_1$ 表示溶液的起始浓度，由图 2.22.1 可知，$[\eta]=\dfrac{A}{c_1}$，其中 $A$ 为

截距。

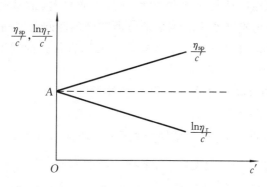

**图 2.22.1** $\dfrac{\eta_{sp}}{c}$-$c'$ 及 $\dfrac{\ln\eta_r}{c}$-$c'$ 曲线

　　由溶液的特性黏度 $[\eta]$ 无法直接获得高聚物的相对分子质量，目前常用的方法是由半经验关系式 Mark Houwink 非线性方程求得，即

$$[\eta] = KM^a \tag{2-22-5}$$

式中：$M$ 为高聚物相对分子质量的平均值；$K$、$\alpha$ 为常数，与温度、高聚物性质、溶剂等因素有关。实验证明，$\alpha$ 值一般在 0.5～1 之间。聚乙烯醇的水溶液在 25 ℃ 时，$\alpha=0.76$，$K=2\times10^{-2}$；在 30 ℃ 时，$\alpha=0.64$，$K=6.66\times10^{-2}$。式（2-22-5）适用于非支化的、聚合度不太低的高聚物。

　　可以看出，高聚物相对分子质量的测定最后归结为溶液特性黏度 $[\eta]$ 的测定。测定液体黏度的方法主要有三类：①用毛细管黏度计测定液体在毛细管里的流出时间；②用落球式黏度计测定圆球在液体中的下落速率；③用旋转式黏度计测定液体与同心轴圆柱体相对转动的情况。测定高聚物的 $[\eta]$，用毛细管黏度计最为方便。根据泊肃叶（Poiseuille）公式：

$$\eta = \frac{\pi r^4 th g\rho}{8lV} \tag{2-22-6}$$

式中：$V$ 为流经毛细管液体的体积；$r$ 为毛细管半径；$\rho$ 为液体密度；$l$ 为毛细管的长度；$t$ 为流出时间；$h$ 是作用于毛细管中溶液上的平均液柱高度，$h=\dfrac{1}{2}(h_1+h_2)$；$g$ 为重力加速度。

对于同一黏度计来说，$h$、$r$、$l$、$V$ 是常数，则由式(2-22-6)得

$$\eta = K'\rho t \qquad\qquad (2\text{-}22\text{-}7)$$

考虑到测定对象是高聚物的稀溶液，溶液的密度 $\rho$ 与纯溶剂密度 $\rho_0$ 可视为相等，则溶液的相对黏度就可表示为

$$\eta_r = \frac{\eta}{\eta_0} = \frac{K'\rho t}{K'\rho_0 t_0} \approx \frac{t}{t_0} \qquad\qquad (2\text{-}22\text{-}8)$$

由此可见，用黏度法测定高聚物相对分子质量时，最基础的是 $t_0$、$t$、$c$ 的测定，实验的成败和准确度取决于测量液体所流经的时间的准确度、配制溶液浓度的准确度和恒温槽的恒温程度、安装黏度计的垂直位置的程度以及外界的振动等因素。

黏度法测定高聚物相对分子质量时，要注意以下几点。

(1) 溶液浓度的选择。

随着溶液浓度的增加，聚合物分子链之间的距离逐渐缩短，分子链间作用力增大。当溶液浓度超过一定限度时，高聚物溶液的 $\dfrac{\eta_{sp}}{c}$ 或 $\dfrac{\ln\eta_r}{c}$ 与 $c$ 的关系不呈线性。通常选用 $\eta_r = 1.2 \sim 2.0$ 的浓度范围。

(2) 溶剂的选择。

高聚物的溶剂有良溶剂和不良溶剂两种。在良溶剂中，高分子线团伸展，链的末端距增大，链段密度减少，溶液的 $[\eta]$ 值较大。在不良溶剂中则相反，并且溶解很困难。在选择溶剂时，要注意考虑溶解度、价格、来源、沸点、毒性、分解性和回收等各方面的因素。

(3) 毛细管黏度计的选择。

常用毛细管黏度计有乌氏和奥氏两种，测相对分子质量常选用乌氏黏度计(图 2.22.2)。对 2 球体积为 5 mL 的黏度计，一般要求溶剂流经时间为 100～130 s 之间。

(4) 恒温槽。

温度波动直接影响溶液黏度的测定，国家规定用黏度法测定相对分子质量的恒温槽温度波动为 $\pm 0.05$ ℃。

(5) 黏度测定中异常现象的近似处理。

在特性黏度测定过程中，有时并非操作不慎，而出现如图 2.22.3 所示三种异常现象，此时以 $\dfrac{\eta_{sp}}{c}$-$c'$ 曲线求 $[\eta]$ 值。

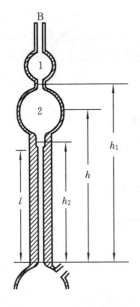

**图 2.22.2　乌氏黏度计**

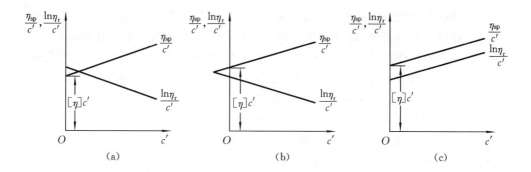

图 2.22.3 三种异常 $\frac{\eta_{sp}}{c'}-c'$ 曲线

## 三、仪器和试剂

1. 主要仪器

恒温槽 1 套;乌氏黏度计 1 支;秒表 1 块;洗耳球 1 个;容量瓶(100 mL)1 个;移液管(10 mL)2 支;烧杯(100 mL)1 只;玻璃砂芯漏斗(3 号)1 个。

2. 主要试剂

聚乙烯醇,分析纯;正丁醇,分析纯。

## 四、实验步骤

1. 高聚物溶液的配制

称取 0.5 g 聚乙烯醇,放入 100 mL 烧杯中,注入约 60 mL 的蒸馏水,稍加热至溶解。待冷却至室温,加入 2 滴正丁醇(去泡剂),并移入 100 mL 容量瓶中,加水至刻度。如果溶液中有固体杂质,用 3 号玻璃砂芯漏斗过滤后待用。过滤时不能用滤纸,以免纤维混入。

2. 安装黏度计

彻底洗净黏度计,放在烘箱中干燥。然后在侧管 C 上端套一软胶管,并用夹子夹紧使之不漏气。调节恒温槽至 25 ℃。把黏度计垂直放入恒温槽中,使 1 球完全浸没在水中,放置位置要合适,便于观察液体的流动情况。恒温槽的搅拌速度应调节合适,不能产生剧烈震动影响测定结果。

3. 溶剂流出时间 $t_0$ 的测定

用移液管取 10.00 mL 蒸馏水由 A(图 2.22.4)注入黏度计中。待恒温后,用洗耳球由 B 处将溶剂经毛细管吸

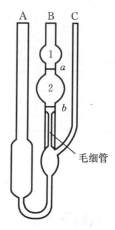

图 2.22.4 三管黏度计

入球 2 和球 1 中(注意:液体切忌吸到洗耳球内),然后除去洗耳球使管 B 与大气相通并打开侧管 C 的夹子,让溶剂依靠重力自由流下。当液面达到刻度线 $a$ 时,立刻按下秒表开始计时,当液面下降到刻度线 $b$ 时,再按下秒表,记录溶剂流经毛细管的时间 $t_0$。测量三次,每次相差不应超过 0.2 s,取其平均值。如果相差过大,则应检查毛细管有无堵塞现象,检查恒温槽温度是否稳定。

4. 溶液流出时间的测定

待 $t_0$ 测完后,取 10.00 mL 配制好的聚乙烯醇溶液加入黏度计中,用洗耳球将溶液反复抽吸至球 1 内几次,使之与黏度计中的蒸馏水混合均匀(聚乙烯醇是一种起泡剂,搅拌抽吸混合时,容易起泡,不易混合均匀,溶液中分散的微小气泡像杂质微粒,容易局部堵塞毛细管,应注意抽吸的速度)。测定 $c' = \frac{1}{2}$ 的聚乙烯醇溶液的流出时间 $t_1$,再依次加入 10.00 mL 蒸馏水,稀释成相对浓度 $c'$ 为 $\frac{1}{3}$、$\frac{1}{4}$、$\frac{1}{5}$ 的溶液,并分别测定流出时间 $t_2$、$t_3$、$t_4$(每个数据测量三次,取平均值)。

## 五、实验数据处理

(1) 将实验条件及实验数据记入表 2.22.1 中。

### 表 2.22.1　实验数据记录表

室温:_____℃;大气压:_____Pa。

| 实验对象 | | 流出时间/s | | | | $\eta_r$ | $\eta_{sp}$ | $\dfrac{\eta_{sp}}{c}$ | $\ln\eta_r$ | $\dfrac{\ln\eta_r}{c}$ |
|---|---|---|---|---|---|---|---|---|---|---|
| | | 测量值 | | | 平均值 | | | | | |
| | | 1 | 2 | 3 | | | | | | |
| 溶剂 | | | | | $t_0$ | | | | | |
| 溶液 | $c' = \frac{1}{2}$ | | | | $t_1$ | | | | | |
| | $c' = \frac{1}{3}$ | | | | $t_2$ | | | | | |
| | $c' = \frac{1}{4}$ | | | | $t_3$ | | | | | |
| | $c' = \frac{1}{5}$ | | | | $t_4$ | | | | | |

(2) 作 $\dfrac{\eta_{sp}}{c}$-$c'$ 图和 $\dfrac{\ln\eta_r}{c}$-$c'$ 图,并外推至 $c' = 0$,从截距求出 $[\eta]$ 值。

(3) 由 $[\eta] = KM^a$ 式计算聚乙烯醇的相对分子质量 $M_r$。

## 六、实验注意事项

(1) 所用黏度计必须洁净,有时微量的灰尘、油污等会产生局部的堵塞现象,影响溶液在毛细管中的流速,导致较大的误差。

(2) 实验完毕,黏度计应洗净,然后用洁净的蒸馏水浸泡或倒置使黏度计晾干。为除掉灰尘的影响,所使用的试剂瓶、黏度计应扣在钟罩内,移液管也应用塑料薄膜覆盖(切勿用纤维材料)。

## 七、实验拓展及应用

1. 不同温度下黏度法测定水溶性高聚物相对分子质量

要求及提示:

(1) 通过对不同温度下聚乙烯醇水溶液的黏度测定,确定其相对分子质量,并进行比较。

(2) 按照关系式 $\eta = Ae^{\frac{E^*}{RT}}$ 进行数据处理,采用计算法和作图法确定流体活化能 $E^*$。

2. 凝胶渗透色谱法(GPC)和黏度法的比较

要求及提示:

(1) 通过凝胶渗透色谱法(GPC)测定聚乙烯醇的相对分子质量,并与黏度法测定结果进行比较,分析结果差异的内在原因。

(2) 确定聚乙烯醇的相对分子质量分布。

## 八、思考题

(1) 特性黏度[$\eta$]是怎么测定的?

(2) 为什么 $\lim\limits_{c \to 0}\dfrac{\eta_{sp}}{c} = \lim\limits_{c \to 0}\dfrac{\eta_r}{c}$?

(3) 试分析黏度法测定高聚物相对分子质量的优缺点,说明实验成功与失败的原因。

(4) 乌氏黏度计中的支管 C 有什么作用? 除去支管 C 是否仍可用以测定黏度?

# 实验二十三　　$Fe(OH)_3$溶胶的制备及电泳速率和聚沉值的测定

## 一、实验目的

(1) 掌握 $Fe(OH)_3$ 溶胶的制备及纯化方法。

(2) 观察溶胶电泳现象,测定电泳速率,掌握电泳法测定 $Fe(OH)_3$ 溶胶电动电势的方法。

(3) 测定不同电解质溶液对溶胶的聚沉值,比较聚沉能力的差异性。

## 二、实验原理

难溶于水的固体微粒高度分散在水中所形成的胶体分散系统,简称"溶胶",如 AgI 溶胶、SiO$_2$溶胶、金溶胶等。溶胶是一个多相系统,一般认为,溶胶中分散相胶粒的粒径在1～100 nm 之间。溶胶的制备方法可分为分散法和凝聚法。分散法是用适当方法把较大的物质颗粒变为胶粒大小的质点;凝聚法是先制成难溶物的分子(或离子)的过饱和溶液,再使之相互结合成胶粒而得到溶胶。Fe(OH)$_3$溶胶的制备采用的是凝聚法,即通过化学反应使产物呈过饱和状态,然后胶粒再结合成溶胶。制成的胶体系统中常有其他杂质存在,而影响其稳定性,因此必须纯化。常用的纯化方法是半透膜渗析法,半透膜孔径大小可允许电解质通过而胶粒通不过,从而达到提纯的目的。为提高渗析效率,使用 60～70 ℃ 的蒸馏水,保证纯化效果。

在胶体分散系统中,由于胶体本身的电离或胶粒对某些离子的选择性吸附,胶粒的表面带有一定的电荷。在外电场作用下,胶粒向异性电极定向泳动,这种胶粒向正极或负极移动的现象称为电泳。带电的胶粒与分散介质间的电势差称为电动电势,用符号 ζ 表示,电动电势的大小直接影响胶粒在电场中的移动速率。原则上,任何一种胶体的电动现象(如电渗、电泳、流动电势、沉降电势)都可用来测定 ζ,但最方便的则是用电泳实验来进行测定。

电泳法又分为两类,即宏观法和微观法。宏观法原理是观察溶胶与另一不含胶粒的导电液体的界面在电场中的移动速率。微观法是直接观察单个胶粒在电场中的泳动速率。对高分散的溶胶,如 As$_2$S$_3$溶胶或 Fe$_2$O$_3$溶胶,或过浓的溶胶,不宜观察个别粒子的运动,只能用宏观法,对于颜色太浅或浓度过稀的溶胶,则适宜用微观法。本实验采用宏观法。也就是通过观察溶胶与另一种不含胶粒的导电液体(辅助液)的界面在电场中的移动速率来测定 ζ。界面移动法对辅助液的选择十分重要,因为 ζ 对辅助液成分十分敏感,最好是用该胶体的渗析液。一般可选用 KCl 溶液,因为 K$^+$ 与 Cl$^-$ 的迁移速率基本相同。同时,还要求辅助液的电导率与溶胶一致,避免因界面处电场强度的突变造成两臂界面移动速率不等而产生界面模糊。

ζ 与胶粒的性质、介质成分及胶体的浓度有关。在指定条件下,ζ 的数值可根据亥姆霍兹方程式计算。即

$$\zeta = \frac{K\pi\eta U}{\varepsilon H} \times 300^2 \qquad (2-23-1)$$

式中:$K$ 为与胶粒形状有关的常数(对于球形胶粒 $K=6$,棒形胶粒 $K=4$,本实验中均按棒形胶粒看待);$\eta$ 为分散介质的黏度,Pa·s,不同温度下水的绝对黏度请参阅本书附录;$\varepsilon$ 为分散介质的相对介电常数,如果分散介质是水,应考虑温度校正,则 $\varepsilon$ 可

按下式计算：$\varepsilon = 81 - 0.4(t - 20)$，其中 $t$ 为水温，℃；$U$ 为电泳速率（cm·s$^{-1}$），即迁移速率。

$$U = \frac{d}{t} \qquad\qquad (2\text{-}23\text{-}2)$$

式中：$d$ 为胶粒移动的距离，cm；$t$ 为通电时间，s。

式(2-23-1)中，$H$ 为电势梯度（V·cm$^{-1}$），即单位长度上的电势差。

$$H = \frac{E}{l} \qquad\qquad (2\text{-}23\text{-}3)$$

式中：$E$ 为外电场在两极间的电势差，V；$l$ 为两极间的距离，cm。把式(2-23-3)代入式(2-23-1)得

$$\zeta = \frac{4\pi\eta l U}{\varepsilon E} \times 300^2 \qquad\qquad (2\text{-}23\text{-}4)$$

由式(2-23-4)可知，对于一定溶胶而言，若固定 $E$ 和 $l$，测得胶粒的电泳速率 $U$，就可以求出 $\zeta$。$\zeta$ 是表征胶体特性的重要物理量之一，对解决胶体系统的稳定性具有很大的意义。在一般溶胶中，$\zeta$ 数值越小，其稳定性越差。因此，无论是制备胶体或者是破坏胶体，都需要了解所研究胶体的 $\zeta$。

溶胶是高度分散的热力学不稳定系统，胶粒带有电荷，具有一定的稳定性。当加入电解质时，溶胶系统的反号离子浓度增大，压缩了扩散层，降低 $\zeta$，胶体的稳定性遭到破坏，引起溶胶发生沉降，这种作用称为电解质对溶胶的聚沉作用。使溶胶发生明显聚沉所需电解质的最低浓度称为"聚沉值"，聚沉值可表示为

$$c = \frac{c_{\text{电解质}} V_{\text{电解质}}}{V_{\text{电解质}} + V_{\text{溶胶}}} \qquad\qquad (2\text{-}23\text{-}5)$$

式中：$c$ 的单位为 mmol·L$^{-1}$。

聚沉值的倒数表示了电解质对溶胶的聚沉能力，聚沉值越小，聚沉能力越大。

## 三、仪器和试剂

### 1. 主要仪器

稳压电源 1 台（0~180 V）；万用电炉 1 台；U 形电泳管 1 支；电导率仪 1 台；秒表 1 块；铂电极 2 支；微量滴定管 2 支；锥形瓶（50 mL、250 mL）各 3 个；烧杯（800 mL、250 mL、100 mL）各 1 只；超级恒温槽 1 台；容量瓶（100 mL）1 个；温度计（0~180 ℃）1 支。

### 2. 主要试剂

FeCl$_3$ 分析纯；KCNS 溶液（1%）；AgNO$_3$ 溶液（1%）；0.02 mol·L$^{-1}$ KCl 溶液；2 mol·L$^{-1}$ NaCl 溶液；0.01 mol·L$^{-1}$ Na$_2$SO$_4$ 溶液；火棉胶。

## 四、实验步骤

1. Fe(OH)$_3$ 溶胶的制备

将 0.5 g 无水 FeCl$_3$ 溶于 20 mL 蒸馏水中,在搅拌的情况下将上述溶液滴入 20 mL 沸水中(控制在 4～5 min 内滴完),再煮沸 1～2 min,制得 Fe(OH)$_3$ 溶胶。

2. 珂罗酊袋的制备

将约 20 mL 火棉胶倒入干净的 250 mL 锥形瓶内,小心转动锥形瓶,使瓶内壁均匀展开一层液膜,倾出多余的火棉胶液,将锥形瓶倒置于铁圈上,待溶剂挥发完毕,将蒸馏水注入胶膜与瓶壁之间,使胶膜与瓶壁分离,将胶袋从锥形瓶中取出,注入蒸馏水检查胶袋是否漏水,如不漏水,则可浸入蒸馏水待用。

3. Fe(OH)$_3$ 的纯化

将制得的 40 mL Fe(OH)$_3$ 溶胶转移到珂罗酊袋并用线拴住袋口,置于清洁的 800 mL 烧杯中,加入蒸馏水约 300 mL,维持温度在 60～70 ℃,进行搅拌并渗析。每 30 min 换一次蒸馏水,2 h 后取出 1 mL 渗析水,分别用 1% AgNO$_3$ 及 1% KCNS 溶液检查是否存在 Cl$^-$ 及 Fe$^{3+}$,如果仍存在,应继续换水渗析,直到检不出 Cl$^-$ 及 Fe$^{3+}$ 为止。将纯化后的 Fe(OH)$_3$ 溶胶移入清洁干燥的 100 mL 烧杯中待用。

4. KCl 辅助液的配制

将纯化后的 Fe(OH)$_3$ 溶胶冷至室温,测其导电,用 0.02 mol·L$^{-1}$ KCl 溶液和蒸馏水配制与溶胶电导相同的辅助液。

5. 电泳速率的测定

用洗液和蒸馏水把电泳仪洗干净(三个活塞均需涂好凡士林),见图 2.23.1。

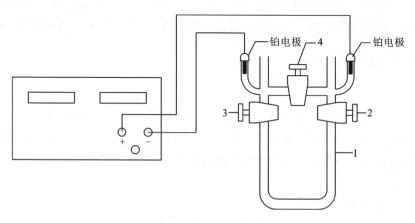

**图 2.23.1　电泳仪装置图**

1—U 形管;2,3,4—活塞

用少量 $Fe(OH)_3$ 溶胶洗涤电泳仪 2～3 次,然后注入 $Fe(OH)_3$ 溶胶直至液面高出活塞 2、3 少许,关闭两活塞,倒掉多余的溶胶。

用蒸馏水把电泳仪活塞 2、3 以上的部分洗干净后,在两管内注入 KCl 辅助液,并把电泳仪固定在支架上。

将稳压电源的粗、细调节旋钮逆时针旋到底。

按"＋""－"极性将输出线与负载相接,输出线枪式迭插座插入铂电极枪式迭插座尾。

将两铂电极插入支管内并连接电源,开启活塞 4,使管内两辅助液面等高,关闭活塞 4,缓缓开启活塞 2、3(勿使溶胶液面搅动)。然后打开稳压电源,将电压调至 150 V,观察溶胶面移动现象及电极表面现象。记录 30 min 内界面移动的距离 $d$。沿 U 形管中心线测量两电极间导电距离 $l$。测量 3～4 次,取平均值。实验结束后,先将高压数显稳压电源的粗调节旋钮逆时针旋到底,再将细调节旋钮逆时针旋到底。注意粗调节旋钮的调节速度不能过快。

6. 聚沉值的测定

移取 5.00 mL 溶胶于 25 mL 锥形瓶中,分别用 $2$ mol·$L^{-1}$ NaCl 和 $0.01$ mol·$L^{-1}$ $Na_2SO_4$ 溶液滴定,每加一滴都要充分摇荡,至 1 min 内不出现混浊再加第二滴,当 $Fe(OH)_3$ 溶胶刚出现稍许混浊时,即应停止滴定,记下所用电解质溶液的体积,每种电解质溶液重复滴定三次,取平均值。

## 五、实验数据处理

1. 原始数据记录

将实验数据记入表 2.23.1 和表 2.23.2 中。

2. 数据处理和计算

(1) 将实验数据 $d$、$t$ 代入式(2-23-2)计算电泳速率 $U$。

(2) 将 $U$、$E$、$l$ 和介质黏度 $\eta$ 及介电常数 $\varepsilon$ 代入式(2-23-4)求 $\zeta$。

表 2.23.1　实验数据记录 1

室温:_____℃。

| NaCl 溶液滴定消耗体积 $V$/mL | | | | $Na_2SO_4$ 溶液滴定消耗体积 $V$/mL | | | |
|---|---|---|---|---|---|---|---|
| $V_1$ | $V_2$ | $V_3$ | $\overline{V}$ | $V_1$ | $V_2$ | $V_3$ | $\overline{V}$ |
| | | | | | | | |
| 聚沉值 $c=$ | | | | 聚沉值 $c=$ | | | |

表 2.23.2　实验数据记录 2

| $d$/cm | $t$/s | $l$/cm | $E$/V | $\eta$/(Pa·s) | $\varepsilon$ |
|---|---|---|---|---|---|
| | | | | | |

(3) 根据胶粒电泳时的移动方向确定其带电荷符号。

(4) 由式(2-23-5)计算 NaCl 和 $Na_2SO_4$ 两种电解质的聚沉值。

## 六、实验注意事项

(1) 本实验对仪器的干净程度要求很高,否则可能发生胶体凝聚,导致毛细管堵塞。故一定要将仪器清洗干净,以免其他离子干扰。

(2) 制备 $Fe(OH)_3$ 溶胶时,一定要缓慢向沸水中逐滴加入 $FeCl_3$ 溶液,并不断搅拌,否则,得到的胶体颗粒太大,稳定性差。

(3) 在制备半透膜时,加水的时间应适中,如加水过早,因胶膜中的溶剂还未完全挥发掉,胶膜呈乳白色,强度差不能用。如加水过迟,则胶膜变干、脆,不易取出且易破。

(4) 渗析时应控制水温,经常搅动渗析液,勤换渗析液。这样制备得到的胶粒大小均匀,胶粒周围反离子分布趋于合理,基本形成热力学稳定态,所得的 ζ 电势准确,重复性好。

(5) 渗析后的溶胶必须与辅助液在大致相同的温度(室温),以保证两者所测的电导率一致。

(6) 灌装 KCl 溶液时要小心,勿搅动溶胶与 HCl 溶液的界面,以免引起界面模糊。必须做到 KCl 辅助液与溶胶液面有明显清晰的界面。

(7) 注意胶体所带的电荷,不要将电极接错。观察界面移动时,应由同一个人观察,从而减小误差。量取两电极的距离时,要沿电泳管的中心线量取,电极间距离的测量须尽量精确。

## 七、实验拓展及应用

1. 溶胶制备方法比较

要求及提示:

(1) 使用不同浓度 $FeCl_3$ 制备 $Fe(OH)_3$ 溶胶,比较溶胶浓度。

(2) $FeCl_3$ 要缓慢加入并不断搅拌。

(3) 通过渗析时间长短,找出制备 $Fe(OH)_3$ 溶胶的最佳方法。

2. 纯化方法的改进

要求及提示:

(1) 比较采用单独添加尿素、单独使用抽滤和溶胶抽滤与加尿素三种方法时 $Fe(OH)_3$ 的纯化效果。

(2) 比较三种方法纯化 $Fe(OH)_3$ 溶胶 2 h 后的电导率,确定添加尿素的最佳浓度,计算 ζ。

## 八、思考题

（1）电泳速率的快慢与哪些因素有关？

（2）胶粒带电的原因是什么？如何判断胶粒所带电荷的符号？

（3）什么因素能引起溶胶聚沉？

（4）当 $Na_2SO_4$ 溶液中混有 NaCl 时，所测 $Fe(OH)_3$ 溶胶的聚沉值将有何种偏差？为什么？

（5）实验中为什么要求辅助液与待测溶胶的电导率相同？

# 实验二十四　液体表面张力的测定

# （Ⅰ）最大泡压法测定溶液的表面张力

## 一、实验目的

（1）测定不同浓度正丁醇水溶液的表面张力，根据吉布斯（Gibbs）吸附等温式计算表面吸附量。

（2）掌握最大泡压法测定溶液表面张力的原理和技术，了解表面张力的影响因素。

## 二、实验原理

液体表面最基本的特征是趋向于收缩，在液体表面垂直作用于单位长度上使表面收缩的力即为表面张力，其值与液体的组成、浓度及温度等因素有关。

在恒温恒压下纯溶剂的表面张力为定值，当加入溶质形成溶液后，溶剂的表面张力通常会发生改变，同时表面层中溶质的浓度与内部（即体相）浓度不相等，通常把物质在表面上富集的现象称为吸附，这种由于溶液表面的吸附作用导致的表面浓度与内部浓度的差别称为表面过剩。

在指定的温度和压力下，溶质的吸附量与溶液的表面张力及溶液的浓度之间的关系遵守吉布斯吸附方程：

$$\Gamma = -\frac{c_B}{RT}\left(\frac{\partial \sigma}{\partial c_B}\right)_T \qquad (2\text{-}24\text{-}1)$$

式中：$\Gamma$ 为吸附量，$mol \cdot m^{-2}$；$\sigma$ 为表面张力，$N \cdot m^{-1}$；$c_B$ 为溶液浓度，$mol \cdot m^{-3}$；$T$ 为热力学温度，K；$R$ 为摩尔气体常数，$8.314\ J \cdot mol^{-1} \cdot K^{-1}$。

$\left(\frac{\partial \sigma}{\partial c_B}\right)_T < 0$，则 $\Gamma > 0$，称为正吸附，溶质的加入使表面张力下降；$\left(\frac{\partial \sigma}{\partial c_B}\right)_T > 0$，

则 $\Gamma<0$,称为负吸附,溶质的加入使表面张力升高。表面活性物质(如正丁醇)能使溶剂的表面张力显著降低。表面活性物质具有不对称结构,它们是由极性的亲水基团和非极性的憎水基团构成。表面活性物质在水溶液表面的排列情况随浓度不同而异,低浓度时,分子平躺在表面上;浓度增大时,分子极性部分指向液体内部,非极性部分指向空气;当浓度增至一定时,溶质分子占据所有表面,形成饱和吸附层。

　　以 $c_B$ 为横坐标,$\Gamma$ 为纵坐标,可绘制 $\Gamma\text{-}c_B$ 曲线,称为吸附等温线。为了求得不同浓度溶液的表面吸附量,可在恒温下绘成表面张力等温线 $\sigma=f(c_B)$(图 2.24.1),由 $\sigma=f(c_B)$ 可求得对应浓度溶液的表面张力,然后按吉布斯吸附等温方程计算表面吸附量。

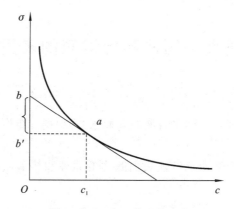

**图 2.24.1　表面张力等温线**

　　测定溶液表面张力的方法较多,最大泡压法是常用方法之一。其测量装置如图 2.24.2 所示。

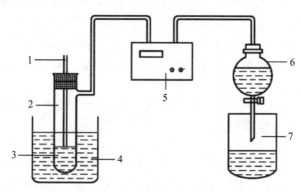

**图 2.24.2　最大泡压法测溶液表面张力装置**

1—毛细管;2—大试管;3—溶液;4—恒温水浴装置;

5—数字式微压差测量仪;6—抽气瓶;7—烧杯

使毛细管下端与溶液液面接触,当毛细管上端与大气连通时,减小液面上方的气压,毛细管下端将形成气泡,气泡形成半球形时其曲率半径 $R$ 与毛细管半径 $r$ 相等,曲率半径达最小值,这时附加压力达最大值。

$$\Delta p_{max} = \frac{2\sigma}{r} \quad \text{或} \quad \sigma = \frac{r}{2}\Delta p_{max} \tag{2-24-2}$$

实际测量时,使毛细管端刚好与液面接触,则可忽略气泡鼓泡所需克服的静压力,可直接用式(2-24-2)计算溶液的表面张力。

由于毛细管半径较小,直接测量误差较大。通常用一已知表面张力 $\sigma_0$ 的液体(如水、甘油等)作为参考液体,在相同的实验条件下,测得相应最大压力差为 $\Delta p_{0,max}$ ,则毛细管半径 $r$ 为

$$r = \frac{2\sigma_0}{\Delta p_{0,max}} \tag{2-24-3}$$

## 三、仪器和试剂

1. 主要仪器

最大泡压法表面张力仪 1 套;洗耳球 1 个;10 mL、25 mL、50 mL 和 100 mL 移液管各 1 支;500 mL 烧杯 1 只;50 mL 碱式滴定管 1 支;容量瓶若干。

2. 主要试剂

正丁醇,化学纯;蒸馏水。

## 四、实验步骤

1. 仪器准备与检漏

将表面张力仪容器和毛细管先用洗液洗净,再顺次用自来水和蒸馏水漂洗,烘干后安装好。检查系统是否漏气,不漏气方可进行实验。

2. 毛细管半径 $r$ 的测定

将大试管和毛细管清洗干净。在大试管中装入蒸馏水,使毛细管上端塞子塞紧时毛细管刚好与液面垂直相切。抽气瓶装满水,连接好后旋开下端活塞使水缓慢滴出。控制流速使气泡从毛细管平稳脱出(每分钟 10 个气泡),记录气泡脱出瞬间数字压力计的数值,至少平行测定 3 次并取平均值,作为最大压力差。根据蒸馏水在室温下的表面张力值和最大压力差计算毛细管半径 $r$。

3. 不同浓度溶液表面张力的测定

配制 $0.50 \ mol \cdot L^{-1}$ 的正丁醇溶液 250 mL,装入 50 mL 碱式滴定管,再用该溶液配制浓度为 $0.02 \ mol \cdot L^{-1}$、$0.04 \ mol \cdot L^{-1}$、$0.06 \ mol \cdot L^{-1}$、$0.08 \ mol \cdot L^{-1}$、$0.10 \ mol \cdot L^{-1}$、$0.12 \ mol \cdot L^{-1}$、$0.16 \ mol \cdot L^{-1}$、$0.20 \ mol \cdot L^{-1}$ 和 $0.24 \ mol \cdot L^{-1}$

的稀溶液各 50 mL,从稀到浓依次测定其表面张力,操作方法同前,每份溶液平行测定 3 次,取平均值作为最大压力差。

## 五、实验数据处理

1. 原始数据记录

将实验数据记入表 2.24.1 中。

表 2.24.1　原始数据记录及毛细管半径 $r$ 和不同浓度的正丁醇水溶液的表面张力

| 溶液浓度/(mol · L$^{-1}$) | 最大压力差 $\Delta p_{max}$ | | | | $r$ 或 $\sigma$ |
| --- | --- | --- | --- | --- | --- |
| | 1 | 2 | 3 | 平均值 | |
| 0 | | | | | |
| 0.02 | | | | | |
| 0.04 | | | | | |
| 0.06 | | | | | |
| 0.08 | | | | | |
| 0.10 | | | | | |
| 0.12 | | | | | |
| 0.16 | | | | | |
| 0.20 | | | | | |
| 0.24 | | | | | |

2. 数据处理和计算

(1) 根据表 2.24.1 的数据绘出 $\sigma$-$c$ 等温曲线图。

(2) 在 $\sigma$-$c$ 等温曲线图上求出各浓度值的相应斜率,即 $d\sigma/dc$,并计算各浓度溶液所对应的单位表面吸附量 $\Gamma$。

(3) 根据表 2.24.2 中 $\Gamma$、$c$ 对应的数据绘出吸附等温线,并求出 $\Gamma_\infty$ 值。

表 2.24.2　各浓度溶液所对应的 $d\sigma/dc$ 和单位表面吸附量 $\Gamma$ 值

| $c$/(mol · L$^{-1}$) | 0 | 0.02 | 0.04 | 0.06 | 0.08 | 0.10 | 0.12 | 0.16 | 0.20 | 0.24 |
| --- | --- | --- | --- | --- | --- | --- | --- | --- | --- | --- |
| $d\sigma/dc$/(N · m$^2$ · mol$^{-1}$) | | | | | | | | | | |
| $\Gamma$/(mol · m$^{-2}$) | | | | | | | | | | |

## 六、实验注意事项

(1) 正丁醇溶液要准确配制,使用过程中要防止挥发损失。

(2) 大试管和毛细管一定要清洗干净,从毛细管口脱出的气泡每次应为一个,即间断脱出。

(3) 毛细管端口一定要刚好垂直接触液面,不能离开液面,亦不可插入液面。

## 七、实验拓展及应用

2013 年,中国航天员王亚平等在神舟十号任务期间进行了首次太空授课;时隔 8 年,神舟十三号乘组航天员又在中国空间站第一次太空授课。这两个首次,都涉及水膜和水球两个实验,均利用了液体表面张力。在太空失重环境下,表面张力很大的水能够延展成水膜,而地面上形成水膜一般要加入表面活性剂。同样在失重环境下,水滴会在表面张力的作用下收缩成一个接近完美球体的水球;但在地面上,因为受重力影响,水滴通常很难获得一个完美的水球。

1. 非极性成分大小对表面张力的影响

要求及提示:

(1) 通常表面活性物质在相同浓度时,对于水的表面张力降低效应随非极性部分(如碳氢链)的增长而增加,如脂肪酸、脂肪醇、醛、胺、酯等。

(2) 选择脂肪酸同系物(如甲酸、乙酸、丙酸和丁酸等)作为研究对象,测定不同浓度溶液的表面张力,绘制 $\sigma\text{-}c$ 图,比较碳链增长对表面张力的影响。

2. 不同溶质对溶液表面张力的影响

要求及提示:

(1) 当加入不同溶质时,对溶液表面张力的影响大致分为三类:使溶液表面张力升高;使表面张力降低;加入少许即可使表面张力显著下降。

(2) 绘制加入 $H_2SO_4$、NaOH、KCl、乙醇、乙酸钠、苯甲酸和对-十二烷基苯磺酸钠等溶质后 $\sigma\text{-}c$ 图,探求不同溶质对溶液表面张力的影响。

## 八、思考题

(1) 毛细管尖端为何必须调节到恰好与液面相切,如果毛细管尖端不与液面相切,对实验有何影响?

(2) 在毛细管口所形成的气泡什么时候半径最小?

(3) 最大气泡压力法测定表面张力时,为什么要读最大压力差?如果气泡逸出很快,或多个气泡同时逸出,对实验结果有无影响? 为什么?

# (Ⅱ)拉环法测定液体的表面张力

## 一、实验目的

(1) 掌握用拉环法测定液体表面张力的原理和方法。

(2) 学会使用液体表面张力测定仪。

## 二、实验原理

在液体中浸入一个由润湿材料制成的圆环,将环从表面拉起,测量出环刚刚拉

离表面时所需的力 $f$。此时,表面张力作用于环上的力等于表面张力乘以环与液面相接触的总长度,方向与拉力相反(由于液体与环的内边和外边都接触,则总长度为圆环内边周长与圆环外边周长之和)。则

$$f = \sigma\pi(D_1 + D_2) \tag{2-24-4}$$

$$\sigma = \frac{f}{\pi(D_1 + D_2)} \tag{2-24-5}$$

式中:$\sigma$ 表示液体的表面张力;$D_1$ 表示圆环的外径;$D_2$ 表示圆环的内径。

## 三、仪器与试剂

1. 主要仪器

液体表面张力测定仪。

2. 主要试剂

无水乙醇,分析纯。

## 四、实验步骤

(1) 开机预热 15 min。注意:如仪器已由指导教师提前校正好,请勿旋转面板上的调零旋钮。

(2) 在玻璃器皿内放入乙醇,高度约 1 cm,然后放到升降台上。

(3) 把吊环挂到力敏传感器的挂钩上,调节好传感器和升降台的高度,使吊环能浸入乙醇约一半高度,并使吊环处于水平静止状态。

(4) 旋转升降螺丝,使升降台下降,慢慢让吊环脱离液面,观察数字电压表读数变化,记录吊环即将脱离液面前一瞬间数字电压表读数 $U_1$ 和脱离瞬间数字电压表读数 $U_2$,平行测定 3 次。注意:调节速度不宜过快,尤其在吊环即将脱离液面时,数值变化为一个单位较为适宜。

## 五、实验数据处理

1. 原始数据记录

将实验数据记入表 2.24.3 中。

室温:＿＿＿＿＿＿＿＿

表 2.24.3 实验数据记录

| 序 号 | $U_1$ | $U_2$ | $U_1 - U_2$ | $\overline{U_1 - U_2}$ |
|---|---|---|---|---|
| 1 | | | | |
| 2 | | | | |
| 3 | | | | |

2. 数据处理和计算

(1) 计算拉力值 $f$。已知力敏传感器灵敏度 $B = 29.23 \ \text{mV} \cdot \text{g}^{-1}$。

$$f = \frac{(U_1 - U_2) \cdot g}{B} = (U_1 - U_2) \times \frac{9.794}{29.23} \ \text{mN}$$

(2) 计算液体的表面张力 $\sigma$。已知圆环的外径 $D_1 = 3.500 \ \text{cm}$，内径 $D_2 = 3.286 \ \text{cm}$。

$$\sigma = \frac{f}{\pi \times (3.500 + 3.286) \times 10^{-2}} = \frac{100f}{\pi \times 6.786}$$

## 六、实验注意事项

(1) 在液体表面张力测定仪安放砝码时应尽量轻。

(2) 吊环须严格清洗干净。可先用不腐蚀吊环的液体(根据吊环材质选择,如 NaOH 溶液)洗净油污或杂质,再用纯净水冲洗,并用热吹风烘干。吊环水平须调节好。

(3) 旋转升降台时,尽量避免液体波动。

(4) 测量室应避风,以免吊环摆动,致使零点波动,进而导致测量结果不准确。

(5) 防止灰尘和油污及其他杂质污染被测液体。

(6) 使用结束后,将传感器的帽盖旋好,以免损坏;将吊环洗净烘干,包好,放入干燥缸内。

## 七、实验拓展及应用

同(Ⅰ)最大泡压法测定溶液的表面张力。

## 八、思考题

(1) 什么是液体的表面张力? 哪些因素会影响表面张力?

(2) 在拉环法测定液体的表面张力时,为确保实验准确,应注意什么?

(3) 为何要对表面张力仪读数进行校正?

# 实验二十五　磁化率的测定

## 一、实验目的

(1) 掌握古埃(Gouy)磁天平法测定磁化率的原理和方法。

(2) 学会计算分子中未成对电子数的方法。

(3) 熟悉特斯拉计的使用。

## 二、实验原理

### 1. 磁化与磁化率

在外磁场的作用下,物质会被磁化而产生附加磁场,其磁感应强度与外磁场的磁感应强度之和称为磁介质内部的磁感应强度 $B$,即

$$B = B_0 + B' = \mu_0 H + B' \tag{2-25-1}$$

式中:$B_0$ 为外磁场的磁感应强度;$B'$ 为物质磁化产生的附加磁感应强度;$H$ 为外磁场强度;$\mu_0$ 为真空磁导率,其数值等于 $4\pi \times 10^{-7}$ H·$m^{-1}$。

物质的磁化可用磁化强度 $I$ 来描述,$I$ 也是矢量,它与外磁场强度成正比:

$$I = \chi H \tag{2-25-2}$$

式中:$\chi$ 为物质的体积磁化率。

在化学上常用质量磁化率 $\chi_m$ 或摩尔磁化率 $\chi_M$ 表示物质的磁性质,它的定义是

$$\chi_m \stackrel{\mathrm{def}}{=\!=} \frac{\chi}{\rho} \tag{2-25-3}$$

$$\chi_M \stackrel{\mathrm{def}}{=\!=} \frac{M\chi}{\rho} \tag{2-25-4}$$

式中:$\rho$、$M$ 分别为物质的密度和摩尔质量。$\chi_m$ 和 $\chi_M$ 的单位分别是 $m^3$·$kg^{-1}$ 和 $m^3$·$mol^{-1}$。

### 2. 分子磁矩与磁化率

物质的磁性与组成它的原子、离子或分子的微观结构有关,在反磁性物质中,由于电子自旋已配对,故无永久磁矩。但由于内部电子的轨道运动,在外磁场作用下会产生拉摩进动,感生出一个与外磁场方向相反的诱导磁矩,所以表示出反磁矩。其 $\chi_M$ 就等于反磁化率 $\chi_{\mathrm{反}}$,且 $\chi_M < 0$。在顺磁性物质中,存在自旋未配对电子,所以具有永久磁性。在外磁场中,永久磁矩顺着外磁场方向排列,产生顺磁性。顺磁性物质的摩尔磁化率 $\chi_M$ 是摩尔顺磁化率与摩尔反磁化率之和,即

$$\chi_M = \chi_{\mathrm{顺}} + \chi_{\mathrm{反}} \tag{2-25-5}$$

通常 $\chi_{\mathrm{顺}} \gg |\chi_{\mathrm{反}}|$,所以这类物质总表现出顺磁性,其 $\chi_M > 0$。

顺磁化率与分子永久磁矩的关系服从居里定律:

$$\chi_{\mathrm{顺}} = \frac{N_A \mu_m^2 \mu_0}{3kT} \tag{2-25-6}$$

式中:$N_A$ 为阿伏加德罗(Avogadro)常数;$k$ 为玻耳兹曼(Boltzmann)常数;$T$ 为热力学温度;$\mu_m$ 为分子永久磁矩。由此可得

$$\chi_M = \frac{N_A \mu_m^2 \mu_0}{3kT} + \chi_{\mathrm{反}} \tag{2-25-7}$$

由于 $\chi_反$ 不随温度变化(或变化极小),所以只要测定不同温度下的 $\chi_M$,以 $\chi_M$ 对 $1/T$ 作图,截距即为 $\chi_反$,由斜率可求 $\chi_M$。由于 $\chi_反$ 比 $\chi_顺$ 小得多,所以在不很精确的测量中可忽略 $\chi_反$,做以下近似处理:

$$\chi_M = \chi_顺 = \frac{N_A \mu_m^2 \mu_0}{3kT} \qquad (2\text{-}25\text{-}8)$$

顺磁性物质 $\mu_m$ 与未成对电子数 $n$ 的关系为

$$\mu_m = \mu_B \sqrt{n(n+2)} \qquad (2\text{-}25\text{-}9)$$

式中: $\mu_B$ 为波尔磁子,其物理意义是单个自由电子自旋所产生的磁矩,有

$$\mu_B = \frac{eh}{4\pi m_e} = 9.274 \times 10^{-24} \text{ A} \cdot \text{m}^2$$

### 3. 磁化率与分子结构

式(2-25-7)将物质的宏观性质 $\chi_M$ 与微观性质 $\mu_m$ 联系起来。由实验测定物质的 $\chi_M$,根据式(2-25-8)可求得 $\mu_m$,进而计算未成对电子数 $n$。这些结果可用于研究原子或离子的电子结构,判断配合物分子的配键类型。

配合物分为电价配合物和共价配合物。电价配合物中心离子的电子结构不受配位体的影响,基本上保持自由离子的电子结构,靠静电库仑力与配位体结合,形成电价配键。在这类配合物中,含有较多的自旋平行电子,形成共价配键,这类配合物形成时,往往发生电子重排,自旋平行的电子相对减少,所以是低自旋配位化合物。例如:$Co^{3+}$ 的外层电子结构为 $3d^6$,在配离子 $[CoF_6]^{3-}$ 中,形成电价配键,电子排布为

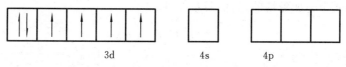

3d　　　　　　4s　　　　　4p

此时,未配对电子数 $n=4$,$\mu_m=4.9\mu_B$。$Co^{3+}$ 以上面的结构与 6 个 $F^-$ 以静电力相吸引形成电价配合物。而在 $[Co(CN)_6]^{3-}$ 中则形成共价配键,其电子排布为

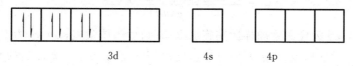

3d　　　　　　4s　　　　　4p

此时,$n=0$,$\mu_m=0$。$Co^{3+}$ 将 6 个电子集中在 3 个 3d 轨道上,6 个 $CN^-$ 的孤对电子进入 $Co^{3+}$ 的 6 个轨道,形成共价配合物。

### 4. 古埃法测定磁化率

古埃磁天平如图 2.25.1 所示。将样品管悬挂在天平上,样品管底部处于磁场强度($H$)最大的区域,管顶端则位于磁场强度最弱(甚至为零)的区域($H_0$)。整个

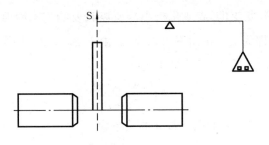

**图 2.25.1　古埃磁天平**

样品管处于不均匀磁场中。设圆柱形样品的截面积为 $A$,沿样品管长度方向上 $dz$ 长度的体积 $A\,dz$ 在非均匀磁场中受到的作用力 $dF$ 为

$$dF = \chi\mu_0 AH\,\frac{dH}{dz}dz \qquad (2\text{-}25\text{-}10)$$

式中:$\chi$ 为体积磁化率;$H$ 为磁场强度;$dH/dz$ 为磁场强度梯度,积分式(2-25-10)得

$$F = \frac{1}{2}(\chi - \chi_0)\mu_0(H^2 - H_0^2)A \qquad (2\text{-}25\text{-}11)$$

式中:$\chi_0$ 为样品周围介质的体积磁化率(通常是空气,$\chi_0$ 值很小)。如果 $\chi_0$ 可以忽略,且 $H_0 = 0$,整个样品受到的力为

$$F = \frac{1}{2}\chi\mu_0 H^2 A \qquad (2\text{-}25\text{-}12)$$

在非均匀磁场中,顺磁性物质受力向下所以增重;而反磁性物质受力向上所以减重。设 $\Delta m$ 为施加磁场前、后的质量差,则

$$F = \frac{1}{2}\chi\mu_0 H^2 A = g\Delta m \qquad (2\text{-}25\text{-}13)$$

由于 $\chi = \dfrac{\chi_M\rho}{M}$,$\rho = \dfrac{m}{hA}$,代入式(2-25-13)得

$$\chi_M = \frac{2(\Delta m_{样品+空管} - \Delta m_{空管})ghM}{\mu_0 mH^2} \qquad (2\text{-}25\text{-}14)$$

式中:$\Delta m_{空管+样品}$ 为样品管加样后在施加磁场前、后的质量差;$\Delta m_{空管}$ 为空样品管在施加磁场前、后的质量差;$g$ 为重力加速度;$h$ 为样品高度;$M$ 为样品的摩尔质量;$m$ 为样品的质量。磁场强度 $H$ 可用"特斯拉计"测量,或用已知磁化率的标准物质进行间接测量。例如用莫尔氏盐来标定磁场强度,它的质量磁化率 $\chi_m$ 与热力学温度 $T$ 的关系为

$$\chi_m = \frac{9\,500}{T+1} \times 4\pi \times 10^{-9}\,\mathrm{m^3 \cdot kg^{-1}} \qquad (2\text{-}25\text{-}15)$$

## 三、仪器和试剂

1. 主要仪器

古埃磁天平 1 台;特斯拉计 1 台;样品管 4 支;样品管架 1 个;直尺 1 把等。

2. 主要试剂

莫尔氏盐 $(NH_4)_2SO_4 \cdot FeSO_4 \cdot 6H_2O$,分析纯;$FeSO_4 \cdot 7H_2O$,分析纯;$K_3Fe(CN)_6$,分析纯;$K_4Fe(CN)_6 \cdot 3H_2O$,分析纯等。

## 四、实验步骤

1. 磁极中心磁场强度的测定

(1)用特斯拉计测量。将特斯拉计探头放在磁铁的中心架上,套上保护套,调节特斯拉计数字显示为零。取下保护套,让探头平面垂直于磁场两极中心。接通电源,调节"调压旋钮"使电流增大至特斯拉计上示值为 0.35 T,记录此时电流值 $I$。以后每次测量都要控制在同一电流,使磁场强度相同。在关闭电源前,应先将特斯拉计示值调为零。

(2)用摩尔氏盐标定。取一支清洁干燥的空样品管悬挂在磁天平上,样品管应与磁极中心线平齐,注意样品管不要与磁极相触。准确称取空管的质量 $m_{空管}$($H=0$),重复称取三次,取其平均值。接通电源,调节电流为 $I$,记录加磁场后空管的称量值 $m_{空管}$($H=H$),重复三次,取其平均值。取下样品管,将莫尔氏盐通过漏斗装入样品管,边装边在橡皮垫上碰击,使样品均匀填实,直至装满,继续碰击至样品高度不变为止,用直尺测量样品高度 $h$。按前述方法称取 $m_{样品+空管}$($H=0$)和 $m_{样品+空管}$($H=H$),测量完毕将莫尔氏盐倒回试剂瓶中。

2. 测定未知样品的摩尔磁化率 $\chi_M$

同法分别测定 $FeSO_4 \cdot 7H_2O$、$K_3Fe(CN)_6$ 和 $K_4Fe(CN)_6 \cdot 3H_2O$ 的 $m_{空管}$($H=0$)、$m_{空管}$($H=H$)、$m_{样品+空管}$($H=0$)和 $m_{样品+空管}$($H=H$)。

## 五、实验数据处理

(1)根据实验数据计算外加磁场强度 $H$,并计算三个样品的摩尔磁化率 $\chi_M$、永久磁矩 $\mu_M$ 和未成对电子数 $n$。

(2)根据 $\mu_M$ 和 $n$ 讨论配合物中心离子最外层电子结构和配键类型。

## 六、实验注意事项

(1)所测样品应研细并保存在干燥器中。

(2)样品管一定要干燥洁净。如果空管在磁场中增重,表明样品管不干净,应更换。

（3）装样时尽量把样品紧密均匀地填实。

（4）挂样品管的悬线及样品管不要与任何物体接触。

## 七、实验拓展及应用

1. 配合物磁化率的测定

要求及提示：

（1）配合物的中心离子，大多是过渡金属离子，如 $Fe^{2+}$、$Fe^{3+}$、$Co^{2+}$、$Cu^{2+}$、$Ag^+$、$Ni^+$ 等。选择一些代表性的配合物来完成研究，如 $K_3[Fe(CN)_6] \cdot 6H_2O$、$FeCl_3 \cdot 6H_2O$、$K_3[Co(CN)_6]$、$K_2[CoCl_4]$、$CoCl_2 \cdot 6H_2O$、$[Cu(NH_3)_4]SO_4$、$CuSO_4 \cdot 5H_2O$ 等。

（2）利用古埃磁天平，测定这些配合物的磁化率，计算其未成对电子数，分析判断配合物分子的配键类型。

2. 样品高度对磁化率测定的影响

要求及提示：

（1）实验中样品应达到一定的高度，公式推导时才可假定 $H_0$ 忽略不计。

（2）利用本实验仪器，设计一种实验方法，探求样品高度的最低值。

## 八、思考题

（1）本实验在测定 $\chi_M$ 时做了哪些近似处理？

（2）为什么可用莫尔氏盐来标定磁场强度？

（3）样品的填充高度和密度以及在磁场中的位置有何要求？如果样品填充高度不够，对测量结果有何影响？

# 实验二十六  差 热 分 析

## 一、实验目的

（1）了解差热分析仪的基本原理、构造，并掌握其使用方法。

（2）测定五水硫酸铜和水合草酸钙的差热曲线，并根据所得到的差热曲线分析试样在加热过程中所发生的化学变化。

## 二、实验原理

1. 差热分析

许多物质在加热或冷却过程中，往往会发生熔化、凝固、升华、晶形转变、分解、化合、吸附和脱附等物理或化学变化。通常伴随这些变化的是体系焓的改变,因而产生吸热或放热效应,在系统和环境之间产生温度差。选择一个对热稳定的、在整个变温过程中无任何物理或化学变化的物质作为基准物质(也叫参比物),将其与样品一起置于同速升温的电炉中,分别记录参比物的温度以及样品与参比物间的温度差(图 2.26.1),以温差对温度作图即可得到差热分析曲线。差热分析(differential thermal analysis,DTA)是通过测量温差来了解物质变化规律,从而确定物质一些重要物理化学性质的一种方法。

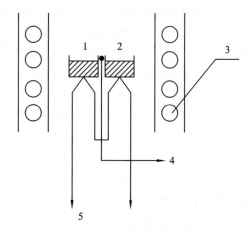

**图 2.26.1　差热分析原理**
1—试样;2—参比物;3—电炉丝;4—温度 $T_0$;5—温差 $\Delta T$

差热分析测定可分别记录温度($T$)和温差($\Delta T$),而以时间($t$)作为横坐标,这样就得到 $T$-$t$ 和 $\Delta T$-$t$ 两条曲线。在理想条件下,差热分析曲线如图 2.26.2 所示。

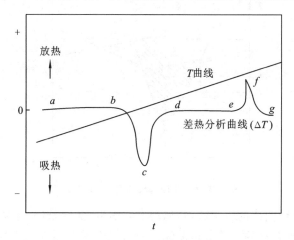

**图 2.26.2　差热分析曲线**

当电炉匀速升温,通过记录参比物的温度可得到一条斜率大于零的 $T$-$t$ 直线。如果参比物和被测样品的热容大致相同,而样品又无热效应,两者的温度基本相同,则在差热分析曲线上得到平滑的线段,如图 2.26.2 中 $ab$、$de$ 线段,称为基线。如果样品在加热过程中有相变化或化学变化,就会产生热效应,此时差热分析曲线上就会有峰出现。国际热分析协会规定峰顶向下的峰为吸热峰,它表示样品在这一温度段发生变化时吸收热量,样品的温度低于参比物;峰顶向上的峰为放热峰,它表示样品的温度高于参比物。

从差热分析曲线上可以清晰地看到差热峰的个数、位置、方向、高度、宽度、对称性和峰面积等。峰的个数表示样品发生物理、化学变化的次数,峰的位置表示发生转变时的温度,峰的方向表示吸热或放热,峰的面积代表反应热的大小,峰的形状则与反应的动力学有关。在相同实验条件下,许多物质的差热分析曲线都有一定的特征性,所以可以通过与已知物的差热分析曲线对比来分析判断待测样品的种类。虽然获得以上信息是有用的,但要弄清变化的机理,则还要结合热天平、气相色谱及 X 射线衍射等其他手段。

2. 影响差热分析曲线的因素

在差热分析中,体系的变化为非平衡的动力学过程。实验表明差热峰的外推起始温度 $T_e$ 受到的影响因素比峰顶温度 $T_p$ 要少很多。$T_e$ 和 $T_p$ 的确定方法如图 2.26.3 所示。因此,国际热分析协会决定以 $T_e$ 作为反应或相变化的起始温度,并可用以表征某一特定物质。通常样品及中间产物与参比物的物理性质不尽相同,且样品可能发生体积改变等因素,使得基线多发生漂移,此时,差热峰的面积以图中阴影部分为准。

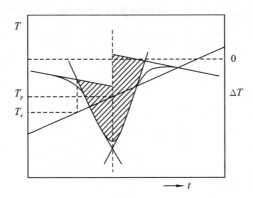

图 2.26.3　差热峰位置与面积的确定

影响差热分析曲线的因素较多,如动力学因素、实验条件、样品的处理等,稍不注意,就不能得到合格的差热分析曲线。通常在差热分析曲线上应详尽标明实验操作条件。主要影响因素可归纳为以下几点。

（1）升温速率：若升温过快，峰的形状就比较尖锐，基线明显漂移，分辨率较差，峰的位置也会向高温位置漂移。若升温较慢，相近的差热峰可以分开，但峰较平坦，测定灵敏度降低。

（2）参比物：参比物在整个过程中不能发生物理或化学的变化。为了确保对热稳定，使用前应经较高温度灼烧，置于干燥器内保存。常用的参比物有 $\alpha$-$Al_2O_3$、煅烧过的氧化镁、石英砂及金属镍等。另外，应尽量保证参比物与样品比热、导热系数、颗粒度及装填紧密程度等相一致。

（3）样品：样品的粒度要适中（一般 200 目左右），可以减少死空间，改善导热条件。太细可能破坏晶体的晶格或阻碍分解后气体产物的排出。样品太多，存在温度梯度，会使峰面积增大，相邻峰重叠，分辨率降低；样品过少，峰面积会减小，增大定量分析误差。但由于样品烧结或反应后，热性质发生变化，引起基线漂移，这是难以避免的。有时为了避免样品烧结，减少与参比物的热性质差异，可掺入一定量的参比物或惰性物做稀释剂。

（4）气氛与压力：有些物质的分解温度受气氛中二氧化碳和氧气分压影响，如碳酸钙、氧化银等；液体的沸点与外界压力更直接相关；某些样品或热分解产物可与周围气体发生反应，因此应选择适当的气氛和压力。常用的气氛为空气、氮气或抽真空。

本实验所测的五水硫酸铜（$CuSO_4 \cdot 5H_2O$）在常温常压下很稳定、不潮解，在干燥空气中会逐渐风化。当把五水硫酸铜加热到 45 ℃时，它会失去两个结晶水，产生第一个吸热峰；加热到 110 ℃时，又会失去两个结晶水，产生第二个吸热峰；加热到 250 ℃时会失去最后一个结晶水而成无水物，形成第三个吸热峰。水合草酸钙（$CaC_2O_4 \cdot H_2O$）在均匀加热时，首先脱去一分子结晶水，产生第一个吸热峰。其次若在惰性气氛中，草酸钙分解为一氧化碳和碳酸钙，产生第二个吸热峰。若样品周围的气氛是空气或氧气，分解产生的一氧化碳会被氧气氧化生成二氧化碳并放出大量热，抵消分解吸热且有余，因而出现放热峰。生成的碳酸钙继续分解为氧化钙和二氧化碳，吸收热量，产生第三个吸热峰。

仅从样品的差热分析曲线能得到它的变化温度和热效应，但具体发生的是什么变化无法得知。如对草酸钙受热分解，其差热分析曲线上不能判断具体分解成什么物质，要弄清楚这个问题，通常需进一步借助热重分析实验才能得出结论。当物质在加热过程中发生脱水、分解或氧化时，其质量就会减少或增加，把样品挂在天平上，则可测出样品加热过程中质量随温度的变化，进而推测出产物的组成，解析变化的具体过程。所以现在多采取差热分析-热重分析联用，这样可同时测定样品在反应过程中的热效应和质量变化，从而更容易揭示反应的本质。

## 三、仪器和试剂

1. 主要仪器

差热分析仪 1 套；计算机 1 台。

2. 主要试剂

$\alpha$-$Al_2O_3$,一般经 900 ℃灼烧过;$CaC_2O_4 \cdot H_2O(AR)$;$CuSO_4 \cdot 5H_2O(AR)$,用研钵研成粉末(粒度为 100~300 目)。

## 四、实验步骤

关于差热分析仪的结构和使用方法可参阅第一部分第三章第十一节。

(1) 称取试样 $CuSO_4 \cdot 5H_2O$ 6~10 mg,放入一只坩埚内,另一只坩埚内放入同等质量的参比物(经过煅烧的 $\alpha$-$Al_2O_3$)。轻轻抬起炉体后,逆时针旋转炉体 90°,露出样品托盘,分别用镊子将试样、参比物坩埚放在两只托盘上,以炉体正面为基准,左托盘放置 $CuSO_4 \cdot 5H_2O$,右托盘放置 $\alpha$-$Al_2O_3$,顺时针转回炉体 90°,当炉体定位杆对准定位孔时,向下轻轻放下炉体,旋紧炉体固定螺栓,打开冷却水。

(2) 接通差热分析仪电源,仪器进入准备工作状态,根据差热分析仪使用方法进行参数设置,将升温速率设置为 5 ℃ · $min^{-1}$,最高炉温度设置为 450 ℃,定时设置为 30 s。设置完毕,按一下"$T_0/T_S/T_G$"键,仪器进入升温状态。

(3) 数据记录处理:在每次定时报警时,记录下 $\Delta T(\mu V)$、$T_0$ 显示窗口显示的值,或打开计算机软件,点击"开始绘图"命令,此时程序进入自动绘图的工作状态。

(4) 同法绘制水合草酸钙的差热分析曲线。将升温速率设置为 15 ℃ · $min^{-1}$,最高炉温为 900 ℃,定时设置为 30 s。

(5) 实验完毕,停止记录或停止软件绘图,关闭差热分析仪电源,关闭差热分析炉冷却自来水。

注:如果在实验中欲改变参数设置,必须按"$T_0/T_S/T_G$"键至 $T_G$ 指示灯亮,再用功能键和移位键及增减键重新设置。设置完毕须再按一下"$T_0/T_S/T_G$"键,仪器又自动进入新的工作状态。

## 五、实验数据处理

(1) 根据记录的实验数据,画出差热分析曲线。

(2) 根据待测样品的差热分析曲线,由外推起始温度 $T_e$ 确定样品发生变化的起始温度;并说明各个峰分别代表什么变化,写出反应方程式;由各峰的位置确定每次变化发生的温度范围,确定该变化是吸热还是放热;由各峰的峰面积大小说明每个变化过程的热效应的大小。

## 六、实验注意事项

(1) 实验过程中加热炉温度很高,注意防烫伤。

(2) 必须先接通冷却水,再接通电源,以免加热电炉损坏。

（3）把待测样品和参比物装入坩埚时，装填的紧密程度也应大致相同，装样时可用镊子夹住坩埚将其在桌面捣实。样品坩埚和参比物坩埚在加热炉中的摆放位置不能调换。

（4）用镊子取放坩埚时要轻拿轻放，特别小心，不可把样品弄翻；托、放炉体时不得挤压、碰撞放坩埚的托架。实验完毕，坩埚不要遗弃，可反复使用。

## 七、实验拓展及应用

任何伴随有热效应的物理或化学变化均可用差热分析方法研究，差热分析已被广泛用于材料的组成、结构和性能分析等方面。

1. 物质差热曲线的绘制

要求及提示：

（1）选择一些物质，如 $BaCl \cdot 2H_2O$、$KNO_3$、$NH_4Cl$ 等进行测定。

（2）用本实验仪器绘制差热分析曲线，确定各转变温度及热效应性质，查阅文献，并与之比较。

2. 升温速率对差热分析曲线的影响

（1）$CuSO_4 \cdot 5H_2O$ 的脱水过程有较多文献报道和不同的结论，这是因为其脱水过程与实验条件（如粒度、质量、加热速率和气氛等）有着密切的联系。

（2）以 $CuSO_4 \cdot 5H_2O$ 为例，设置不同的升温速率绘制差热分析曲线，探测升温速率对差热分析曲线的影响。

3. 惰性气氛条件下草酸钙的热分解行为

差热分析结果与样品所处的气氛和压力有关。通入惰性气体绘制水合草酸钙的差热分析曲线，与空气中差热分析曲线比较，分析产生差别的原因。

## 八、思考题

（1）如何根据差热分析曲线判断一个反应是吸热反应还是放热反应？

（2）影响差热分析实验结果的因素有哪些？如何减小其影响？

# 第二部分主要参考文献

［1］罗澄源，向明礼. 物理化学实验［M］. 4 版. 北京：高等教育出版社，2005.

［2］武汉大学化学与分子科学学院实验中心. 物理化学实验［M］. 武汉：武汉大学出版社，2012.

［3］傅献彩，侯文华. 物理化学（上、下册）［M］. 6 版. 北京：高等教育出版社，2022.

［4］广西师范大学等.基础物理化学实验［M］.桂林:广西师范大学出版社，1991.

［5］张春晔，赵谦.物理化学实验［M］.2版.南京:南京大学出版社，2014.

［6］夏海涛，许越，滕玉洁.物理化学实验［M］.哈尔滨:哈尔滨工业大学出版社，2003.

［7］东北师范大学等.物理化学实验［M］.3版.北京:高等教育出版社，2014.

［8］李元高.物理化学实验研究方法［M］.长沙:中南工业大学出版社，2003.

［9］崔献英，柯燕雄，单绍纯.物理化学实验［M］.合肥:中国科学技术大学出版社，2000.

［10］复旦大学等.物理化学实验［M］.3版.北京:高等教育出版社，2004.

［11］北京大学化学学院物理化学实验教学组.物理化学实验［M］.4版.北京:北京大学出版社，2002.

［12］周益明.物理化学实验［M］.南京:南京师范大学出版社，2004.

［13］上官荣昌.物理化学实验［M］.2版.北京:高等教育出版社，2003.

［14］郭子成，杨建一，罗青枝.物理化学实验［M］.北京:北京理工大学出版社，2005.

［15］王锐，吕祖舜，张云奎.乙酸乙酯皂化反应实验测试技术的新装置［J］.大学化学，1997，12(1):40-41，44.

［16］向明礼，刘华，甘斯祚，等.中断方式下实验信号的实时检测与处理——溶解热的测定［J］.实验技术与管理，2001，(5):74-77.

［17］李元高，陈丽莉，肖均陶.$H_2O_2$分解反应动力学实验的改进［J］.大学化学，2002，17(2):4-43.

［18］Lei Juanping. Review of the catalyst decomposition technique of hydrogen peroxide [J]. Journal of Rocket Propulsion，2005，31(6):30-34.

［19］Yu Yinan. Reformed methods for the data analysis of hydrogen peroxide decomposition reaction [J]. Basic Sciences Journal of Textile Universities，2001，14(2):106-109.

［20］Cheng R B，Hsu C L，Tsal Y F. Constructing a complete temperature-composition diagram for a binary mixture［J］. J. Chem. Educ. ，1992，69(7):581-582.

［21］范广平，江滨.理化基础实验［M］.上海:上海科学技术出版社，2002.

［22］袁誉洪.物理化学实验［M］.2版.北京:科学出版社，2023.

［23］徐菁利,陈燕青,赵家昌,等.物理化学实验［M］.上海:上海交通大学出版社,2009.

［24］李曦,胡善洲.物理化学实验［M］.武汉:武汉理工大学出版社,2010.

［25］傅杨武.物理化学实验［M］.3 版.重庆:重庆大学出版社,2011.

［26］董超,李建平.物理化学实验［M］.北京:化学工业出版社,2011.

［27］陈芳.物理化学实验［M］.武汉:武汉大学出版社,2013.

［28］王明德,王耿,吴勇.物理化学实验［M］.西安:西安交通大学出版社,2013.

［29］张立庆.物理化学实验［M］.杭州:浙江大学出版社,2014.

［30］舒梦,萍华,蒋华麟,等.十二烷基硫酸钠的临界胶束浓度的测定及影响分析［J］.化工时刊,2014,28(3):1-3.

［31］王岩,王晶,卢方正,等.十二烷基硫酸钠临界胶束浓度测定实验的探讨［J］.实验室科学,2012,15(3):70-72.

［32］庄玉贵,林鹏.$Fe(OH)_3$ 溶胶电泳实验的改进［J］.福建师大福清分校学报,2012(5):52-56.

［33］魏丰源.Origin 直接绘制雷诺温度校正图法处理燃烧热实验数据［J］.大学化学,2019,34(7):105-108.

［34］王学琳,马凯,王婷玉,等.物理化学家吉布斯简介及吉布斯函数在物理化学中的地位［J］.广州化工,2023,51(6):152-154.

［35］杨建邺,段永法,肖明.吉布斯和他对热力学、统计力学的贡献［J］.物理,1993,22(9):565-557.

［36］温红彦.中国的霍金——访中国科学院院士、中南大学教授金展鹏［N］.人民日报,2011,9(14):6.

［37］黄成新,赵匡华.第一个精测水三相点的物理化学家黄子卿［J］.中国计量,2005(3):47-48.

［38］高盘良,李芝芬,杨文治,等.物理化学界的一代宗师大学教师的楷模［J］.大学化学,2000,15(3):64-65.

［39］天津大学物理化学教研室.物理化学［M］.6 版.北京:高等教育出版社,2017.

［40］杜光明.基础化学实验［M］.北京:中国农业大学出版社,2013.

［41］郑秋容,顾文秀.物理化学实验［M］.北京:中国纺织出版社,2010.

［42］郁桂云,钱晓荣.仪器分析实验教程［M］.上海:华东理工大学出版社,2015.

［43］李志富,颜军,干宁.仪器分析实验［M］.2 版.武汉:华中科技大学出版社,2019.

[44] 刘约权,李贵深.实验化学(下册)[M].北京:高等教育出版社,2000.

[45] 聂雪,屈景年,曾荣英,等.电动势法测定化学反应的热力学函数实验的改进[J].衡阳师范学院学报,2013,34(3):48-51.

[46] 张嫦,周小菊.电动势法测定热力学函数变化值[J].西南民族大学学报(自然科学版),2005,31(3):380-381.

[47] 孟晓燕,娄博萱,王学军,等.基于可逆电池电动势测定及应用的综合型学习策略研究[J].广东化工,2019,46(18):190-192.

[48] 中国化学会电化学委员会.深切悼念中国科学院院士查全性教授[J].电化学,2019,25(4):524-525.

[49] 陆君涛.半纪科坛奉巨献 一树繁英耀珞珈 祝贺中国科学院院士查全性教授 80 华诞暨执教 55 周年[J].电化学,2005,11(2):115.

[50] 冯霞,茱莉娜,朱荣娇.物理化学实验[M].北京:高等教育出版社,2015.

[51] 赵东江,田喜强,白晓波.物理化学实验[M].北京:北京大学出版社,2018.

[52] 赵军,李国祥.物理化学实验[M].北京:化学工业出版社,2019.

[53] 刘建兰,张东明.物理化学实验[M].北京:化学工业出版社,2015.

[54] 顾文秀,高海燕.物理化学实验[M].北京:化学工业出版社,2019.

# 附　　录

## 附录一　国际单位制的基本单位

| 量的中文名称 | 量的英文名称 | 中文单位名称 | 英文单位名称 | 单位符号 |
|---|---|---|---|---|
| 长度 | length | 米 | meter | m |
| 质量 | mass | 千克 | kilogram | kg |
| 时间 | time | 秒 | second | s |
| 电流 | electric current | 安[培] | ampere | A |
| 热力学温度 | thermodynamic temperature | 开[尔文] | Kelvin | K |
| 物质的量 | amount of substance | 摩[尔] | mole | mol |
| 光强度 | luminance | 坎[德拉] | candela | cd |

注:去掉方括号及方括号中的字即为其名称的简称。以下各表用法相同。

## 附录二　国际单位制中具有专门名称的导出单位

| 量 的 名 称 | 单 位 名 称 | 单 位 符 号 | 其他表示方法 |
|---|---|---|---|
| [平面]角 | 弧度 | rad | |
| 立体角 | 球面度 | sr | |
| 频率 | 赫[兹] | Hz | $s^{-1}$ |
| 力 | 牛[顿] | N | $m \cdot kg \cdot s^{-2}$ |
| 压强、压力、应力 | 帕[斯卡] | Pa | $N \cdot m^{-2}$ |
| 能[量]、功、热量 | 焦[耳] | J | $N \cdot m$ |
| 电荷[量] | 库[仑] | C | $A \cdot s$ |
| 功率、辐[射能]通量 | 瓦[特] | W | $J \cdot s^{-1}$ |
| 电位[电势]、电压、电动势 | 伏[特] | V | $W \cdot A^{-1}$ |
| 电容 | 法[拉] | F | $C \cdot V^{-1}$ |
| 电阻 | 欧[姆] | Ω | $V \cdot A^{-1}$ |
| 电导 | 西[门子] | S | $\Omega^{-1}$ |
| 磁通[量] | 韦[伯] | Wb | $V \cdot s$ |
| 磁感应强度、磁通[量]密度 | 特[斯拉] | T | $Wb \cdot m^{-2}$ |
| 电感 | 亨[利] | H | $Wb \cdot A^{-1}$ |
| 摄氏温度 | 摄氏度 | ℃ | |
| 光通量 | 流[明] | lm | $cd \cdot sr$ |

续表

| 量 的 名 称 | 单 位 名 称 | 单 位 符 号 | 其他表示方法 |
|---|---|---|---|
| [光]照度 | 勒[克斯] | lx | $lm \cdot m^{-2}$ |
| [放射性]活度 | 贝可[勒尔] | Bq | $s^{-1}$ |
| 吸收剂量、比授[予]能、比释动能 | 戈[瑞] | Gy | $J \cdot kg^{-1}$ |
| 剂量当量 | 希[沃特] | Sv | $J \cdot kg^{-1}$ |

### 附录三 构成十进倍数或分数的国际单位词头

| 倍数词头 | 词 头 名 称 | | 词头符号 | 分数词头 | 词 头 名 称 | | 词头符号 |
|---|---|---|---|---|---|---|---|
| | 英文 | 中文 | | | 英文 | 中文 | |
| $10^{24}$ | yotta | 尧[它] | Y | $10^{-1}$ | deci | 分 | d |
| $10^{21}$ | zetta | 泽[它] | Z | $10^{-2}$ | centi | 厘 | c |
| $10^{18}$ | exa | 艾[可萨] | E | $10^{-3}$ | milli | 毫 | m |
| $10^{15}$ | peta | 拍[它] | P | $10^{-6}$ | micro | 微 | $\mu$ |
| $10^{12}$ | tera | 太[拉] | T | $10^{-9}$ | nano | 纳[诺] | n |
| $10^{9}$ | giga | 吉[咖] | G | $10^{-12}$ | pico | 皮[可] | p |
| $10^{6}$ | mega | 兆 | M | $10^{-15}$ | femto | 飞[母托] | f |
| $10^{3}$ | kilo | 千 | k | $10^{-18}$ | atto | 阿[托] | a |
| $10^{2}$ | hecto | 百 | h | $10^{-21}$ | zepto | 仄[普托] | z |
| $10^{1}$ | deca | 十 | da | $10^{-24}$ | yocto | 幺[科托] | y |

### 附录四 国家选定的非国际单位制单位

| 量 的 名 称 | 单 位 | 单 位 符 号 | 换算关系和说明 |
|---|---|---|---|
| 时间 | 分 | min | 1 min＝60 s |
| | [小]时 | h | 1 h＝60 min＝3 600 s |
| | 日,天 | d | 1 d＝24 h＝86 400 s |
| [平面]角 | [角]秒 | ″ | $1'' = (\pi/648\,000)$ rad |
| | [角]分 | ′ | $1' = 60'' = (\pi/10\,800)$ rad |
| | 度 | ° | $1° = 60' = (\pi/180)$ rad |
| 质量 | 吨 | t | $1\ t = 10^3$ kg |
| | 原子质量单位 | u | $1\ u \approx 1.660\,540 \times 10^{-27}$ kg |
| 体积 | 升 | L,l | $1\ L = 1\ dm^3 = 10^{-3}\ m^3$ |
| 能 | 电子伏 | eV | $1\ eV \approx 1.602\,177 \times 10^{-19}$ J |
| 面积 | 公顷 | $hm^2$ | $1\ hm^2 = 10^4\ m^2$ |
| 旋转速度 | 转每分 | $r \cdot min^{-1}$ | $1\ r \cdot min^{-1} = (1/60)\ s^{-1}$ |
| 长度 | 海里 | n mile | 1 n mile＝1 852 m<br>(只用于航行) |

续表

| 量 的 名 称 | 单　位 | 单 位 符 号 | 换算关系和说明 |
|---|---|---|---|
| 速度 | 节 | kn | 1 kn＝1 n mile・h$^{-1}$＝(1 852/3 600) m・s$^{-1}$<br>（只用于航行） |
| 级差 | 分贝 | dB | |
| 线密度 | 特［克斯］ | tex | 1 tex＝1 kg・m$^{-1}$ |

注：①周、月、年(年的符号为 a)为常用时间单位；②r 为"转"的符号；③人民生活和贸易中，质量习惯称为重量；④公里为千米的俗称，符号为 km；⑤$10^4$ 称为万，$10^8$ 称为亿，$10^{12}$ 称为万亿，这类数词的使用不受词头名称的影响，但不应与词头混淆。

### 附录五　常用物理常数

| 常 数 名 称 | 符　　号 | 数　　值 | SI 单位 |
|---|---|---|---|
| 重力加速度 | $g$ | 9.806 65 | m・s$^{-2}$ |
| 真空中光速 | $c_0$ | 2.997 924 58×$10^8$ | m・s$^{-1}$ |
| 普朗克常量 | $h$ | 6.626 075 5×$10^{-34}$ | J・s |
| 玻耳兹曼常数 | $k$ | 1.380 658×$10^{-23}$ | J・K$^{-1}$ |
| 阿伏加德罗常数 | $L,N_A$ | 6.022 136 7×$10^{23}$ | mol$^{-1}$ |
| 法拉第常数 | $F$ | 9.648 530 9×$10^4$ | C・mol$^{-1}$ |
| 元电荷 | $e$ | 1.602 177 33×$10^{-19}$ | C |
| 电子［静］质量 | $m_e$ | 1.660 540 2×$10^{-27}$ | kg |
| 质子［静］质量 | $m_p$ | 1.660 540 2×$10^{-27}$ | kg |
| 中子［静］质量 | $m_n$ | 1.660 540 2×$10^{-27}$ | kg |
| 玻尔半径 | $a_0$ | 5.291 772 49×$10^{-11}$ | m |
| 玻尔磁子 | $\mu_B$ | 9.274 015 4×$10^{-24}$ | A・m$^2$ |
| 核磁子 | $\mu_N$ | 5.050 786 6×$10^{-27}$ | A・m$^2$ |
| 理想气体摩尔体积<br>（$p$＝101.325 kPa,$t$＝0 ℃） | $V_{m,0}$ | 22.414 10×$10^{-3}$ | m$^3$・mol$^{-1}$ |
| 摩尔气体常数 | $R$ | 8.314 510 | J・mol$^{-1}$・K$^{-1}$ |
| 水的冰点 | | 273.15 | K |
| 水的三相点 | | 273.16 | K |
| 里德伯常量 | $R_\infty$ | 1.097 373 153 4×$10^7$ | m$^{-1}$ |
| 真空磁导率 | $\mu_0$ | 12.566 37×$10^{-7}$ | H・m$^{-1}$ |
| 真空介电常数(真空电容率) | $\varepsilon_0$ | 8.854 188×$10^{-12}$ | F・m$^{-1}$ |
| 精细结构常数 | $\alpha$ | 7.297 353 08×$10^{-3}$ | |

## 附录六　压力单位换算

| 帕斯卡 /Pa | 工程大气压 /at | 毫米水柱 /mmH$_2$O | 标准大气压 /atm | 毫米汞柱(0 ℃) /mmHg | 巴/bar |
|---|---|---|---|---|---|
| 1 | $1.02\times10^{-5}$ | 0.102 | $9.869\ 23\times10^{-6}$ | 0.007 5 | $1\times10^{-5}$ |
| 98 067 | 1 | $10^4$ | 0.967 8 | 735.6 | 0.980 665 |
| 9.807 | 0.000 1 | 1 | $0.967\ 8\times10^{-4}$ | 0.073 6 | $9.806\ 65\times10^{-5}$ |
| 101 325 | 1.033 | 10 332 | 1 | 760 | 1.013 25 |
| 133.322 | 0.000 36 | 13.6 | $1.315\ 79\times10^{-3}$ | 1 | $1.333\ 22\times10^{-3}$ |
| $1\times10^5$ | 1.019 72 | $10.197\ 2\times10^3$ | 0.986 923 | 750.061 | 1 |

注:以水柱表示压力时用4 ℃时纯水的密度为标准。

## 附录七　能量单位转换

| 焦耳/J | 千克力米/(kgf·m) | 千瓦小时/(kW·h) | 千卡/kcal | 升大气压/(L·atm) |
|---|---|---|---|---|
| 1 | 0.102 | $277.8\times10^{-9}$ | $239\times10^{-6}$ | $9.869\times10^{-3}$ |
| 9.807 | 1 | $2.724\times10^{-6}$ | $2.342\times10^{-3}$ | $9.679\times10^{-3}$ |
| $3.6\times10^6$ | $367.1\times10^3$ | 1 | 859.845 | $3.553\times10^4$ |
| 4 186.8 | 426.935 | $1.163\times10^{-3}$ | 1 | 41.29 |
| 101.3 | 10.33 | $2.814\times10^{-5}$ | 0.024 218 | 1 |

## 附录八　力单位换算

| 牛顿/N | 千克力/kgf | 达因/dyn |
|---|---|---|
| 1 | 0.102 | $1\times10^5$ |
| 9.806 65 | 1 | $9.806\ 65\times10^5$ |
| $1\times10^{-5}$ | $1.02\times10^{-6}$ | 1 |

## 附录九　水的表面张力

| 温度/℃ | 0 | 5 | 10 | 11 | 12 | 13 | 14 | 15 | 16 |
|---|---|---|---|---|---|---|---|---|---|
| 表面张力 /(mN·m$^{-1}$) | 75.64 | 74.92 | 74.22 | 74.07 | 73.93 | 73.78 | 73.64 | 73.49 | 73.34 |

| 温度/℃ | 17 | 18 | 19 | 20 | 21 | 22 | 23 | 24 | 25 |
|---|---|---|---|---|---|---|---|---|---|
| 表面张力 /(mN·m$^{-1}$) | 73.19 | 73.05 | 72.90 | 72.75 | 72.59 | 72.44 | 72.28 | 72.13 | 71.97 |

| 温度/℃ | 26 | 27 | 28 | 29 | 30 | 35 | 40 | 45 | |
|---|---|---|---|---|---|---|---|---|---|
| 表面张力 /(mN·m$^{-1}$) | 71.82 | 71.66 | 71.50 | 71.35 | 71.18 | 70.38 | 69.56 | 68.74 | |

## 附录十　不同温度下液体的密度　　　　单位:kg・m$^{-3}$

| 温度/℃ | 水 | 乙　醇 | 环己烷 | 丁　醇 | 乙酸乙酯 |
|---|---|---|---|---|---|
| 0 | 999.840 | 806.25 | | | 924.4 |
| 5 | 999.964 | 802.07 | | 820.4 | 918.6 |
| 10 | 999.699 | 797.88 | 786.9 | | 912.7 |
| 11 | 999.605 | 797.04 | | | |
| 12 | 999.497 | 796.20 | 785.0 | | |
| 13 | 999.377 | 795.35 | | | |
| 14 | 999.244 | 794.51 | | 813.5 | |
| 15 | 999.099 | 793.67 | | | |
| 16 | 998.943 | 792.83 | | | |
| 17 | 998.774 | 791.98 | | | |
| 18 | 998.595 | 791.14 | 783.6 | | |
| 19 | 998.404 | 790.29 | 778.0 | | |
| 20 | 998.203 | 789.45 | | | 900.8 |
| 21 | 997.991 | 788.60 | | | |
| 22 | 997.769 | 787.75 | | 807.2 | |
| 23 | 997.537 | 786.91 | 773.6 | | |
| 24 | 997.295 | 786.06 | | | |
| 25 | 997.043 | 785.22 | | | |
| 26 | 996.782 | 784.37 | | | |
| 27 | 996.511 | 783.52 | | | |
| 28 | 996.231 | 782.67 | | | |
| 29 | 995.943 | 781.82 | | | |
| 30 | 995.645 | 780.97 | 767.8 | 800.7 | 888.8 |
| 31 | 995.339 | 780.12 | | | |
| 32 | 995.024 | 779.27 | | | |
| 33 | 994.700 | 778.41 | | | |
| 34 | 994.369 | 777.56 | | | |
| 35 | 994.029 | 776.71 | | | |
| 36 | 993.681 | 775.85 | | | |
| 37 | 993.325 | 775.20 | | | |
| 38 | 992.962 | 774.14 | | | |
| 39 | 992.591 | 773.29 | | | |
| 40 | 992.212 | | 759.7 | | 876.5 |

续表

| 温度/℃ | 水 | 乙　醇 | 环己烷 | 丁　醇 | 乙酸乙酯 |
|---|---|---|---|---|---|
| 50 | 988.030 | | 750.4 | | 863.9 |
| 60 | 983.191 | | 740.8 | | 851.1 |
| 70 | 977.759 | | 731.1 | | 838.0 |
| 80 | 971.785 | | 721.2 | | 824.6 |
| 90 | 965.304 | | 711.1 | | 810.8 |
| 100 | 958.345 | | 700.7 | | 796.6 |

注:不同温度下水的密度数据来源于 1989 年第 77 届国际计量委员会议(CIPM)通过的"1990 年国际温标(ITS-90)"。

### 附录十一　不同温度下水和 99.8% 乙醇的折射率(钠光)

| 温度/℃ | $n_水$ | $n_{99.8\%乙醇}$ | 温度/℃ | $n_水$ | $n_{99.8\%乙醇}$ |
|---|---|---|---|---|---|
| 0 | 1.334 01 | | 26 | 1.332 41 | 1.358 03 |
| 6 | 1.333 85 | | 27 | 1.332 30 | |
| 10 | 1.333 69 | | 28 | 1.332 19 | 1.357 21 |
| 15 | 1.333 41 | | 29 | 1.332 06 | |
| 16 | 1.333 33 | 1.362 10 | 30 | 1.331 92 | 1.356 39 |
| 17 | 1.333 25 | | 32 | 1.331 64 | 1.355 57 |
| 18 | 1.333 17 | 1.361 29 | 34 | 1.331 36 | 1.354 74 |
| 19 | 1.333 08 | | 36 | 1.331 07 | 1.353 90 |
| 20 | 1.332 99 | 1.360 48 | 38 | 1.330 79 | 1.353 06 |
| 21 | 1.332 90 | | 40 | 1.330 51 | 1.352 22 |
| 22 | 1.332 81 | 1.359 67 | 46 | 1.329 59 | 1.349 69 |
| 23 | 1.332 72 | | 50 | 1.328 94 | 1.348 00 |
| 24 | 1.332 62 | 1.358 85 | 54 | 1.328 27 | 1.346 29 |
| 25 | 1.332 52 | | | | |

注:相对于空气,钠光波长为 589.3 nm。

### 附录十二　水的绝对黏度

单位:mPa·s

| 温度/℃ | 绝对黏度 | 温度/℃ | 绝对黏度 | 温度/℃ | 绝对黏度 | 温度/℃ | 绝对黏度 |
|---|---|---|---|---|---|---|---|
| 0 | 1.792 1 | 5 | 1.518 8 | 10 | 1.307 7 | 15 | 1.140 4 |
| 1 | 1.731 3 | 6 | 1.472 8 | 11 | 1.271 3 | 16 | 1.111 1 |
| 2 | 1.672 8 | 7 | 1.428 4 | 12 | 1.236 3 | 17 | 1.082 8 |
| 3 | 1.619 1 | 8 | 1.386 0 | 13 | 1.202 8 | 18 | 1.055 9 |
| 4 | 1.567 4 | 9 | 1.346 2 | 14 | 1.170 9 | 19 | 1.029 9 |

| 温度/℃ | 绝对黏度 | 温度/℃ | 绝对黏度 | 温度/℃ | 绝对黏度 | 温度/℃ | 绝对黏度 |
|---|---|---|---|---|---|---|---|
| 20 | 1.005 0 | 26 | 0.873 7 | 32 | 0.767 9 | 38 | 0.681 4 |
| 21 | 0.981 0 | 27 | 0.854 5 | 33 | 0.752 3 | 39 | 0.668 5 |
| 22 | 0.957 9 | 28 | 0.836 0 | 34 | 0.737 1 | 40 | 0.656 0 |
| 23 | 0.935 9 | 29 | 0.818 0 | 35 | 0.722 5 | 41 | 0.643 9 |
| 24 | 0.914 2 | 30 | 0.800 7 | 36 | 0.708 5 | 42 | 0.632 1 |
| 25 | 0.893 7 | 31 | 0.784 0 | 37 | 0.694 7 | 43 | 0.620 7 |

### 附录十三　水的饱和蒸气压

| 温度/℃ | 饱和蒸气压/Pa | 温度/℃ | 饱和蒸气压/Pa | 温度/℃ | 饱和蒸气压/Pa |
|---|---|---|---|---|---|
| 0 | 611.29 | 14 | 1 598.8 | 28 | 3 781.8 |
| 1 | 657.31 | 15 | 1 705.6 | 29 | 4 007.8 |
| 2 | 705.31 | 16 | 1 818.5 | 30 | 4 245.5 |
| 3 | 758.64 | 17 | 1 938.0 | 31 | 4 495.3 |
| 4 | 813.31 | 18 | 2 064.4 | 32 | 4 757.8 |
| 5 | 872.60 | 19 | 2 197.8 | 33 | 5 033.5 |
| 6 | 934.64 | 20 | 2 338.8 | 34 | 5 322.9 |
| 7 | 1 001.3 | 21 | 2 487.7 | 35 | 5 626.7 |
| 8 | 1 073.3 | 22 | 2 644.7 | 40 | 7 381.4 |
| 9 | 1 148.0 | 23 | 2 810.4 | 45 | 9 589.8 |
| 10 | 1 228.1 | 24 | 2 985.0 | 50 | 12 344 |
| 11 | 1 312.9 | 25 | 3 169.0 | 60 | 19 932 |
| 12 | 1 402.7 | 26 | 3 362.9 | 80 | 47 373 |
| 13 | 1 497.9 | 27 | 3 567.0 | 100 | 101 325 |

### 附录十四　一些溶剂的摩尔凝固点降低常数

| 溶　　剂 | 分子式 | 凝固点 $T_f$/℃ | 摩尔凝固点降低常数 $K_f$/(℃ $\cdot$ kg $\cdot$ mol$^{-1}$) |
|---|---|---|---|
| 乙酸 | $C_2H_4O_2$ | 16.66 | 3.9 |
| 四氯化碳 | $CCl_4$ | $-22.95$ | 29.8 |
| 1,4-二噁烷 | $C_4H_8O_2$ | 11.8 | 4.63 |
| 1,4-二溴代苯 | $C_6H_4Br_2$ | 87.3 | 12.5 |
| 苯 | $C_6H_6$ | 5.533 | 5.12 |
| 环己烷 | $C_6H_{12}$ | 6.54 | 20.0 |
| 萘 | $C_{10}H_8$ | 80.290 | 6.94 |
| 樟脑 | $C_{10}H_{16}O$ | 178.75 | 37.7 |
| 水 | $H_2O$ | 0 | 1.86 |

### 附录十五　一些有机化合物的摩尔燃烧焓

| 物　质 | $\Delta_c H_m^\ominus$ /$(kJ \cdot mol^{-1})$ | 物　质 | $\Delta_c H_m^\ominus$ /$(kJ \cdot mol^{-1})$ | 物　质 | $\Delta_c H_m^\ominus$ /$(kJ \cdot mol^{-1})$ |
|---|---|---|---|---|---|
| 甲烷(g) | $-890.31$ | 丙酮(l) | $-1\ 790.4$ | 正丁醇(l) | $-2\ 675.8$ |
| 乙烷(g) | $-1\ 559.8$ | 甲酸(l) | $-254.6$ | 二乙醚(l) | $-2\ 751.1$ |
| 丙烷(g) | $-2\ 219.9$ | 乙酸(l) | $-874.54$ | 苯酚(s) | $-3\ 053.5$ |
| 正戊烷(g) | $-3\ 536.11$ | 丙酸(l) | $-1\ 527.3$ | 苯甲醛(l) | $-3\ 528$ |
| 正己烷(l) | $-4\ 163.1$ | 丙烯酸(l) | $-1\ 368$ | 苯乙酮(l) | $-4\ 148.9$ |
| 乙烯(g) | $-1\ 411.0$ | 正丁酸(l) | $-2\ 183.5$ | 苯甲酸(l) | $-3\ 226.9$ |
| 乙炔(g) | $-1\ 299.6$ | 乙酸酐(l) | $-1\ 806.2$ | 邻苯二甲酸(s) | $-3\ 223.5$ |
| 环丙烷(g) | $-2\ 091.5$ | 甲酸甲酯(l) | $-979.5$ | 苯甲酸甲酯(l) | $-3\ 958$ |
| 环丁烷(l) | $-2\ 720.5$ | 苯(l) | $-3\ 267.5$ | 蔗糖(s) | $-5\ 640.9$ |
| 环戊烷(l) | $-3\ 290.9$ | 萘(s) | $-5\ 153.9$ | 甲胺(l) | $-1\ 061$ |
| 环己烷(l) | $-3\ 919.9$ | 甲醇(l) | $-726.51$ | 乙胺(l) | $-1\ 713$ |
| 乙醛(l) | $-1\ 166.4$ | 乙醇(l) | $-1\ 366.8$ | 尿素(s) | $-631.66$ |
| 丙醛(l) | $-1\ 816$ | 正丙醇(l) | $-2\ 019.8$ | 吡啶(l) | $-2\ 782$ |

### 附录十六　甘汞电极的电极电势与温度的关系

| 甘汞电极 | $\varphi/V$ |
|---|---|
| 饱和甘汞电极 | $0.241\ 2 - 6.61 \times 10^{-4}(t/℃-25) - 1.75 \times 10^{-6}(t/℃-25)^2$ $-9 \times 10^{-10}(t/℃-25)^3$ |
| 标准甘汞电极 | $0.280\ 1 - 2.75 \times 10^{-4}(t/℃-25) - 2.50 \times 10^{-6}(t/℃-25)^2$ $-4 \times 10^{-10}(t/℃-25)^3$ |
| $0.1\ mol \cdot L^{-1}$甘汞电极 | $0.333\ 7 - 8.75 \times 10^{-5}(t/℃-25) - 3 \times 10^{-6}(t/℃-25)^2$ |

### 附录十七　25 ℃时的标准电极电势

| 电　极 | 电对平衡式 | 标准电极电势 $E^\ominus/V$ |
|---|---|---|
| $Li^+/Li$ | $Li^+(aq) + e^- \Longleftrightarrow Li(s)$ | $-3.040$ |
| $K^+/K$ | $K^+(aq) + e^- \Longleftrightarrow K(s)$ | $-2.931$ |
| $Ca^{2+}/Ca$ | $Ca^{2+}(aq) + 2e^- \Longleftrightarrow Ca(s)$ | $-2.868$ |
| $Mg^{2+}/Mg$ | $Mg^{2+}(aq) + 2e^- \Longleftrightarrow Mg(s)$ | $-2.372$ |
| $Al^{3+}/Al$ | $Al^{3+}(aq) + 3e^- \Longleftrightarrow Al(s)$ | $-1.662$ |
| $Zn^{2+}/Zn$ | $Zn^{2+}(aq) + 2e^- \Longleftrightarrow Zn(s)$ | $-0.761\ 8$ |
| $Cr^{3+}/Cr$ | $Cr^{3+}(aq) + 3e^- \Longleftrightarrow Cr(s)$ | $-0.744$ |
| $Fe(OH)_3/Fe(OH)_2$ | $Fe(OH)_3(s) + e^- \Longleftrightarrow Fe(OH)_2(s) + OH^-(aq)$ | $-0.56$ |
| $Cd^{2+}/Cd$ | $Cd^{2+}(aq) + 2e^- \Longleftrightarrow Cd(s)$ | $-0.403$ |
| $PbSO_4/Pb$ | $PbSO_4(s) + 2e^- \Longleftrightarrow Pb(s) + SO_4^{2-}(aq)$ | $-0.358\ 8$ |
| $Co^{2+}/Co$ | $Co^{2+}(aq) + 2e^- \Longleftrightarrow Co(s)$ | $-0.28$ |
| $H_3PO_4/H_3PO_3$ | $H_3PO_4(aq) + 2H^+(aq) + 2e^- \Longleftrightarrow H_3PO_3(aq) + H_2O(l)$ | $-0.276$ |

续表

| 电　极 | 电对平衡式 | 标准电极电势 $E^{\ominus}/V$ |
|---|---|---|
| $Ni^{2+}/Ni$ | $Ni^{2+}(aq)+2e^-\Longrightarrow Ni(s)$ | $-0.257$ |
| $AgI/Ag$ | $AgI(s)+e^-\Longrightarrow Ag(s)+I^-(aq)$ | $-0.152\ 2$ |
| $Hg_2Cl_2/Hg$ | $Hg_2Cl_2(s)+2e^-\Longrightarrow 2Hg(l)+2Cl^-(aq)$ | $0.268$ |
| $Cu^{2+}/Cu$ | $Cu^{2+}(aq)+2e^-\Longrightarrow Cu(s)$ | $0.341\ 9$ |
| $O_2/OH^-$ | $O_2(g)+2H_2O(l)+4e^-\Longrightarrow 4OH^-(aq)$ | $0.401$ |
| $Cu^+/Cu$ | $Cu^+(aq)+e^-\Longrightarrow Cu(s)$ | $0.521$ |
| $I_2/I^-$ | $I_2(s)+2e^-\Longrightarrow 2I^-(aq)$ | $0.535\ 5$ |
| $O_2/H_2O_2$ | $O_2(g)+2H^+(aq)+2e^-\Longrightarrow H_2O_2(aq)$ | $0.695$ |
| $Fe^{3+}/Fe^{2+}$ | $Fe^{3+}(aq)+e^-\Longrightarrow Fe^{2+}(aq)$ | $0.771$ |
| $Ag^+/Ag$ | $Ag^+(aq)+e^-\Longrightarrow Ag(s)$ | $0.799\ 6$ |
| $ClO^-/Cl^-$ | $ClO^-(aq)+H_2O(l)+2e^-\Longrightarrow Cl^-(aq)+2OH^-(aq)$ | $0.841$ |
| $NO_3^-/NO$ | $NO_3^-(aq)+4H^+(aq)+3e^-\Longrightarrow NO(g)+2H_2O(l)$ | $0.957$ |
| $Br_2/Br^-$ | $Br_2(l)+2e^-\Longrightarrow 2Br^-(aq)$ | $1.066$ |
| $O_2/H_2O$ | $O_2(g)+4H^+(aq)+4e^-\Longrightarrow 2H_2O(l)$ | $1.229$ |
| $Cl_2/Cl^-$ | $Cl_2(g)+2e^-\Longrightarrow 2Cl^-(aq)$ | $1.358$ |
| $PbO_2/Pb^{2+}$ | $PbO_2(s)+4H^+(aq)+2e^-\Longrightarrow Pb^{2+}(aq)+2H_2O(l)$ | $1.455$ |
| $H_2O_2/H_2O$ | $H_2O_2(aq)+2H^+(aq)+2e^-\Longrightarrow 2H_2O(l)$ | $1.776$ |
| $O_3/H_2O$ | $O_3(g)+2H^+(aq)+2e^-\Longrightarrow O_2(g)+H_2O(l)$ | $2.076$ |
| $F_2/F^-$ | $F_2(g)+2e^-\Longrightarrow 2F^-(aq)$ | $2.866$ |

注:表中所列的标准电极电势(25.0 ℃,101.325 kPa)是相对于标准氢电极电势的值。

## 附录十八　不同温度下 KCl 的电导率 $\kappa$　　　　单位:$S \cdot cm^{-1}$

| $t/℃$ | $c/(mol \cdot L^{-1})$ | | | |
|---|---|---|---|---|
| | $1.000$ | $0.100\ 0$ | $0.020\ 0$ | $0.010\ 0$ |
| 0 | $0.065\ 41$ | $0.007\ 15$ | $0.001\ 521$ | $0.000\ 776$ |
| 5 | $0.074\ 14$ | $0.008\ 22$ | $0.001\ 752$ | $0.000\ 896$ |
| 10 | $0.083\ 19$ | $0.009\ 33$ | $0.001\ 994$ | $0.001\ 020$ |
| 15 | $0.092\ 52$ | $0.010\ 48$ | $0.002\ 243$ | $0.001\ 147$ |
| 20 | $0.102\ 07$ | $0.011\ 67$ | $0.002\ 501$ | $0.001\ 278$ |
| 21 | $0.104\ 00$ | $0.011\ 91$ | $0.002\ 553$ | $0.001\ 305$ |
| 22 | $0.105\ 94$ | $0.012\ 15$ | $0.002\ 606$ | $0.001\ 332$ |
| 23 | $0.107\ 89$ | $0.012\ 39$ | $0.002\ 659$ | $0.001\ 359$ |
| 24 | $0.109\ 84$ | $0.012\ 64$ | $0.002\ 712$ | $0.001\ 386$ |
| 25 | $0.111\ 80$ | $0.012\ 88$ | $0.002\ 765$ | $0.001\ 413$ |
| 26 | $0.113\ 77$ | $0.013\ 13$ | $0.002\ 819$ | $0.001\ 441$ |
| 27 | $0.115\ 74$ | $0.013\ 37$ | $0.002\ 873$ | $0.001\ 468$ |

### 附录十九　一些电解质水溶液的摩尔电导率(25 ℃)　　单位:S·cm²·mol⁻¹

| 电解质基本单元 | $c/(mol·L^{-1})$ | | | | | | | |
|---|---|---|---|---|---|---|---|---|
| | 无限稀 | 0.000 5 | 0.001 | 0.005 | 0.01 | 0.02 | 0.05 | 0.1 |
| $AgNO_3$ | 133.29 | 131.29 | 130.45 | 127.14 | 124.70 | 121.35 | 115.18 | 109.09 |
| $1/2BaCl_2$ | 139.91 | 135.89 | 134.27 | 127.96 | 123.88 | 119.03 | 111.42 | 105.14 |
| $HCl$ | 425.95 | 422.53 | 421.15 | 415.59 | 411.80 | 407.04 | 398.89 | 391.13 |
| $KCl$ | 149.79 | 147.74 | 146.88 | 143.48 | 141.20 | 138.27 | 133.30 | 128.90 |
| $KClO_4$ | 139.97 | 138.69 | 137.80 | 134.09 | 131.39 | 127.86 | 121.56 | 115.14 |
| $1/4K_4Fe(CN)_6$ | 184 | | 167.16 | 146.02 | 134.76 | 122.76 | 107.65 | 97.82 |
| $KOH$ | 271.8 | | 234 | 230 | 228 | | 219 | 213 |
| $1/2MgCl_2$ | 129.34 | 125.55 | 124.15 | 118.25 | 114.49 | 109.99 | 103.03 | 97.05 |
| $NH_4Cl$ | 149.6 | | 146.7 | 143.67 | 141.21 | 138.25 | 133.22 | 128.69 |
| $NaCl$ | 126.39 | 124.44 | 123.68 | 120.59 | 118.45 | 115.70 | 111.01 | 106.69 |
| $NaOOCCH_3$ | 91.0 | 89.2 | 88.5 | 85.68 | 83.72 | 81.20 | 76.88 | 72.76 |
| $NaOH$ | 247.7 | 245.5 | 244.6 | 240.7 | 237.9 | | | |

### 附录二十　水溶液中无限稀释离子摩尔电导率　　单位:S·cm²·mol⁻¹

| 离　子 | 0 ℃ | 18 ℃ | 25 ℃ | 50 ℃ |
|---|---|---|---|---|
| $H^+$ | 225 | 315 | 349.8 | 464 |
| $K^+$ | 40.7 | 63.9 | 73.5 | 114 |
| $Na^+$ | 26.5 | 42.8 | 50.1 | 82 |
| $NH_4^+$ | 40.2 | 63.9 | 73.5 | 115 |
| $Ag^+$ | 33.1 | 53.5 | 61.9 | 101 |
| $1/2Ba^{2+}$ | 34.0 | 54.6 | 63.6 | 104 |
| $1/2Ca^{2+}$ | 31.2 | 50.7 | 59.8 | 96.2 |
| $OH^-$ | 105 | 171 | 198.3 | 284 |
| $Cl^-$ | 41.0 | 66.0 | 76.3 | 116 |
| $NO_3^-$ | 40.0 | 62.3 | 71.5 | 104 |
| $CH_3COO^-$ | 20.0 | 32.5 | 40.9 | 67 |
| $1/2SO_4^{2-}$ | 41 | 68.4 | 80.0 | 125 |
| $1/4[Fe(CN)_6]^{4-}$ | 58 | 95 | 110.5 | 173 |

### 附录二十一　25 ℃时环己烷-乙醇系统的折射率-组成关系

| $x_{乙醇}$ | $x_{环己烷}$ | $n_D^{25}$ |
|---|---|---|
| 1.00 | 0.0 | 1.359 35 |
| 0.899 2 | 0.100 8 | 1.368 67 |
| 0.794 8 | 0.205 2 | 1.377 66 |

| $x_{乙醇}$ | $x_{环己烷}$ | $n_D^{25}$ |
|---|---|---|
| 0.708 9 | 0.291 1 | 1.384 12 |
| 0.594 1 | 0.405 9 | 1.392 16 |
| 0.498 3 | 0.501 7 | 1.398 36 |
| 0.401 6 | 0.598 4 | 1.403 42 |
| 0.298 7 | 0.701 3 | 1.408 90 |
| 0.205 0 | 0.795 0 | 1.413 56 |
| 0.103 0 | 0.897 0 | 1.418 55 |
| 0.00 | 1.00 | 1.423 38 |

### 附录二十二　一些强电解质的离子平均活度系数(25 ℃)

| 电解质 | $b/(\text{mol} \cdot \text{kg}^{-1})$ | | | | | | | | | |
|---|---|---|---|---|---|---|---|---|---|---|
| | 0.1 | 0.2 | 0.3 | 0.4 | 0.5 | 0.6 | 0.7 | 0.8 | 0.9 | 1.0 |
| $AgNO_3$ | 0.734 | 0.657 | 0.606 | 0.567 | 0.536 | 0.509 | 0.485 | 0.464 | 0.446 | 0.429 |
| $CuCl_2$ | 0.508 | 0.455 | 0.429 | 0.417 | 0.411 | 0.409 | 0.409 | 0.410 | 0.413 | 0.417 |
| $CuSO_4$ | 0.150 | 0.104 | 0.0829 | 0.0704 | 0.062 | 0.0559 | 0.0512 | 0.0475 | 0.0446 | 0.0423 |
| $HCl$ | 0.976 | 0.767 | 0.756 | 0.755 | 0.757 | 0.763 | 0.772 | 0.783 | 0.795 | 0.809 |
| $HNO_3$ | 0.791 | 0.754 | 0.725 | 0.725 | 0.720 | 0.717 | 0.717 | 0.718 | 0.721 | 0.724 |
| $H_2SO_4$ | 0.2655 | 0.209 | 0.1826 | | 0.1557 | | 0.1417 | | | 0.1316 |
| $KCl$ | 0.770 | 0.718 | 0.688 | 0.666 | 0.649 | 0.637 | 0.626 | 0.618 | 0.610 | 0.604 |
| $KNO_3$ | 0.739 | 0.663 | 0.614 | 0.576 | 0.545 | 0.519 | 0.496 | 0.476 | 0.459 | 0.443 |
| $KOH$ | 0.798 | 0.760 | 0.742 | 0.734 | 0.732 | 0.733 | 0.736 | 0.742 | 0.749 | 0.756 |
| $MgSO_4$ | 0.150 | 0.107 | 0.0874 | 0.0756 | 0.0675 | 0.0616 | 0.0571 | 0.0536 | 0.0508 | 0.0485 |
| $NH_4Cl$ | 0.770 | 0.718 | 0.687 | 0.665 | 0.649 | 0.636 | 0.625 | 0.617 | 0.609 | 0.603 |
| $NH_4NO_3$ | 0.740 | 0.677 | 0.636 | 0.606 | 0.582 | 0.562 | 0.545 | 0.530 | 0.516 | 0.504 |
| $NaCl$ | 0.778 | 0.735 | 0.710 | 0.693 | 0.681 | 0.673 | 0.667 | 0.662 | 0.659 | 0.657 |
| $NaNO_3$ | 0.762 | 0.703 | 0.666 | 0.638 | 0.617 | 0.599 | 0.583 | 0.570 | 0.558 | 0.548 |
| $NaOH$ | 0.766 | 0.727 | 0.708 | 0.697 | 0.690 | 0.685 | 0.681 | 0.679 | 0.678 | 0.678 |
| $ZnCl_2$ | 0.515 | 0.462 | 0.432 | 0.411 | 0.394 | 0.380 | 0.369 | 0.357 | 0.348 | 0.339 |
| $Zn(NO_3)_2$ | 0.531 | 0.489 | 0.474 | 0.469 | 0.473 | 0.480 | 0.489 | 0.501 | 0.518 | 0.535 |
| $ZnSO_4$ | 0.150 | 0.140 | 0.0835 | 0.0714 | 0.0630 | 0.0569 | 0.0523 | 0.0487 | 0.0458 | 0.0435 |

## 附录二十三　阿贝折射仪色散表

| $n_D$ | $A$ | $\Delta A/10^{-5}$ | $B$ | $\Delta B/10^{-5}$ | $Z$ | $\sigma$ | $\Delta\sigma/10^{-3}$ | $Z$ |
|---|---|---|---|---|---|---|---|---|
| 1.300 | 0.02494 |    | 0.03340 |     | 0 | 1.000 |    | 60 |
| 1.310 | 0.02488 | −6 | 0.03327 | −13 | 1 | 0.999 | 1  | 59 |
| 1.320 | 0.02483 | −5 | 0.03311 | −16 | 2 | 0.995 | 4  | 58 |
| 1.330 | 0.02478 | −5 | 0.03295 | −16 | 3 | 0.988 | 7  | 57 |
| 1.340 | 0.02473 | −5 | 0.03276 | −19 | 4 | 0.978 | 10 | 56 |
| 1.350 | 0.02469 | −4 | 0.03256 | −20 | 5 | 0.966 | 12 | 55 |
| 1.360 | 0.02464 | −5 | 0.03235 | −21 | 6 | 0.951 | 15 | 54 |
| 1.370 | 0.02460 | −4 | 0.03212 | −23 | 7 | 0.934 | 17 | 53 |
| 1.380 | 0.02456 | −4 | 0.03187 | −25 | 8 | 0.914 | 20 | 52 |
| 1.390 | 0.02452 | −4 | 0.03161 | −26 | 9 | 0.891 | 23 | 51 |
| 1.400 | 0.02448 | −4 | 0.03133 | −28 | 10 | 0.866 | 25 | 50 |
| 1.410 | 0.02445 | −3 | 0.03104 | −29 | 11 | 0.839 | 27 | 49 |
| 1.420 | 0.02441 | −4 | 0.03073 | −31 | 12 | 0.809 | 30 | 48 |
| 1.430 | 0.02438 | −3 | 0.03040 | −33 | 13 | 0.777 | 32 | 47 |
| 1.440 | 0.02435 | −3 | 0.03006 | −34 | 14 | 0.743 | 34 | 46 |
| 1.450 | 0.02432 | −3 | 0.02970 | −36 | 15 | 0.707 | 36 | 45 |
| 1.460 | 0.02429 | −3 | 0.02932 | −38 | 16 | 0.699 | 38 | 44 |
| 1.470 | 0.02427 | −2 | 0.02892 | −40 | 17 | 0.629 | 40 | 43 |
| 1.480 | 0.02425 | −2 | 0.02851 | −41 | 18 | 0.588 | 41 | 42 |
| 1.490 | 0.02423 | −2 | 0.02808 | −43 | 19 | 0.545 | 43 | 41 |
| 1.500 | 0.02421 | −2 | 0.02762 | −46 | 20 | 0.500 | 45 | 40 |
| 1.510 | 0.02420 | −1 | 0.02715 | −47 | 21 | 0.454 | 46 | 39 |
| 1.520 | 0.02419 | −1 | 0.02665 | −50 | 22 | 0.407 | 47 | 38 |
| 1.530 | 0.02418 | −1 | 0.02614 | −51 | 23 | 0.358 | 49 | 37 |
| 1.540 | 0.02418 | 0  | 0.02560 | −54 | 24 | 0.309 | 49 | 36 |
| 1.550 | 0.02418 | 0  | 0.02504 | −56 | 25 | 0.259 | 50 | 35 |
| 1.560 | 0.02418 | 0  | 0.02445 | −59 | 26 | 0.208 | 51 | 34 |
| 1.570 | 0.02418 | 0  | 0.02384 | −61 | 27 | 0.156 | 52 | 33 |
| 1.580 | 0.02419 | 1  | 0.02320 | −64 | 28 | 0.104 | 52 | 32 |
| 1.590 | 0.02421 | 2  | 0.02253 | −67 | 29 | 0.052 | 52 | 31 |

续表

| $n_D$ | $A$ | $\Delta A/10^{-5}$ | $B$ | $\Delta B/10^{-5}$ | $Z$ | $\sigma$ | $\Delta\sigma/10^{-3}$ | $Z$ |
|---|---|---|---|---|---|---|---|---|
| 1.600 | 0.02423 | 2 | 0.02183 | −70 | 30 | 0.000 | 52 | 30 |
| 1.610 | 0.02425 | 2 | 0.02110 | −73 | | | | |
| 1.620 | 0.02428 | 3 | 0.02033 | −77 | | | | |
| 1.630 | 0.02432 | 4 | 0.01953 | −80 | | | | |
| 1.640 | 0.02437 | 5 | 0.01868 | −85 | | | | |
| 1.650 | 0.02442 | 5 | 0.01779 | −89 | | | | |
| 1.660 | 0.02448 | 6 | 0.01684 | −95 | | | | |
| 1.670 | 0.02456 | 8 | 0.01584 | −100 | | | | |
| 1.680 | 0.02465 | 9 | 0.01477 | −107 | | | | |
| 1.690 | 0.02475 | 10 | 0.01363 | −114 | | | | |
| 1.700 | 0.02488 | 13 | 0.01239 | −124 | | | | |